地球科学大数据算法基础

刘永和　胡永红　王燕平　编著

内 容 简 介

本书是地球科学大数据相关处理方法和技术的专著。本书系统介绍了信息技术、地球几何计算、地理信息数值算法、统计分析、机器学习、统计建模、傅里叶变换和小波分析等内容的底层原理、研究方法和实践案例，共14章。结合作者多年科研经验，所有章节尽可能清晰展示大数据方法技术的基本原理，给出全面准确的数学公式和推导过程，提供了相应的计算机算法和部分程序代码，可操作性和实践性强。

本书可作为高等院校地学和大数据学科本科生和研究生的专业课教材，也可以供相关专业的本科生或研究生以及从事大数据工作的科研人员与软件开发人员学习或参考。

图书在版编目（CIP）数据

地球科学大数据算法基础 / 刘永和，胡永红，王燕平编著. -- 北京 : 气象出版社，2023.5
ISBN 978-7-5029-7972-0

Ⅰ. ①地… Ⅱ. ①刘… ②胡… ③王… Ⅲ. ①地球科学－数据处理－算法分析 Ⅳ. ①P-39

中国国家版本馆CIP数据核字(2023)第083731号

地球科学大数据算法基础
Diqiu Kexue Dashuju Suanfa Jichu
刘永和　胡永红　王燕平　编著

出版发行：气象出版社
地　　址：北京市海淀区中关村南大街46号　**邮政编码**：100081
电　　话：010-68407112（总编室）　010-68408042（发行部）
网　　址：http://www.qxcbs.com　**E-mail**：qxcbs@cma.gov.cn
责任编辑：王元庆　**终　　审**：张　斌
责任校对：张硕杰　**责任技编**：赵相宁
封面设计：艺点设计
印　　刷：三河市百盛印装有限公司
开　　本：787 mm×1092 mm　1/16　**印　　张**：13
字　　数：333千字
版　　次：2023年5月第1版　**印　　次**：2023年5月第1次印刷
定　　价：68.00元

前　言

地球科学大数据是大气、陆地和海洋观测及科学研究产生的来自卫星观测、地面传感器网络等多源和体量巨大数据集的统称。随着信息科学技术在地球科学领域的应用，尤其是遥感技术和地理信息系统的深度发展，革命性创新发展了许多新的科学研究方法，促进了地球科学进步和相应的重大科学发现。地球大数据具有海量、多源、异质、多时、多尺度、高维、高度复杂、非稳态和非结构化的特征，具有很强的时间、空间和物理关联性属性，它的加速积累使得传统学科体系越来越不适应科学研究和人才培养的需求，导致传统数据处理方法和工具在大数据方面的应用困难。

作为一门新兴学科，大数据研究迫切需要开发创建新的理论和方法。地球科学大数据与其他领域大数据相比，存在数据时空差异、高维度和海量等特点。因此，本书尝试从地球科学大数据的基本特点出发，展开相关科学处理技术和方法的介绍，以期为读者能从中探索适当的数据处理的工具和分析方法，开展地球大数据密集型的科学发现。鉴于地球大数据的特点，本书还介绍了部分机器学习及人工智能方面的处理手段，进行大数据规模和维度的降低，方便地球大数据所包含知识的有效挖掘和认知模型的建立。

本书的第1～9章，着重介绍基本算法和案例，第11～14章介绍大数据的机器学习相关的统计分析内容。本书的编写分工如下：第1～4章由王燕平（河南理工大学）编写，第5～10章由刘永和（河南理工大学）编写，第11～14章由胡永红（中国科学院空天信息创新研究院）编写。河南理工大学的崔守波同学帮忙绘制了部分插图。本书的校对工作得到多位同事和同学的帮助，感谢姚兰顾问、张安治老师、李亚鹏老师、中国科学院空天信息创新研究院王宁同学和北京林业大学袁艳峰同学。

本书得到了海南省自然科学基金创新团队项目“SDGSAT-1卫星海南可持续发展空间观测”（422CXTD532）、国家重点研发计划重点专项课题“城市人居环境卫星监测及时空格局研究”（2022YFC3800701）、中国科学院先导科技专项A类“地球大数据科学工程”课题“一带一路气候变化时空规律”（XDA19030401）和可持续发展大数据国际研究中心创新研究计划项目“全球海洋溶解氧产品及脱氧机制分析”（CBAS2022IRP05）的资助，特此感谢！

本书编写过程中参考了多位国内专家的专著，如徐建华的《现代地理学中的数学方法》、邬伦等的《地理信息系统：原理、方法和应用》和贾永红的《数字图像处理》等，一并表示感谢。

由于编者水平和时间所限，书中难免存在错误及不当之处，敬请广大读者和相关专家批评指正，以便以后的修订和完善。

编者著

2023年4月11日

目　录

第1章 绪论

1.1 预备概念

1.1.1 数据与信息

数据可以记录人类或者观测设备对客观世界观测到的所有信息，用以描述事物的特征和状况。在计算机中，数据不仅包括表示数量大小的数字，还包括了文字、符号、图像和声音。信息是客观世界对人类主体的感官带来某种刺激性反应的信号。广义的信息论认为，信息是主体与外部客体之间相互联系的一种形式，是主体和客体之间的一切有用的消息或知识，是表征事物特征的一种普遍形式。信息可以通过数据来传递，但不会随着数据形式的改变而改变。

数据与信息的关系可以表述为：数据是信息的表达形式和载体，而信息是数据中所蕴含的事物的含义，是数据的内容。数据只有经过解释或者识别才有意义。没有经过解释的数据是无意义的，因此不能成为信息。比如人们看到扑克牌背面的不规则花纹或者是某种“二维码”时的直观感觉是它就是一个图片，并无实际的意义。但是一些牌手会使用预先定制的扑克牌，使背面的花纹中蕴藏了他们自己可以识别但是别人无法识别的秘密信息，从而可以在玩牌时作弊。常见的二维码对人类肉眼来说是无意义的，但其中却可以蕴含着有意义的信息，经过机器识别就会解译其中的信息。可见，数据只有针对特定的主体（人脑或电脑）才能成为信息。在现代社会，使用何种形式的数据来表达信息，以及如何从数据中分析出有用信息，都是信息技术以及各种学科领域需要解决的问题。

如何从数据中分析出信息也是至关重要的。今天，包括地球科学在内的各种科学研究也可以归纳为是如何获取数据并在数据中发现新信息的过程。

1.1.2 科学规律与数学模型

科学规律是人们所发现事物的某些属性的特征、属性间的联系，或者属性随时空间变化的分布和趋势。因此科学规律就是一种“信息”，它是经过从数据中滤去了次要信息后的一些主要信息。人们可以根据已知的科学规律构建描述这些规律的数学模型，用以再现一个逼近真实世界的虚拟世界。在地球科学领域，科研工作者的很多工作任务实际上就是围绕着如何获取和收集数据，如何分析数据挖掘出科学规律并建模，并用模型进行模拟预测，用以指导人类社会的各种活动和行为。

数学模型也有着不同的种类和规模。可以分为三类：第一类是简易的数学模型，如某种形式的统计模型和物理模型，前者如某种回归分析获得的模型，后者的例子是基于某些物理定律构建的数学公式。第二类属于数据集，是用观测或模拟数据形成的数据集，用于描述某种现象的时空分布，如数字高程模型。第三类是数值模型，比如，由成千上万个简易模型组合在一起并结合了流体力学、热力学和大量数据集而成的计算机模拟系统，可实现天气预测、气候预测和水文模拟。

1.2 大数据的概念

1.2.1 大数据的提出

2013 年，英国学者 Viktor 等(2013)出版的书使“大数据”一词引起了全球广泛关注。该书作者认为，大数据带来的信息风暴正在变革我们的生活、工作和思维，开启了一次重大的时代转型。该词一经提出，迅速引起世界各国媒体、商业界及学术界的广泛关注和讨论。Viktor 认为，大数据的核心就是预测。这个核心引起人类对信息的分析产生了三个转变：一是我们不用依赖于随机采样分析，而是可以处理与个别现象相关的所有数据；二是研究数据足够多，人类已不再追求精确度；三是人们已不再热衷于寻找因果关系，而是只对现象之间的相关性感兴趣，也就是知道是什么就够了，没有必要知道为什么。

大数据，是指数据量太大以至于在一定时间内无法用常规软件对其内容进行处理的数据集合。大数据的主要挑战在于数据的获取、存储、分析、修复、查找、共享、传输、可视化、检索以及保密。大数据强调的处理技术，是指从各种类型的数据中，快速获得有价值信息的能力。大数据指海量、高速、复杂和可变的数据集合，需采用先进技术以实现信息的捕获、存储、分发、管理和分析。

大数据必须借助计算机对数据进行统计、比对和解析才能得到分析结果。如何发展大数据处理能力是发展大数据产业的关键。美国是世界信息产业最为发达的国家，早在 2012 年 3 月，美国政府宣布投资 2 亿美元拉动大数据相关产业发展，将“大数据战略”上升为国家战略。美国奥巴马政府甚至将大数据定义为“未来的新石油”。同样，我国也是数据大国，众多的信息技术公司开始大力发展大数据产业，如百度公司大力发展人工智能，一些依托大数据的手机应用大行其道，如“作业帮”可以帮助青少年解题，一些软件还可以帮助人们通过扫描图片来直接翻译语言文字。

大数据技术的战略意义不仅在于掌握庞大的数据信息，而且在于对这些含有意义的数据进行专业化处理。换言之，如果把大数据比作一种产业，那么这种产业实现盈利的关键在于提高对数据的“加工能力”，通过“加工”实现数据的“增值”。

1.2.2 大数据的特点

国际上的一些机构(如 IBM 公司)指出，大数据具有如下基本特征，即“5V”：

(1)大量(Volume)。指数据量巨大，一些机构大数据的每日生产能力已以 10 兆亿字节计数，且生产速率越来越快。

(2)高速(Velocity)。指数据处理速度快，能够从各种类型的数据中快速获得高价值信息。

(3)多样(Variety)。数据类型包括文本、图片、视频、音频等。

(4)低价值密度(Value)。对于某一具体的应用，数据中真正有价值的信息只占一小部分，属于蛛丝马迹。

(5)真实(Veracity)。只有具有真实性的数据才有价值。

1.3 地球大数据

1.3.1 地球大数据的定义

地球大数据是具有地理空间属性的地球科学领域大数据(郭华东 等,2021)。地球大数据包括了各种卫星观测网络和地表观测网络获得的地球科学领域的静态及动态数据集(郭华东,2018),涉及陆地、海洋、大气及人类活动相关的各种动态,能够反映地球表面各大圈层的相互作用状态。地球大数据具备宏观、动态、客观监测能力,可对包括陆地、海洋、大气及与人类活动相关的数据进行整合和分析(王福涛 等,2021)。

1.3.2 地球大数据的特点

地球大数据具有如下特点:

(1)海量。各种对地观测技术获得的数据量随时间呈现指数级增加趋势。海量数据对数据的传输、存储、管理和分析提出了巨大挑战,产生了成本高、技术难度大和高耗时的问题。

(2)多源。地球大数据有着非常复杂的来源,如来源于各种不同的卫星和传感器,或者丰富的文字统计数据,或多样的地面观测传感器以及经过不同数据处理生成的延伸产品。不同的数据来源存在着各自不同的不确定性和误差。

(3)多时相。指地球大数据的数据源有着不同的采样间隔及其相应的空间覆盖。

(4)高维度。地球大数据的维度不仅包括了地表的二维空间,还包括了不同圈层内部不同高度上的信息,以及这些信息的时间变化状态,囊括了各种不同的变量指标,维度已扩展至5维甚至6维。

(5)结构性数据和非结构性数据混合。地球大数据一般以数据文件的形式发布,因此大多呈现较好的结构性。然而,各种多源和多时相的数据很难通过简易的方法结合在一起,体现出了数据非结构性的一面。此外,部分数据以文本文档的形式海量生成,这些数据通常以报告的形式存在,数据没有固定格式,具有很强的非结构性。整理和清洗这样的数据需要极高的数据处理技术来克服其非结构性的一面。

1.4 地球大数据的分类

1.4.1 按数据源的划分

地球大数据可以分为:

(1)人类活动统计数据。这类数据产生于人类活动的记录,如交通、购物、农业种植、工业活动及其他经济活动。这类数据中一些是结构化的表格及文本数据,一些是非结构化的文本数据。这类数据的处理关键技术在于数据的整理。

(2)地面观测数据。来源于地面传感器的自动化数据记录,也包括人工数据记录,如气象站网、水文站网、地基雷达以及其他设备的日常观测记录。这类数据的难度在于它的日常维护，保证其在时间上的完整性及数据精度。

(3)遥感数据。来源于各种航空机载传感器观测(机载)和卫星传感器观测(星载)的数据。遥感大数据的技术关键在于对地球表面状况的各种变量反演算法。

(4)模拟数据。由于观测数据不可能完整覆盖到地球表面的方方面面，总会有一些人们感兴趣的变量没有被观测到，原因可能是观测数据的空间覆盖不够全面，或时间覆盖不够完整，或分辨率不足，或不确定性较大等。人们可以利用这些已有的观测数据，结合地球科学领域的各种模型，间接地预测/估算出那些未知量。这类数据属于模拟数据，有时也可以被看作是二次加工后的观测数据。这类数据的技术关键在于各种模型的研发。

1.4.2 按研究领域的划分

地球大数据可以分为：

(1)大气数据是有关大气科学的数据集，具有高度动态性特征，有着不同的时间尺度，如分钟、小时、日、月、年际、年代际等。

(2)水文数据是有关流域水文科学的数据集，也具有高度动态特征，通常空间分辨率更高。

(3)海洋数据是有关海洋科学的数据集，有船舶观测的，也有卫星观测的，以及模型模拟的资料。

(4)地球物理数据，指来源于对固体地球的物理勘探获得的数据，主要用来体现岩石圈内存在的各种信息。

(5)环境科学数据，指有关环境科学方面的数据，包括空气质量、空气和水的化学成分、生态数据等。

1.4.3 按数据结构划分

(1)表格类数据，是指文字和数字记录的结构化数据，通常是存储在文件中或者是数据库中。

(2)栅格数据，是指以空间格网阵列存储的数据，占据了地球大数据的主要部分。

(3)矢量数据，是指以点、线、面、体等空间对象所描述的数据。

(4)点云数据，是指单个点位的数据形成的巨量点位值集合，其存放的形式类似于表格数据，其每条记录中描述一个点位。其来源于人工采样数据或者随机采样的雷达资料等。

(5)等值线数据，是指用等值线描述的地球表面现象空间分布状况的数据。

(6)非结构化文本数据，是指那些文档中用文字描述的数据，通常表现为论文和文档，具有自由的存储格式，没有固定存放模板。

1.4.4 按空间尺度划分

(1)地球尺度数据，指空间覆盖整个地球表面，分辨率相对较粗的资料，用以体现全球大气、海洋动态的数据。

(2)流域尺度数据，指空间覆盖了一个流域，或者一个流域的一部分、一个中等国家尺度的数据。数据的空间分辨率相对较高。

(3)局地尺度数据，指一个较小空间范围上的数据。

1.4.5 按时间尺度划分

地质年代尺度，这类数据用以描述接近静态的地球状态，包括几万年、几十万年、几百万年甚至数亿年的时间尺度。

年代际尺度，一般为几十年为周期。

中期尺度，时间跨度一般为数十天至数年。

短期尺度，数分钟，数小时至数天。

1.4.6 按时间阶段划分

(1)史前数据，指人类通过古地理研究得到的有观测历史以前的数据。

(2)历史观测资料，指人类通过各种观测手段得到的观测资料。

(3)未来预测资料，指人类通过各种预测方法得到的反映未来地球环境变迁预测情景的资料。

1.4.7 按获取手段的划分

(1)直接观测资料，包括地面站点观测，卫星遥感直接观测、航空遥感直接观测，包括一些几何测绘资料、气象水文观测资料，具有较高的精确度。

(2)反演资料，是在卫星观测、地面观测资料的基础上，根据资料产生的一些物理机理，推测获得的资料，这类资料大多具有较小的不确定性，因而也可以作为地学研究中的观测资料使用。个别资料也具有较大的不确定性，如对地表蒸散发量反演的资料。

(3)模拟资料，与反演资料产生的过程类似，但通常是使用更为复杂的模型所获得的资料。如天气预测和模拟、流域洪水预测和模拟等。很多模拟资料的产生是在假定某些现象会发生的基础上得到的，因此具有假设性和预测性。

1.5 地球大数据的支撑技术体系

地球大数据的概念并非单指地球数据本身，还包括对数据的处理及各种服务所涉及的技术。因此地球大数据包括地球大数据的生产、存储、打包、检索、传输、信息加工、可视化和数据安全等方面的信息技术，可以概括为四个组成部分：存储系统、分析处理系统、模型系统和用户接口系统，每一个组成部分又都是硬件系统和软件系统的结合体，但软件系统的复杂度远远高于硬件系统的复杂度。

1.5.1 地球大数据存储系统

地球大数据涉及巨量数据集的存储，需要借助分布式存储技术，把数据集分散存储在一个局域网环境中的多台计算机上。存储用的计算机可以是任意类型和规模的数据存储服务器。对于某些访问频率很高，但空间占用不大的数据集可以直接放置在内存中，以保证充足的响应速度，并减轻对外部存储设备的读取频率。空间占用较大的数据集可以存放在专用的外部存储设备上。对结构化数据集，可以借助关系型数据库来存储。对于非结构化数据集，只能以文件形式存放，但应该提供数据查询和浏览的高效算法。

1.5.2 地球大数据分析处理系统

分析处理是地球大数据的技术核心。有关数据的生产、打包、加工、分析和可视化等均属于分析处理的范畴。目前，只有少量常规的数据分析可以作为一种预先定制的服务提供给公众用户，形成一个特定的分析处理系统。而绝大部分有关大数据的分析处理是一些科学研究人员的个性化处理，不存在统一的软件，且这些分析处理是对整个数据集的遍历，其计算的资源消耗很大，而且也不能直接为公众提供普遍服务。处理和分析所用的软件通常需要用户去自己编写程序代码。

地球大数据分析处理系统需要与存储系统密切结合，即在分析和处理数据时需要尽可能快速地访问和读取到数据。但二者也要有所分离，即分析和处理过程生成的一些数据不应直接放置在存储系统中，以减轻存储系统的负担。

1.5.3 地球大数据模型系统

模型系统是以地球大数据为基础对地球系统各种现象实施未来预测和历史模拟的各种模型，包括各类统计模型、人工智能模型和基于动力学的模型。其中基于动力学的模型诸如气候模型、海洋模型、流域水文模型、城市洪水模型、光学传输模型等，涉及各种能量转换和物质迁移的数值计算。这类模型通常消耗巨大的计算资源。人工智能模型，是近年来兴起的一类以机器学习为手段的模型，虽然类似于各种统计模型，但有着更为强大的模拟预测能力。近年来，人们将人工智能技术应用于各种地球系统的模拟预测中，用以代替动力学模型，消耗更小的运算量或者产生更好的模拟精度。

1.5.4 地球大数据用户接口系统

用户接口系统通常提供图形界面和交互操作方法。图形界面不仅需要展示各种交互选项，同时也要提供图形化的数据展示，如二维地图或三维模型。用户接口系统的设计需要结合数据本身的性质，同样也是一个高难度的工作，需要长期不断地演进和完善。

1.6 与地球大数据相关的术语

在“大数据”一词出现之前，在信息技术领域也曾经流行过不少相关概念，如专家系统、决策支持系统、数据挖掘等。大数据本质上是上述术语的深化和演进的结果。地球科学大数据，还与地理信息系统一词有关联。

1.6.1 专家系统、决策支持系统、数据挖掘

专家系统是一个智能计算机程序系统，其内部含有大量的某个领域专家水平的知识与经验，能够利用人类专家的知识和解决问题的方法来处理该领域问题。专家系统由人机交互界面、知识库、推理机、解释器等多个部分组成。专家系统这一术语产生的背景是20世纪60年代以后，计算机得到了较多的应用，但数据和知识相对贫乏，使用专家系统能够快速地解决和回答一些领域性的专业问题。从目前的科技背景来看，专家系统类似于是一个具有模糊查询

功能的数据库查询系统，并提供了一定领域内的判别和预测能力。

20世纪70年代以后，人们提出的决策支持系统（Decision-making Support System，DSS）是管理信息系统应用概念的深化，是在管理信息系统基础上发展起来的系统，主要用来解决非结构化问题，是定量分析和定性分析的有机结合。决策支持系统包括数据库、模型库、方法库、知识库和人机交互。数据库为决策提供数据能力或资料能力。模型库为决策提供分析能力。方法库是特定的处理算法。可以认为，决策支持系统与专家系统并没有本质的区别，二者的差别在于侧重点有所不同。

数据挖掘是人工智能和数据库相结合的一种概念，流行于20世纪90年代。一般认为，数据挖掘强调的是获得决策支持信息的过程，因此它是决策支持系统中的一部分。数据挖掘是指从数据库的大量数据中揭示出隐含的、先前未知的并有潜在价值的信息的非平凡过程，它主要基于人工智能、机器学习、模式识别、统计学、数据库、可视化技术等，高度自动化地分析企业的数据，做出归纳性的推理，从中挖掘出潜在的模式，帮助决策者调整市场策略，减少风险，做出正确的决策。知识发现过程由以下三个阶段组成：①数据准备；②数据挖掘；③结果表达和解释。数据挖掘可以与用户或知识库交互。数据挖掘方法包括了分类、估值、预测、关联分析和聚类等。

专家系统、决策支持系统和数据挖掘等概念体现了人们对技术进步的期望，是对各类信息服务技术的理想化论述。这些概念也并不是绝对的，而是体现了对信息系统开发不同侧重点的描述。它们之间的区别并不像其他信息系统（如机助制图系统、数据库系统、辅助设计系统）之间的区别那么明显。这些概念的提出是期望能够开发出适合于普通大众易于使用的软件。大数据这一术语正是上述三者的深化。随着技术的进步和演化，人们发现信息系统领域的开发越来越复杂，导致时至今日仍然无法开发出适用于大众用户直接使用的系统。绝大多数情形下，用户仍需要自己编写数据处理工具，以完成特殊的应用需求。

1.6.2　地理信息系统

地理信息系统（Geographic Information System 或 Geo-Information System，GIS）有时又称为“地学信息系统”。它是在计算机硬、软件系统支持下，对整个或部分地球表层（包括大气层）空间中的有关地理分布数据进行采集、储存、管理、运算、分析、显示和描述的技术系统。地理信息系统中通常提供了大量数据分析和处理的一些工具性模块，在用户为满足特定要求而进行模块的组合定制后，可以实现不少决策支持分析。尽管地理信息系统是地球科学的一个技术基础，但从实际应用来看，它更适合于在社会管理等各种人文领域的应用。

随着海量地球科学数据的出现，人们发现地理信息系统只是数据处理工具的一部分，而实际上地学应用需求远远超出了GIS软件所能涉及的技术，GIS软件已很难胜任各种繁重的数据处理业务。地理信息系统软件已沦为一种只能完成地图数据浏览和图形编辑的工具。人们不再期望地学大数据处理工具呈现某种特定的软件形式，更喜欢使用编程的方式完成特定的数据处理，这又为人才培养提出了很大的挑战。

1.6.3　云计算

云计算（cloud computing）是分布式计算的一种，指通过网络“云”将巨大的数据计算处理程序分解成无数个小型的处理任务，然后，通过系统中的多部服务器分别执行这些小型的处理任务,最终将处理结果返回给用户。云计算又称为网格计算,通过这项技术,可以在很短时间内(几秒钟)完成对数以万计数据的处理,从而达到强大的网络服务能力。

从技术上看,大数据与云计算的关系就像一枚硬币的正反面一样密不可分。大数据必然无法用单台的计算机进行处理,必须采用分布式架构。它的特色在于对海量数据进行分布式数据挖掘,但它必须依托云计算的分布式处理、分布式数据库和云存储、虚拟化技术。

需要说明的是,地球大数据并不是一切都与云计算有关。现代个人计算机已经具有了很高的计算性能和存储能力,一些科学研究任务在没有云计算的条件下也可以完成。云计算的本质仍是在联网状态下的大量独立计算机,因此不少在单机上进行的工作任务也通用于云计算中。

1.7 地球大数据的发展

地球科学大数据是“数字地球”的进一步发展。1998 年 1 月,美国前副总统戈尔在加利福尼亚科学中心开幕典礼上发表题为“数字地球:认识 21 世纪我们所居住的星球”的演说,他提出了一个与地理信息系统(GIS)、网络、虚拟现实(VR)等高新技术密切相关的概念。他将数字地球看成是“对地球的三维多分辨率表示、它能够放入大量的地理数据”。显然,面对如此浩大的工程,任何政府组织、企业或学术机构,都是无法独立完成的,它需要成千上万的个人、公司、研究机构和政府组织的共同努力。数字地球要解决的技术问题,包括计算机科学、海量数据存储、卫星遥感技术、宽带网络、互操作性和元数据等。

谷歌地球是 2005 年 6 月由谷歌公司发布的一套互联网地图软件,之后十几年,该软件提供了丰富且具有极高分辨率的全球数据。近年来,谷歌地球还提供丰富的数据下载功能,可为全球的科研人员提供帮助。可以说,以谷歌地球为代表的数字地球技术已日趋成熟,并且谷歌公司及美国在全球领域展现了垄断性的霸主地位。美国的这种科技领先优势可能对世界其他国家的安全产生一定影响。

在遥感及地理信息技术的发展方面,国外商业软件公司发展出了 ArcGIS、ENVI 等有影响力的软件系列,成为我国高校教学的主要工具,此外,以 QGIS 为代表的国际开放源代码软件也逐渐成熟。与此同时,一些依托编程语言的大数据处理平台也成长起来,如商业软件 MATLAB 和开源工具 Python、R、Julia 等,它们集成了大量的科学计算工具,形成了强大的生态工具链。此外,以 Java、C++和 C# 为代表的大数据软件开发工业也十分发达。围绕着这些技术,产生了庞大的软件业务和技术培训业务。以上这些有影响力的技术成果都产生于欧美国家,即使是开放源代码的软件,也大都控制在欧美国家手中。我国也产生了大量的相关科技公司,但与欧美相比差距还非常显著。

在日趋激烈的国际科技竞争中,我国也需要奋起直追,把地球科学大数据的研究上升至国家战略层面(郭华东 等,2014;Guo,2017)。2018 年 2 月《地球大数据》期刊正式创刊,与已有的《国际数字地球学报(IJDE)》共同来展示相关的科技成果,该期刊拟加强交叉的、跨学科的研究模式,并促进大数据教育与能力建设。2018 年 2 月 12 日在北京启动了中国科学院 A 类战略性先导科技专项“地球大数据科学工程”,以建成具有全球影响力的国际地球大数据科学中心为目标,形成资源、环境、生物、生态等领域多学科融合、独具特色的地球大数据云服务平台,成为支撑国家宏观决策与重大科学发现的大数据重大科技基础设施。2019 年 9 月 26 日,在美国纽约联合国总部召开的第74届联合国大会上，中国代表团发布了一份《地球大数据支撑可持续发展目标报告》。中国科学院还出版了《地球大数据科学工程数据共享蓝皮书(2019)》，对有关地球科学大数据的数据共享做了全面的总结。

地球科学大数据的建设并不像开发一个普通的软件系统那样可以一次性完工后基本保持稳定，而是一个长期不断迭代演变的建设过程。它涉及大量的智力投入，相关人才较为稀缺。近年来，上海师范大学已成立了主要培养研究生的地球大数据科学系，标志着培养相关的科技人才已受到重视。

1.8 地球大数据科学研究

1.8.1 地球大数据科学的内容

地球大数据是围绕着地球科学研究的一个信息工程技术科学，涉及地球科学的各个方面，与地球科学的各个分支学科如遥感科学、大气科学、水文科学、地质科学和地球环境科学等联系紧密，但它不应该代替这些分支学科。地球大数据科学应该突出它对大数据信息技术和大数据处理技术方面的优势。它既是现代信息科学的一部分，同时也是作为地球科学的一部分。地球大数据科学的内容包括(图1.1)：

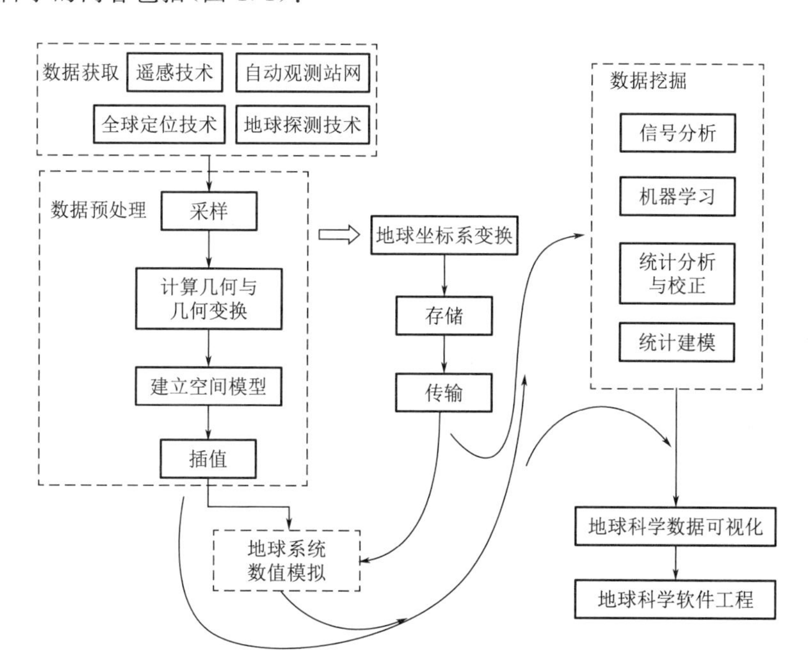

图1.1 地球大数据科学的研究内容

(1)地球大数据获取和生产。地球大数据的获取手段一部分来源于各种对地观测手段，包括航天遥感技术、航空遥感技术、自动观测站网技术、全球定位技术、固体地球探测技术。上述技术涉及的各种传感器和探测手段本身的复杂原理并不能作为地球大数据科学的核心内容，但地球大数据科学要为上述技术的进步服务，比如如何记录、生产和传输这些数据。

(2)地球大数据处理算法。地球大数据处理方法应该属于地球大数据科学的核心内容，包括数据的采样、计算几何学、几何变换、空间建模、空间插值算法、地球坐标系变换、数据的存储技术和数据的传输技术等。

(3)数据挖掘方法。用于从地球科学大数据中挖掘和发现有用的地学特征和规律,包括信号分析、数据校正、数据挖掘、机器学习、统计建模和人工智能等方法。

(4)地球系统数值模拟。在地球科学领域已有大量基于流体力学和热力学的数值计算模拟模型,如天气预报和气候预测模型、海洋模型、流域水文模型、地下水模型、环境污染模型及地貌演化模型等。这些模型一方面需要以各类地球大数据作为驱动场,另一方面又能生产出用于风险预警的数据集以及通过数据同化技术获得的高质量再分析数据集。

再分析数据集弥补了已有观测资料在空间覆盖、时空分辨率、空间尺度方面的不足,在一定程度上可以被作为进一步完成地球科学研究的“观测资料”。

地球系统数值模拟是十分复杂且专业化的系统工程,已经超过了一般地球大数据科学的核心范畴,但地球科学大数据的研究却不能脱离这些技术。

(5)地球科学可视化。主要实现将抽象的地球科学大数据的内容以清晰美观的视觉效果展示出来,涉及大量与计算机图形学相关的技术。

(6)地球科学软件工程。地球科学涉及各种数据存储、处理、传输、分析和可视化等复杂任务的算法,要将这些各种零碎的算法集成为大型软件涉及软件工程。发展出有影响力的数值计算软件以及工业软件,如 Matlab 等,也可以被看作是某种形式的“大国重器”,应该被作为未来我国科技发展的重任。

1.8.2 地球大数据科学的研究任务

地球大数据的科学研究几乎涉及地球科学领域所有的现代科学研究。总体上来看,地球科学大数据的研究任务包括如下方面:

(1)发展地球大数据分析处理方法。为地球大数据的获取、生产、存储、传输、分析、处理提供各种理论、方法与技术。

(2)地球科学建模,在挖掘地球科学规律的基础上,实现对地球上五大圈层(大气圈、水圈、生物圈、岩石圈、冰雪圈)内各种现象的建模。

(3)深化地球科学研究。近年来,地球科学大数据在大气环境污染、农业高质量发展、气候预测中发挥着重要作用,为揭示地球科学中存在的各种规律提供了强力的基础。此外,科学大数据的数据共享突破了以往科研只能在实验室进行的局限,使得世界各国的人们可以利用大数据合作完成重要科学研究。

(4)气候变化与全球可持续发展。近一个世纪以来,人类活动排放的温室气体以及土地利用变化改变了全球气候,使全球呈现出日趋变暖的趋势,威胁着人类未来的生存与发展。利用地球大数据构建的虚拟地球,可以完成未来气候预测和实现未来工农业的可持续发展。

1.8.3 地球大数据的人才需求

地球大数据虽然属于信息科学的一部分,但与普通的信息科学相比,其自身具有独特的专门化特征,因而常规信息科学领域的人才并不能解决地球大数据中所涉及的科学和技术问题。地球大数据人才一方面应该掌握信息科学的基本原理和技能,同时也要掌握有关地球科学的知识和能力。高素质的地球科学人才是稀缺资源。我国是对全球有影响力的大国,但目前来看，我国在大数据科学领域的人才及发展水平方面仍然与欧美等发达国家有一定差距。甚至可以认为，这种差距是非常悬殊的，体现在：很多复杂的基础数据文件格式及其相应的数据访问接口是由国外学者和团体设计的；很多机器学习的软件工具是由国外学者开发的；多数有影响力的地球科学数值模型是由国外机构发布的；一些基本的大数据处理语言（如 Python、Julia、Matlab 和 R 语言）等的编译器是由国外机构和个人发布的。某些开放源代码表面上是对任何国家公开的，但软件及源代码网站都被掌控在美国的一些机构手里，西方国家可以随时关闭对我国提供的访问服务。

总体来看，地球大数据人才需要掌握以下技能：

熟悉现代计算机技术，包括计算机的基本原理、计算机网络技术、信息处理原理。

熟悉数据分析和建模的方法，包括机器学习和人工智能技术。

熟悉信息获取和生产的技术，包括遥感观测手段和各类地球科学模型。

熟悉地球系统科学，包括大气科学、地理科学、海洋科学、水文科学以及地质科学。

具有大数据程序设计能力，掌握地球大数据处理所需的算法和常用技术。

第2章 地球信息的表达、存储与传输

数据结构是计算机存储、组织数据的方式，也是相互之间存在一种或多种特定关系的数据元素的集合。组织良好的数据结构可以带来更高的运行效率和存储效率。数据结构往往同高效的检索算法和索引技术有关。数据结构的设计应该与所描述的现实世界的特征相对应，同时也应与处理该数据所用的算法相关联。

信息管理与存储还需要处理好内存与外部介质存储的关系。一般来说，内存中的数据访问速度快，但存储空间有限且不能永久存放；外部存储访问速度慢，但是既能永久存放，又具有可以无限扩展的存储空间。

2.1 数据结构的概念

通常情况下，数据结构是指在计算机内存中对内存空间分配的数据组织方式，但也应包括在外部存储(如磁盘)中存储数据的方式。相对而言，内存中的数据结构既有对运行效率优化方面的要求，也有节约内存空间的要求。外部存储的数据结构主要追求对存储空间的节约，且与内存数据结构可以快速相互转化。这里主要讨论内存数据结构。

2.1.1 数据逻辑结构

按照数据的逻辑组织，可以将数据结构分为线性结构、树状结构、网状结构。线性结构表现为一种具有先后顺序关系的串状结构，指有一个起始端节点和一个终止端节点，每一个内部节点有一个前驱节点和一个后继节点。对任何一个节点的访问都需要经过对其所有前驱节点的遍历才能实现。该过程如同盲人从一个由绳子串起来的物品中寻找某一目标物。

树状结构是指数据是以父子层次关系来组织。一个树结构中，必须要有一个根节点。除根节点外，每个节点必须要有一个父节点。每个节点还可以有 N 个子节点。Linux 操作系统下的文件目录就是这样一种树结构。当 $N=2$ 时，这种树状结构即为二叉树；当 $N=4$ 时，这种树状结构即为四叉树。

网状结构，指的是任意一个节点可以有多个与其相连的其他节点。节点之间不能划分出层次关系，也不能体现出先后顺序关系。这种结构类似于人类之间的社会关系网。

2.1.2 数据物理结构

数据的物理结构是数据结构在计算机中的表示，它是数据元素和数据元素之间的关系的机内表示。因为具体实现的方法有顺序、链接、索引、散列等多种，所以一种数据结构可表示成一种或多种物理存储结构。比如线性结构，可以采用节点链表来实现，也可以用一维数组来表示。树状结构和网状结构也可以使用节点链表来实现，但也可以借助一维数组来实现。

2.1.3　常用的理论数据结构

在几乎所有的现代编程语言中，常用的数据结构都已被设计成可以直接使用的容器构造。这些数据结构是构建各种应用算法的基础。把开发软件系统比做建一座工厂，那么这些不同的数据结构就相当于是各种不同的零件。

（1）数组结构（Array）

数组是一种聚合数据类型，它是将具有相同类型的若干变量有序地组织在一起的集合。一个数组可以分解为多个数组元素。在一些编译性的编程语言中，一个数组中所有元素的类型必须是预先定义好的，且数组中元素的存放个数也是在预定义时确定的。因此，数组可以分为整型数组、字符型数组、浮点型数组、指针数组和结构数组等。其中结构数组提供了极大的灵活性，即可以将用户自己定义的结构（C语言中的结构体或者是Java中的类结构）存入数组。数组还可以有一维、二维以及多维等表现形式。

数组支持任意随机访问的特征，具有极快速的访问速度，尤其适合于一些图像处理和数值计算方面的编程。但数组中实现元素的添加和删除是一个耗时的低效操作，因此需要尽量避免这种操作。

在一些现代编译型语言（C＋＋，Java，C＃）中，还有一些在数组基础上开发出来的高层次构造，突破了数组原有的长度限制，可以往数组中存放任意多的元素。在预先不能确定数组长度时，任意在数组中存放元素，而不会产生越界错误。C＃语言中的一些结构还支持泛型，极大地简化了类型的定义过程以及元素的存取。在一些现代脚本语言中（Javascript，Python），也同样有建立在数组基础上的高层次构造，这类数组型结构还可以存放任意类型的元素，因而具有极强的灵活性。

（2）链式存储结构

链式存储结构是以独立的数据结点构成，结点与结点在物理上不是连续存储的。每个数据结点包括数据域和指针域，指针域是其他元素地址的值。链式存储可以用于线性链表，也可以用于树状结构和图结构。

线性链表（Linkedlist）是一种一维顺序的链式结构，每个结点中含有一个前驱指针和一个后继指针。访问链表中的中间结点元素时需要从起始结点逐个遍历至目标结点，因此访问效率低，但它的优势是添加和删除元素时效率很高。

（3）栈和队列

数组结构和链式存储结构是常用的基础数据结构。在这两种结构的基础上，还可以衍生出一些特殊功能的数据结构。栈（stack）是一种建立在线性表（可以是数组，也可以是链表）基础上的构造，它只能在一张表的一个固定端进行数据结点的插入和删除操作。栈按照后进先出的原则来存储数据，先插入的数据将被压入栈底，最后插入的数据在栈顶，读出数据时，从栈顶开始逐个读出。

队列和栈类似，也是建立在线性表基础上的结构。队列只允许在表的一端进行插入操作，而在另一端进行删除操作。一般来说，进行插入操作的一端称为队尾，进行删除操作的一端称为队头。队列中没有元素时，称为空队列。

（4）树（Tree）与图（Graph）

在一般的教科书中，树的实现采用的是链式存储结构。在树结构中，每个结点有且仅有一个根结点，根结点没有前驱结点。在树结构中的其他结点都有且仅有一个前驱结点，但可以有多个后继结点。

图结构中，数据结点一般称为顶点，而边是顶点与顶点之间的联系。如果两个顶点之间存在一条边，那么就表示这两个顶点具有相邻关系。

在实际应用中，树结构也可以借助数组来实现，即树中每个结点中含有一个用于存放子结点的数组。同样的原理，图结构可以用链式结构来实现，也可以用数组来实现。

堆(Heap)是一种特殊的树形数据结构，一般讨论的堆都是二叉堆。堆的特点是根结点的值是所有结点中最小的或者最大的，并且根结点的两个子树也是一个堆结构。从使用者的角度来看，堆是一个将元素进行排序存储的结构。

(5)散列表(Hash)

散列表，也叫哈希表，是根据关键码值(Key value)而直接进行访问的数据结构。也就是说，它通过把关键码值映射到表中一个位置来访问记录，以加快查找的速度。这个映射函数叫作散列函数，存放记录的数组叫作散列表。给定表 M，存在函数 f(key)，对任意给定的关键字值 key，将其代入该函数后若能得到包含该 key 记录在表中的地址，则称表 M 为哈希(Hash)表，函数 f(key)为哈希(Hash)函数。

2.1.4 现代编程语言中的内存数据结构

现代编程语言中，通常使用面向对象方式封装复杂的数据结构底层实现，将数据结构以容器的形式提供给用户，从而提高编程的便捷性。

以 C# 为例，最常用的数据容器就是 List(Python 语言中的对应结构是 list)，它是一种泛型容器(即可以灵活定义元素类型的容器)，可以认为它是一种长度可以任意伸缩的动态数组。其底层实现是对数组结构的包装。当往 List 中添加的元素个数超过其内部数组的实际长度时，容器会创建一个更长的数组，将已有元素一次性复制进新数组后再删除旧的数组。List 与数组一样，能够使用索引随机快速访问其中的元素，但只有在尾部进行添加删除操作十分高效，在内部进行此类操作就很低效。

另一种数据容器通过提供关键字来存储数据的结构。这种容器的底层实现可以是哈希表，也可以是堆、二叉排序树、平衡树等结构。但无论底层是何种结构，从用户使用的角度来看，几乎看不出差别。例如 C# 中的 SortedList 和 Sorted Dictionary，Python 语言中则是字典(即花括弧表示的结构)。这种使用关键字的容器通常具有随机快速访问的特点，同时其添加删除的效率也较高。

2.2 地球信息表达的数据结构

地球信息可以分为属性数据和图形数据两类。属性数据是用以描述地表要素的名字、数量等各种属性的数字，通常是结构化的数据记录。图形数据结构通常是变长记录的非结构化数据，可以分为矢量数据结构、栅格数据结构、面片数据结构、等值线结构和瓦片数据结构。

2.2.1 结构化数据模型

结构化数据是指可以用一张二维表格描述的数据，一行数据即一条记录，用于描述一个事

物或现象的存在，一列数据是事物或现象某一方面的属性。每列数据不可再分，且每列数据是同一种类型的数据（如 32 位整型、64 位浮点数、100 个字符的字符串）。每行记录是固定长度的，表 2.1 给出结构化数据的例子。结构化数据可以方便地实现存放和管理。

表 2.1　某种地理现象观测站网的结构化数据示例

测站编号（ASCII 字符串型）	所在行政区（Unicode 字符串型）	测站名称（Unicode 字符串型）	经度（实型）	纬度（实型）	高程（实型）	建站时间（日期型）	站点类型（byte 型）
001	北京市朝阳区×××街道	刘家口	111.35	40.11	101.8	1960.10	一级站
002	北京市东城区×××街道	王家院	111.01	40.01	90.3	2010.05	三级站
…	…	…	…	…	…	…	…

2.2.2　矢量模型

矢量数据结构是使用点、折线、多边形这三类图形元素来表示的结构。如用点可以表示气象站点、水文测站、地下水水井等，用折线可以表示含有长度和形状信息而不需要考虑面积的道路、行政边界、电力线、河流等地物或设施，用多边形可以表示含有形状和面积信息的较大地物，比如行政区、居民地、工厂厂区等。矢量结构的数据源通常来源于人工测量数据、含有经纬度记录的文字表格资料，或者是用电脑软件手工描绘的图形资料。

点(Point)的数据结构使用经纬度值对，或者是二维笛卡尔坐标下的值对，如 x,y 或 φ,λ 表示。折线(Polyline)的数据结构使用从头至尾相连的点序列$[(x_1,y_1),(x_2,y_2,),\cdots,(x_n,y_n)]$来表示，其中序列中的每个点坐标不是单独的图元。

多边形(Polygon)的数据结构也使用顺序相连的点序列$[(x_1,y_1),(x_2,y_2,),\cdots,(x_n,y_n)]$来表示，其中序列中的每个内点坐标也不是单独的图元。点序列形成闭合结构，即序列最后一个点与序列中的第一个点需要拼接起来。但多边形通常带有复合结构性质，比如是含有多个洞的面状区域。为此，通常多边形用一个点序列来表示外边界，以逆时针排列，而内部的每个洞的边界也要用一个点序列表示，但以顺时针方向排列。

矢量结构中还可以包括一些拓扑信息。比如一条线可包括其左侧多边形和右侧多边形的指针，多边形可以包括指向其他多边形的指针。

为了存放所有 polyline、point 以及 Polygon，还需要额外用到容器。对于这三种类型的图元，可以各建立一个容器来分别存放。也可以只建立一个通用类容器，同时灵活存放不同的元素。使用通用类容器时，需要将上述三种图元结构继承自同一个抽象类，比如该抽象类命名为 Primitive，则通用类容器可以创建为 List<Primitive>，这样该容器中就可以添加上述三种类型的任意一个对象。

```
Abstract class Primitive{
    Abstract void Draw()…
    Abstract double Area()…
    Abstract double Length()…
    …
}
class Point:Primitive {
```

```
    Double phi;//纬度
    Double lambda;//经度
}
class PolyLine:Primitive {
    Point[] points;
    Polygon LeftPolygon;//拓扑信息
    Polygon RightPolygon;//拓扑信息
}

class Hole {
  Point[] points;
    }
class Polygon:Primitive {
    Point[] outerBound;//外边界
    List<Hole> holes;//借助一个容器来存放
    Polygon[] Neighbors;//拓扑信息
}
```

2.2.3　栅格模型

栅格数据结构是采用二维矩阵来存放的结构，其中的每个空间位置都通过对应的行列号来访问。栅格中元素的数值可以是表示某种地表物理量（气温、海拔、土壤湿度、空气相对湿度）的浮点数，也可以是表示地种地物属性（如土地利用类型编码）的整型数。栅格数据大都来自于卫星遥感资料、航空摄影相片，也有少量来源于扫描的纸质地图以及在矢量点数据基础上的插值等。

栅格数据是 GIS 领域的术语，在气象领域常被称为格网资料或者格点化资料，在计算机领域被称为图像，其本质都是二维或多维的阵列或数组。栅格中的单元，在 GIS 领域称为像元，在气象领域称为格点，计算机领域则称为像素。栅格数据的精度取决于栅格的分辨率，是指单个栅格单元表示的地物单元的尺寸或大小。对应的地物尺寸越小，分辨率就越高。比如一个像元的长宽对应地面的距离为 100 m 时，即为 100 m 分辨率，其精度就低于 10 m 分辨率。

一般情况下，栅格数据中的像元大小相同，因此除了要有二维矩阵，还需要提供该矩阵某个角点（左上角点或者左下角点）的真实地理坐标（λ_0,φ_0）以及栅格的分辨率（$\Delta\lambda,\Delta\varphi$），那么第 i 行和第 j 列处对应的地理坐标（$\lambda j,\varphi_i$）就可以计算出来，即

$$\varphi_i = i^* \Delta\varphi + \varphi_0$$

$$\lambda_j = j^* \Delta\lambda + \lambda_0$$

下面给出一个简易的栅格数据结构的定义。

```
class grid{
   Double[,] data;//存放栅格元素值的二维数组;
```

```
    Double SouthLeftPhi;//左下角点(西南角)的纬度
    Double SouthLeftLambda;//左下角点(西南角)的经度
    Double CellSize;//分辨率,即像元代表的地物边长
}
```

如果空间上有许多栅格区块拼接覆盖,也可以将每个栅格区块作为一个图元,与矢量结构混合存放在同一个容器中。

2.2.4　三角面片模型

三角面片结构是以紧密拼接在一起的一个三角形覆盖整个连续空间的方法,也叫三角网结构。三角面片的优势是便于计算面片的法向,可进一步精确地计算出坡度、坡向和太阳照射的光强。按照三角形的划分规则,可以分为规则三角网和不规则三角网。

规则三角网类似于栅格结构,即其中的三角形是按照一定等距规则划分的,所有三角形面积相等,形状相同。例如,将栅格结构中的每一矩形栅格单元分为两个直角三角形即形成了规则三角网,或者整个连续空间都采用正三角形的网格也属于这种结构。规则三角网在内存中表示时,只需按照栅格结构表示即可,而对每个三角形的信息获取可以通过一个简易的算法临时快速构建三角形来实现。

不规则三角网中则是随机划分三角面片的。通常是在离散随机分布的采样点基础上创建的。为了尽可能地减少对真实曲面(如地形、湿度的分布)的描述误差,通常要求三角网中每个三角形尽可能地接近等边形状,保证是由最邻近的点相连形成三角形。Delaunay 三角网是符合这种要求的最佳三角网。因此,可以通过 Delaunay 三角网规则在离散点集基础上生成不规则三角网。Delaunay 三角网中的三角形具有三个性质:①唯一性,即无论从何处开始联网,最终生成的结果是唯一的;②空圆特性,指任何一个三角形的外接圆内不能包含其他点;③最大最小角特性,即三角网的生成尽可能使所有三角形的最小角最大化。这三个性质说明基于不规则离散点集构建的 Delaunay 三角网具有最佳的形状。因此,可以通过 Delaunay 三角网准则来构建不规则三角网的雏形。Delaunay 三角网最外侧的边界构成一个凸多边形,即凸包。

不规则三角网的存储需要专门建立描述三角形的数据结构,一般包括三个表,点表、有向边表、三角形表。有向边和三角形以索引指向点,而三角形有指向其三条有向边的索引,每条有向边有指向其反向边以及其所在三角形的索引。需要注意的是,以下算法均假定三角形的三顶点均为逆时针排列,三条边为有向边,则三角形内部位于边的左侧,三角形外部位于边的右侧。三角网的这种数据结构包含了充分的拓扑关系,即每个三角形的信息都包含了其邻接三角形的索引。可见,不规则三角网也可以被看作是一种包含拓扑信息的特殊矢量结构。

在假定空间中现象的分布较为均质时,比如较平整的坡面或平地,Delaunay 三角网是最佳选择。但当现象的分布呈现一些特定规律时,Delaunay 三角网可能不是最佳选择。例如,如用接近等边的三角形描述狭窄且长条形的沟谷地形或道路时会有较大的地形误差。这时可以在 Delaunay 三角网基础上做修正,以产生一些更接近于真实现象的三角形。此外 Delaunay 三角网创建时会生成一个包含所有样本点的凸包多边形区域,但真实现象通常存在许多凹边界,或者是网络中还需考虑一些洞或岛,因此不能严格按照 Delaunay 规则来划分网格。一些文献把这一类三角网叫作约束不规则三角网。可见,Delaunay 三角网只是不规则三角网的一个特例。

三角网面片模型可用于地形曲面的可视化、三角化数据采样插值。例如在激光雷达(Lidar)测量中一次可获得数百万个随机采样点,如何重建地面起伏状况就可以用到三角面片模型。

2.2.5 等值线模型

等值线模型是在其他基础数据结构基础上导出的一种结构,常用于图形绘制。等值线集合中的每一条等值线对应一个特定的属性值(如等高线和等压线)。

每一条等高线是一条闭合曲线,通常被存成一个有序的坐标点对序列,并包含一个属性值。等值线集合可以用一个线性容器来装载,但这种方式没有体现等值线之间的拓扑顺序关系,因此只适合于外部文件的持久化存放。为了增加拓扑信息,需要用树来表示等值线集合。每一条等值线需要包括位于其下方相邻的一条等值线(我们称之为父线或基线)以及位于其上方的相邻等值线集合。

在一些科学计算中,等值线的绘制是采用不同颜色填充的等值面,即多边形。因此,可以采用先父后子的顺序来绘制,后来绘制的子等值面会遮盖掉先前的各级父级等值面(图 2.1)。

```
class Isoline {
    Point[] points;//点位序列
    Double AttributeValue;//属性值
    Isoline BaseIsoline;//基线
    IsoLine[] Children;//子等值线集合
}
```

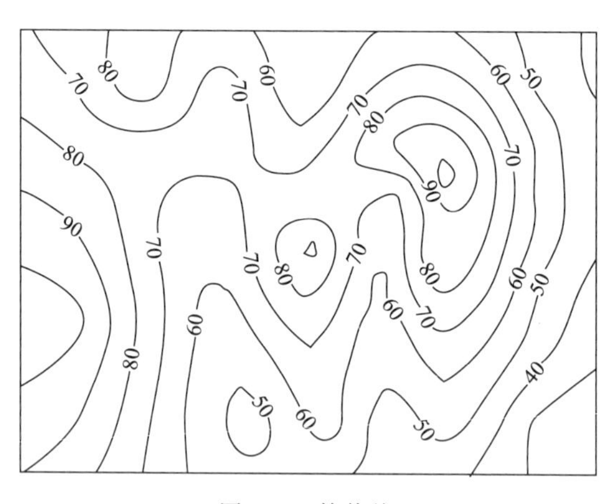

图 2.1 等值线

2.2.6 图层结构和瓦片结构

如何将不同类型的数据在同一个软件中表达出来,需要合理组织不同的数据。不同专题类型和不同数据结构的数据需要分层组织。而同一图层中的数据还可以按区域分幅,形成瓦片结构。这种分图层和分瓦片的结构有助于解决内存与外存的数据交换问题。

与前面的矢量结构、栅格结构及三角面片结构相比,瓦片结构(Tile)属于更高层次的数据

组织结构。

一些覆盖全球或者大区域的地球数据集通常分辨率极高，无法一次性将这些数据载入内存，也不便于文件存储。因此可以采用地图均等分幅的方式划分覆盖连续空间的瓦片构造。每个瓦片用一个文件保存。在用户进行数据检索或者是图形化浏览时，只有被浏览到的瓦片才会被载入内存，或者通过网络传输到客户端。遥感数据的发布就通常采用这种方式来划分数据文件。每一瓦片内部，可以采用矢量结构，栅格结构或三角面片结构中的任何一种。

瓦片结构还可以通过树状结构来描述不同分辨率下的瓦片层，这种方案叫层次细节。最常用的树状组织是四分法。即当浏览到的某一瓦片细节不够时，软件系统会将该瓦片所在区域划分为四个子区域，以加载更高分辨率下的相应瓦片。这些子区域的瓦片描述的是更深一层的细节。在不同比例尺下，对同一地物或图形景观在数据库中准备多个层次不同（分辨率）的数据模型，每一层次的模型对应一个比例尺，高精度模型对应大比例尺，粗精度模型对应小比例尺。在显示时，由软件根据比例尺自动选择所要显示的层次。该方法被广泛应用于计算机图形显示中，谷歌地球就充分利用了该技术（图 2.2）。

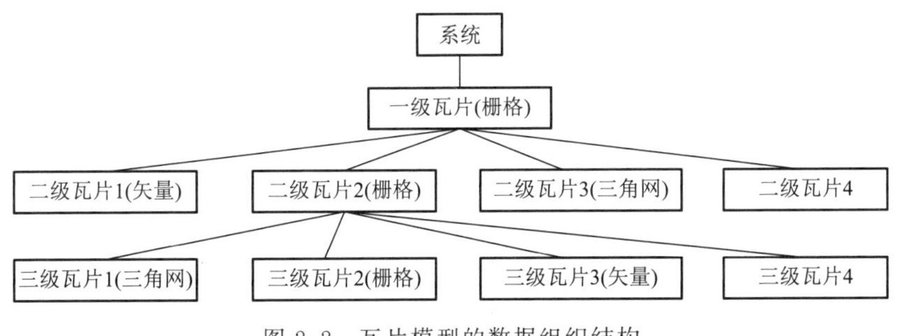

图 2.2　瓦片模型的数据组织结构

2.2.7　不同数据结构之间的转化

不同的数据结构并非有绝对的界限，反之，它们不仅可以相互嵌套，还可以相互转化（图 2.3）。

矢量数据结构通常包含图形数据和属性数据两部分，而属性数据是结构化的数据模型。矢量数据结构中的某一部分图形数据本质上也是结构化的数据模型，比如多边形中的顶点序列也是结构化的表。

含有经纬度信息的结构化数据模型也可以直接转化为点状的矢量数据。

三角面片模型也具有矢量模型和结构化模型的特征，其坐标及拓扑信息的表达方式也是结构化的表格数据。

等值线模型实际上是一种特殊的含有拓扑关系的矢量结构。

栅格模型本身也是一种特殊的结构化模型（同一类型的数组），可以转化为三元组列表（行号、列号、数值）的方式存放，成为结构化表格数据。

如果再借助于插值和重采样算法，还可以实现更复杂的数据结构转换。比如等值线和三角面片都可以通过插值形成栅格数据，而栅格数据中通过等值线追踪算法形成等值线，通过边界追踪算法识别出矢量数据。

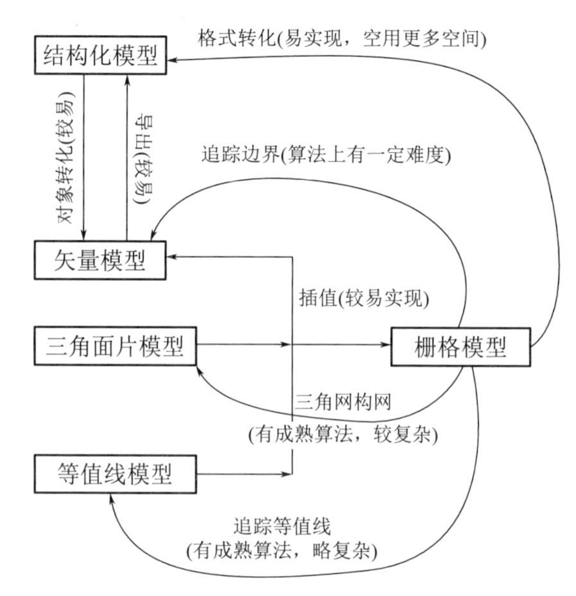

图 2.3　不同数据结构模型之间的转化及其难度

2.3　外部存储数据结构

内存数据的持久化存放可以采用两种方法，文件存储和数据库存储。其中文件存储是最原始且最底层的存储方式，因而是存储数据最为常见的方法。数据库存储则是一种借助数据库管理软件的存放方式，它适合于存储和管理表格化的数据，不适合存放数据密集型的图像类数据。文件本质上就是二进制数据流(stream)，目前一般是使用包含 8 位字节的字节流，即数据流中的最小存储单元是字节(即比特)。一个 ASCII 码字符占用一个字节，一个 32 位整型数占用 4 个字节，一个 64 位的双精度浮点数占用 8 个字节。

2.3.1　文本文件

根据文件的存储规范，文件又分为文本文件和一般二进制文件，前者是按照 ASCII 码或者 Unicode 等编码存储的文件，可用常规的文本编辑器打开后进行人工阅读。后者是一般性的任意格式数据文件。地球科学领域的数据可以用文本方式存放，也可以用二进制文件存放。中国气象部门使用的 MICAPS(气象信息综合分析处理系统)数据是一种基于文本存储的复杂数据格式。

大多数情形下，数据量较大时，使用文本方式存放占用记忆空间大得多，且涉及大量数据格式的转化处理，增加了额外的处理时间，因而二进制文件更为常用。

在设计文本文件时，可以在文档中插入一些逗号、空格、制表符、换行符，以方便文件读取及阅读识别，其数据存放格式就具有了一目了然的特点。如 ArcGIS 软件中使用的 ASCII 码格式(图 2.4)，其前 6 行存放了总行数、总列数、左下角点的横纵坐标、像元的分辨率及无效数据编码等信息。从第 7 行开始则是 N 行 M 列的矩阵化数据文本。

2.3.2　二进制文件

二进制文件内部是连续且肉眼无法识别的字节流，因而对文件的存放与读取通常需要遵

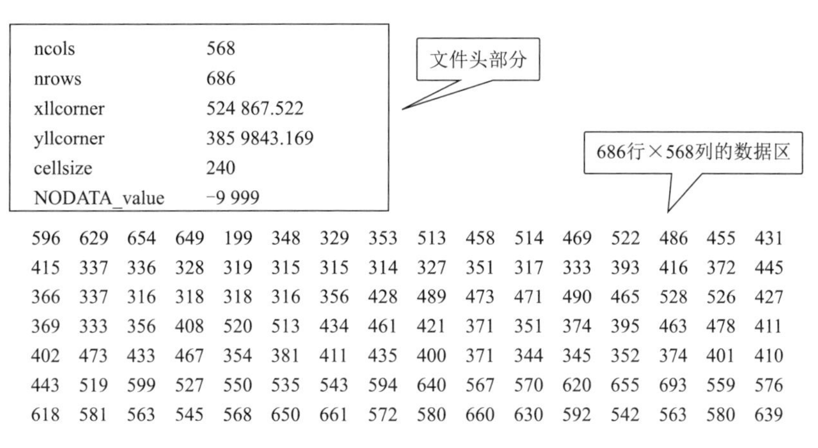

图 2.4　ESRI ASCII 码格式的栅格资料

守某种约定。这种约定即为文件格式的描述。二进制文件通常把有关数据的描述信息也存放在文件的最前面一些字节中，文件的读取需要根据这些描述信息从后面的数据区中读取。用二进制文件保存上面 ASCII 码栅格文件的信息，需要用到类似于表 2.2 的文件格式说明。文件使用者只有认真阅读该说明才能正确地读取相关的数据文件。

表 2.2　一个简单的二进制栅格文件的格式说明

字节范围	内容	类型	字节长度
1～2	568	16 位整型	2
3～4	686	16 位整型	2
5～8	524867.522	32 位浮点型	4
9～12	3859843.169	32 位浮点型	4
13～16	240.0	32 位浮点型	4
17～20	－9999	32 位整型	4
21～	矩阵数据表	16 位整型	每 2 个字节表示一个数，共 568 列 686 行

在遥感及气象领域，一些国际机构设计了非常专业化的二进制数据格式，用于存储各类大型地学数据集。最常见的二进制数据格式有 ArcGIS 中所用的 shape 矢量数据格式，欧洲中期天气预报中心所使用的 grib-1 和 grib-2 数据格式，美国国家高级计算应用中心所设计的 hdf 格式，美国大学大气研究协会所设计的 netcdf 格式等。此外，常用的栅格数据格式还包括 Geotiff 等。

2.3.3　常见外部数据格式

(1)Shape 格式

ESRI shape 格式(Shapefile)是美国环境系统研究所(ESRI)开发的一种空间数据开放格式。该文件格式已经成为地理信息软件界的一个开放标准。Shape 文件属于矢量图形格式，能够保存几何图形的位置及相关属性，但不包含拓扑信息。目前几乎所有的商业 GIS 软件及开源软件都支持对 Shape 文件的读取。一个逻辑上的 Shape 文件包含了多个物理文件，其以

“. shp”,“. shx”与“. dbf”为扩展名的文件是最常用的三种。其中“. shp”中存放的是几何图形文件,“. dbf”中存放的是对应图形文件的属性文件,以表格形式存放。“. shx”即位置索引文件,用于记录每一个几何体在 shp 文件之中的位置,能够加快搜索单个几何体的效率。

目前读取 Shape 格式可以采用两种方式,一种是根据其文件格式说明自行编写数据读取及解析所用的程序。另一种方式是使用特定的 API,如 GDAL 开源项目中提供了 Shape 文件的读取器,而一些编程语言如 Python、C# 都可借助 GDAL 提供的 API 来读取(表 2.3)。

下面给出点、点集、折线、多边形四种图元的数据结构及其二进制存储格式。

点(Point)类型包含一对双精度坐标。

```
Point
{
    double X     //X 坐标
    double Y     //Y 坐标
}
```

表 2.3　ESRI shape 文件中 Point 结构体的格式

位置	字段	值	类型	个数	字节顺序
Byte 0	图元类型	1,表示是点类型	整型	1	小端
Byte 4	X	X	双精度浮点型	1	小端
Byte 12	Y	Y	双精度浮点型	1	小端

MultiPoint 代表点集(表 2.4)。

```
MultiPoint
{
    double[4] Box        //范围框
    integer NumPoints       //点的个数
    Point[NumPoints] Points   //点数组
}
```

表 2.4　ESRI shape 文件中 MultiPoint 结构体格式

位置	字段	值	类型	个数	Byte Order
Byte 0	图元类型	8	整型	1	小端
Byte 4	Box	Box	双精度浮点型	4	小端
Byte 36	NumPoints	NumPoints	整型	1	小端
Byte 40	Points	Points	Point 型	NumPoints	小端

PolyLine 是包含一个或多个成分(Parts)的有序顶点集合(表 2.5)。一个成分是两个以上顶点连接的序列。各成分间可能连在一起,也可不连,成分之间可相交也可以不相交。

```
PolyLine
{
    double[4] Box              //范围框
```

```
    integer NumParts          //子集的个数
    integer NumPoints          //总点数
    integer[NumParts] Parts    //指向各子集第一个点的索引
    Point[NumPoints] Points    //所有子集的点
}
```

表 2.5 ESRI shape 文件中 PolyLine 与 Polygon 的文件格式

位置	字段	值	类型	个数	顺序
Byte 0	Shape Type	3	整型	1	小端
Byte 4	Box	Box	双精度浮点型	4	小端
Byte 36	NumParts	部分的个数	整型	1	小端
Byte 40	NumPoints	点的个数	整型	1	小端
Byte 44	Parts	子集中第一个点地址	整型	NumParts	小端
Byte X①	Points	Points	Point 型数组	NumPoints	小端

①:X=44+4 * NumParts

Polygon 是一个多边形,包含一至多个环(ring)。环是由四个或更多顶点连接形成的非自相交的环状序列。一个 Polygon 可以包含多个外环。环的顶点的顺序或方向指明环的哪一侧是多边形的内部,沿着环的顶点顺序前进的观察者的右侧为多边形内部,多边形中孔(或洞)的环顶点为反时针方向,而一个单独的环状多边形总是顺时针方向,一个多边形的环被作为它的成分(Parts)。

Polygon 与 PolyLine 的文件结构完全相同(表 2.5)。

(2)GRIB 格式

GRIB 格式是用于存放和传输网格化气象资料的数据格式。这是一种包括自我说明、尺寸精小且便携的数据格式。现行的常用版本有 GRIB1 和 GRIB2 两种。每个 GRIB 文件中是一个包含了多个 message 的序列,每个 message 用于表达一幅二维平面栅格阵列,且每条 message 内部包含了有关坐标系和行列数等各种元数据。一般情况下,不同三维层位的气象栅格阵列会按照一定的顺序放置在同一个文件中,因此这是一种扁平化的存储方案。GRIB 格式内部的存储还采用了数据压缩编码方法。

对 GRIB 格式的读取可以根据格式说明自行编写读取程序。但是 GRIB 是一种非常复杂的数据格式,开发出一套读取接口需要花费较长的时间。早在 2012 年,本书作者就依照 GRIB 格式的公开资料成功开发了 grib-2 和 grib-1 的数据读取接口。

此外,GRIB 格式有专门用于读取信息的 API 接口。对于普通用户而言,可以直接使用 Python 等编程语言中的 pygrib 接口来读取 GRIB 资料。

(3)HDF 格式和 NetCDF 格式

HDF(Hierarchical Data Format,层次化数据格式)是美国国家高级计算应用中心(NCSA)为了满足各种领域研究需求而研制的一种能高效存储和分发科学数据的新型数据格式。一个 HDF 文件包含了各种数据信息和说明性信息。目前 HDF 格式分为 HDF4 和 HDF5 两种不同的版本。两种 HDF 格式在遥感资料存储中有着广泛的应用。

HDF 内部的数据组织类似于 Linux 文件系统的树状结构(图 2.5),如文件系统中分为目录和文件两种类型,目录中包含若干子目录和若干文件,而每个文件或者目录都有自己的说明信息。HDF文件有组(group)、数据集(dataset)、属性(attribute)和维度(dataspace)等概念,其中group相当于目录、dataset相当于是文件系统中的普通文件,group和dataset都有自己的属性描述。每个组和数据集的属性可以设置任意多条,是由用户自己定义的。一个HDF文件中包含一个最底层的group(相当于根目录),每个group包含了若干个下一级的group和若干个dataset。每个dataset具有特定的数据类型,如整型或浮点型,以及维度定义,因此其数据是多维数组。Attribute中存放的数据与dataset类似,但一般情况下,它是一些文本描述。

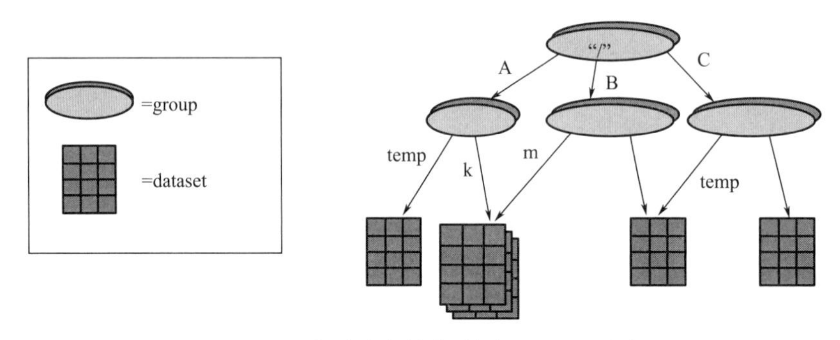

图2.5　HDF格式内部结构(摘自HDF网站主页)

NetCDF(network Common Data Form)网络通用数据格式是由美国大气研究大学联合会(UCAR)的Unidata项目科学家针对科学数据的特点开发的,是一种面向数组型并适于网络共享数据的描述和编码标准。NetCDF广泛应用于大气科学、水文、海洋学、环境模拟、地球物理等诸多领域。用户可以借助多种方式方便地管理和操作NetCDF数据集。NetCDF格式与HDF格式是十分类似的,它包括了组(groups)、变量(variables)、属性(attributes)、维度(dimensions)等概念。其中variable等同于HDF中的dataset。但不同于HDF的是,NetCDF中一般情况下不会用到group,因此每个文件中通常包含若干个dataset、若干条对文件的描述属性(attributes)、若干个维度(dimension),每个dataset也有若干个属性。NetCDF格式也支持数据压缩,但在实际的气象数据模拟应用中,为了降低编程开发的复杂度,以及节省开发时间和运行耗时,有时并不采用数据压缩处理。

HDF格式和NetCDF格式都有相应的C语言调用接口,在C语言接口基础上,还发布有各种语言的面向对象编程接口,如python语言中有pyHdf和netCDF4-python。使用C接口或fortran接口的流程较为简单明了,比如

先要打开文件,获得一个文件id,根据文件id获取根组id;

根据组id,可以进一步检索出组里面包含的dataset个数N以及属性的个数;

根据组的id以及一个位于0到(N－1)之间的数,可以检索出dataset的id;

根据dataset的id,可以检索出dataset的属性,以及dataset中存储的数据阵列。

(4)GeoTiff格式

标签图像文件格式(Tagged Image File Format,简写为TIFF)是一种主要用来存储包括照片和艺术图在内的图像的文件格式,采用无损压缩机制。它最初由Aldus公司与微软公司一起为PostScript打印开发。目前,它和JPEG和PNG一起成为流行的高位彩色图像格式。TIFF的图像格式很复杂,但由于它对图像信息的存放灵活多变,可以支持很多色彩系统,而且独立于操作系统,从而得到了广泛的应用。

TIFF文件以.tif为扩展名。其数据格式是一种3级体系结构，其内部结构可以分成三个部分，分别是：文件头信息区、标识信息区和图像数据区。其中所有的标签都是以升序排列，这些标签信息用来处理文件中的图像信息。文件头结构体（IFH）是图像文件体系结构的最高层，处于文件的开始部分，且在一个TIFF文件中是唯一的，用于解释TIFF文件的其他部分所需的必要信息。文件目录（IFD）是TIFF文件中第2个数据结构，它是一个使用“标记（tag）”区分一个或多个可变长度数据块的表，标记中包含了关于图像的所有信息。IFD中提供了一系列的指针（索引）来指示有关数据字段在文件中的开始位置，并给出每个字段的数据类型及长度。这种方法允许数据字段处于文件中任何位置，且可以是任意长度，因此文件格式十分灵活。图像数据区根据IFD所指向的地址，存储相关的图像信息。

GeoTIFF格式最初是在20世纪90年代初开发的。目标是通过添加描述和使用地理图像数据所需的元数据，来利用成熟的跨平台图像文件格式（TIFF）。TIFF是无损压缩的数据格式。其后的十几年，GeoTiff规范被多次扩充和修正，形成了现在的稳定版本。在各种地理信息系统、摄影测量与遥感等应用中，都要求图像具有地理编码信息，例如图像所在的坐标系、比例尺、图像上点的坐标、经纬度、长度单位及角度单位等。对于存储和读取这些信息，纯TIFF格式的图像文件是不支持的，而GeoTIFF作为一种扩展，在TIFF的基础上定义一些GeoTag（地理标签），进而对各种坐标系统、椭球基准、投影信息等进行定义和存储，使图像数据和地理数据存储在同一图像文件中。

GeoTiff格式有不少公开的读取接口，因此一般不需要关注其内部底层的数据存储。

2.3.4 GDAL数据接口

GDAL（Geospatial Data Abstraction Library）是国际上一个GIS开放源代码组织开发的一种通用空间数据读取接口，它相当于是众多不同地理数据格式之间的翻译器，采用统一的坐标系描述方案，极大地简化了各种不同数据的读取。它既包含了矢量格式的读取接口，又包括了各种栅格格式（Geotiff、PNG、JPG等）的读取接口。

GDAL是使用C/C++语言编写的开源库。现有的很多GIS软件（ArcGIS、QGIS）、遥感软件以及编程语言（python，java，c#等）都使用了GDAL。GDAL库是由OGR和GDAL项目合并而来，OGR主要用于空间要素矢量数据的解析，GDAL主要用于空间栅格数据的读写。此外，空间参考及其投影转换使用另一个开源库PROJ.4。

GDAL这一开源项目中包含了很多种栅格数据格式的读取接口，但正是由于该项目涉及的栅格数据格式很多，使软件的依赖关系变得异常复杂，因此在计算机上编译它的源码较为困难。因此，一般情况下，为了在特定平台上顺利编译，编译者通常会关闭对一些数据格式的支持，比如对netcdf和grib，但大多不会关掉Geotiff和HDF等格式的支持。GDAL的开发项目中已提供了完善的python语言支持，即pygdal包，可以很方便地处理多种栅格数据和矢量数据，用户可以自行下载学习。

（1）GDAL中的栅格数据

目前，GDAL主要提供三大类数据的支持：栅格数据，矢量数据以及空间网络数据（Geographic Network Model）。GDAL除了提供API接口外，还提供了一系列命令行工具，可以在Linux脚本中实现批量数据处理。

GDAL中使用dataset表示一个栅格数据（使用抽象类GDALDataset表示），它包含了栅格数据的波段、空间参考以及元数据等信息。各种不同格式的栅格文件都可以用这个统一的dataset 接口来读取。

GDAL 采用的标准化技术方案如下。

坐标系统：使用开放地理空间信息联盟(OGC)指定的"简单标准要素"格式表示的空间坐标系统或者投影系统。该格式使用六个浮点数来描述坐标信息：两个值用于描述角点坐标，两个值描述栅格行数和列数，两个数描述在行方向和列方向上的栅格大小(即分辨率)。

使用一种映射变换表示图上坐标和地理坐标的关系。

大地控制点(GCP)：记录了图上点及其与大地坐标的关系，通过多个大地控制点可以重建图上坐标和地理坐标的关系。

元数据是键值对组成的集合，用于记录和影像相关的元数据信息。

栅格波段使用 GDALRasterBand 类表示，真正用于存储影像栅格值，一个栅格数据可以有多个波段。

使用颜色表用于图像显示。

(2)GDAL 中的栅格坐标映射

GDAL 中统一使用从栅格坐标到地理坐标的映射来实现坐标的变换。

$$X_{geo}=GT_0+X_{pixel}*GT_1+Y_{line}*GT_2$$

$$Y_{geo}=GT_3+X_{pixel}*GT_4+Y_{line}*GT_5$$

(X_{geo},Y_{geo})表示对应于图上坐标(X_{pixel},Y_{line})的实际地理坐标。$GT_0 \sim GT_5$ 是简单标准要素表示的空间坐标格式。对一个上北下南的图像，GT_2 和 GT_4 等于 0，GT_1 是像元的宽度，GT_5 是像元的高度。(GT_0,GT_3)坐标对表示左上角像元的左上角坐标。

(3)矢量数据组织

GDAL 的矢量数据模型建立在 OGC 简单图元规范的基础之上，规定了常用的点线面几何体类型及其作用在这些空间要素上的操作。

OGR 矢量数据模型中的几个技术方案如下。

几何体：OGRGeometry 类表示一个空间几何体，包含几何体定义，空间参考，以及作用在几何体之上的空间操作，几何体和坐标格式的导入导出。

空间参考：OGRSpatialReference 类表示空间参考信息，各种格式空间参考的导入导出。

图元：OGRFeature 类表示空间要素，一个空间要素是一个空间几何体及其属性的集合。

图层：用 OGRLayer 表示，一个图层中可以包含很多个空间要素。

矢量数据集：GDALDataset 抽象类表示一个矢量数据，一个 Dataset 可以包含多个图层。

2.4 数据库存储方式

数据库存储方式是一种将结构化的数据记录按照数据库的存储规则交由专用的数据库管理系统存放的方式，适合于存放一些结构化数据记录。结构化数据也可以通过普通的文件形式存放，但文件存放数据会有两个方面的明显缺点：一是不便于建立不同文件之间蕴含的数据关系；二是当数据记录较多时导致文件变得很大，不便于数据的增删改查。使用数据库存储数据可以克服文件存储的一些缺点，其优点是，保证了不同种类的数据记录之间的相互关联；较少的数据冗余；易于实施零碎信息的增删改查操作；软件程序与数据存储相互独立，不同的软

件可以共同使用同一个数据库；保证数据的安全性和可靠性。当数据量很大时，使用文件方式存储，进行一些零碎的增删改查操作会产生大量不必要的数据读写操作，而相反，若使用数据库存储，进行数据的这类小量查询和搜索效率会非常高。

2.4.1　数据库管理系统

很多商业软件公司或机构设计了用于管理数据库的数据库管理系统(DBMS)，比如著名的 Oracle 数据库和微软公司的 SQLServer。DBMS 是提供数据库建立、使用和管理工具的一类软件系统。DBMS 与操作系统、编程语言编译器、浏览器一样，都属于重要且复杂程度很高的基础设施类软件。各种大型应用系统，尤其是互联网系统，如各种售票系统和财务系统等都是作为客户软件，通过访问 DBMS 的服务来实现数据的管理。一般情况下 DBMS 是一个以服务形式运行在后台的软件，但顺便会安装一个纯命令行人机接口，还有可能安装一个可视化的人机交互界面，辅助用户以完成查询和数据库设计。

DBMS 管理的数据存放在数据库文件系统中，数据库文件系统是按照一定的结构组织在一起的相关数据的集合(图 2.6)。

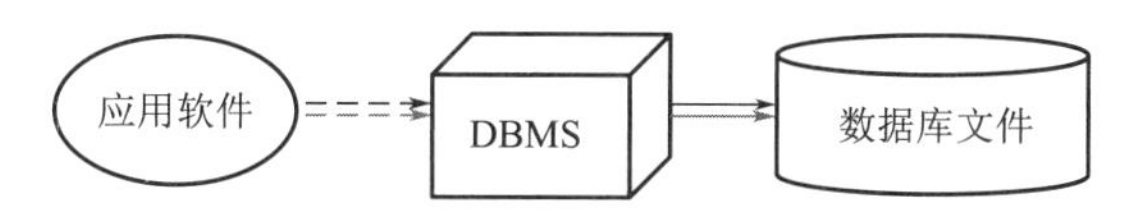

图 2.6　基于数据库的应用软件组成结构

数据库有着很多种不同的种类，比如层次模型数据(类似于文件目录系统)、网状数据库、关系型数据库和面向对象数据库。但随着应用的不断成熟，目前的主流数据库都采用了关系模型。

2.4.2　关系型数据库

关系型数据库，是指采用关系模型来组织数据的数据库。关系模型是在 1970 年由 IBM 的研究员 E. F. Codd 博士首先提出的，在之后的几十年中，关系模型的概念得到了充分的发展并逐渐成为主流数据库结构的主流模型。

关系模型指的是二维表格模型，而一个关系型数据库就是由二维表及其之间的联系所组成的一个数据组织。关系模型的有关概念包括：

(1)关系，理解为一张二维表，每个关系都具有一个关系名，就是通常说的表名。

(2)元组，可以理解为二维表中的一行，在数据库中经常被称为记录。

(3)属性，可以理解为二维表中的一列，在数据库中经常被称为字段。

(4)域，属性的取值范围，也就是数据库中某一列的取值限制，通常表现为对数据类型的定义，如浮点型、整数型、字符串型及其长度。

(5)关键字：一组可以唯一标识元组的属性，数据库中常称为主键，由一个或多个列组成；主键的值在同一个关系表中既不能为空，也不能有重复。

(6)外键，指一个关系表 A 中的某个属性 F 对应着另一个关系表 B 中的主关键字，则该属性 F 就称作 A 的外键。F 属性在 A 关系表中的取值必须是在 B 关系中已存在的取值。

(7)关系模式：指对关系的描述。其格式为：关系名(属性 1，属性 2，……，属性 N)，在数据库中体现为表结构。

关系模型具有如下优点：一是容易理解，因为二维表结构是非常贴近逻辑世界的一个概念；二是使用方便，可以通过通用的 SQL 语言来完成数据管理操作；三是易于维护，表现在丰富的完整性(实体完整性、参照完整性和用户定义的完整性)大大降低了数据冗余和数据不一致的概率。现今的大多数 DBMS 都是基于关系型的数据库模型，如 Oracle、SQLServer、MySQL 等。早期的一些小型数据库如 dBase/Foxbase 以及 ACCESS 也都属于关系型数据库。我国的众多软件公司已研发了自己的 DBMS，也基本达到了与国外 DBMS 相当的技术水平。

关系数据库的设计任务包括设计关系表、关系表之间的联系以及视图表。关系表属于基本表，属于实际存在的表。关系表之间的联系是通过表与表之间的主键-外键关系来确定的。视图表是基于单个关系表或者是存在主-外键关系的多个表之间通过查询语句导出来的虚表，不对应实际存储的数据。基本表与视图表的分离实现了数据存储与数据查询之间的独立。通常一些可视化的软件提供了方便的数据库的操作对话功能(图 2.7)。

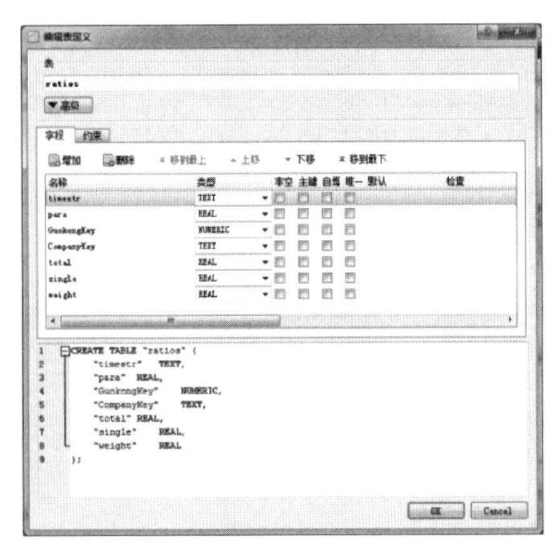

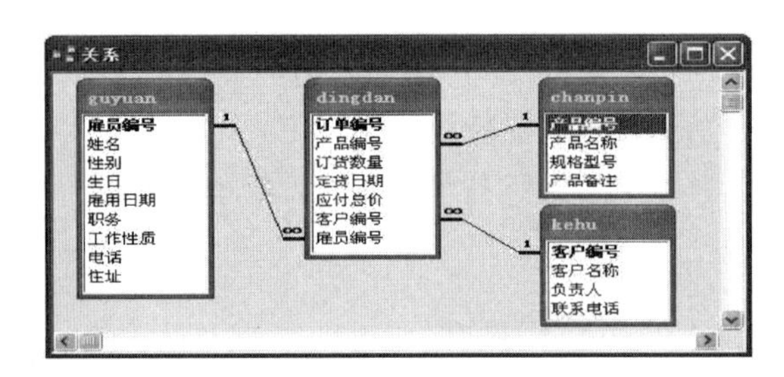

图 2.7　数据库软件的关系定义对话：左为 DB Browser for SQLite 中的关系表定义工具，右为 ACCESS 中的关系定义可视化工具

2.4.3　结构化查询语言

结构化查询语言(Structured Query Language)简称 SQL，是一种特殊目的的编程语言，是一种数据库查询和程序设计语言，用于存取数据以及查询、更新和管理关系数据库系统。目前几乎所有的 DBMS 都支持 SQL，但早期的一些小型数据库如 dBase 和 ACCESS 并不支持 SQL。SQL 语言 1974 年由 Boyce 和 Chamberlin 提出，并首先在 IBM 公司研制的关系数据库系统上实现。由于它具有功能丰富、使用方便灵活、简洁易学等突出优点，深受计算机工业界和计算机用户的欢迎。1980 年 10 月，经美国国家标准局(ANSI)的数据库委员会批准，SQL 被作为关系数据库语言的美国标准，此后，国际标准化组织(ISO)也做出了同样的决定。

学习使用 SQL 语言是掌握数据库技术的关键。不同 DBMS 支持的 SQL 语言大同小异，如果是个人学习 SQL 语言，通过一个微型的 DBMS 就足够了。SQLite 就是一个微型且功能较为齐全的 DBMS，它可以满足一些数据量和访问量不算很大的应用软件的开发，甚至可以运行于手机等小型设备上。严格来说，SQLite 的 DBMS 不需要独立运行的服务，而是被直接内

嵌在编程语言的接口函数中，因此是一种极为便捷的数据库。Python 的标准库中就自带了 SQLite。

SQL 语言包括了若干条灵活多变的语句，包括如下几类。

(1)数据查询语言(Select 语句)：用来从表中查询获取数据，确定数据怎样在应用程序给出。Select 语句具有非常灵活的形式，下面给出一个常用的格式。

```
Select 字段 1,字段 2,…,字段 N,…
From 表名
Where 关系表达式            #筛选时要符合关系表达式的条件
Group by 字段 1,字段 2          #根据字段 1 和字段 2 分组输出
Order by 字段 1            #根据字段 1 排序输出
```

(2)数据操作语言：其语句包括动词 INSERT、UPDATE 和 DELETE。它们分别用于添加、修改和删除。Update 语句的一个示例：

```
UPDATE Site
SET Address = 'Zhongshan 23',Name = 'Nanjing'
WHERE Height＞1000
```

(3)事务控制语言：用以确保被数据操作语句修改的表及时得到更新。包括 COMMIT(提交)命令、SAVEPOINT(保存点)命令、ROLLBACK(回滚)命令。

(4)数据定义语言：包括动词 CREATE，ALTER 和 DROP。在数据库中创建新表或修改、删除表；为表加入索引等。如创建表时采用

```
CREATE TABLE Persons
(
PersonID int,
LastName varchar(255),
FirstName varchar(255),
Address varchar(255),
City varchar(255)
);
```

类似的语句还有几个：

```
create index indexName …
create database baseName …
```

SQL 语言中的各种命令支持对数据库管理的方方面面的操作，但学习和使用起来并不复杂。SQL 中还支持字段之间常见的加减乘除等数学运算，以及一些 SQL 函数。常见的集合统计函数、字符串操作函数和时间处理函数等。集合统计函数如：

AVG(列名)——返回平均值
COUNT()——返回行数
FIRST()——返回第一个记录的值
LAST()——返回最后一个记录的值

MAX()——返回最大值

MIN()——返回最小值

SUM(列名)——返回总和

STDEV(列名)——返回标准差

VAR(列名)——返回方差

2.4.4 数据库应用系统开发

DBMS 提供了一个管理和操作数据库的通用平台。客户程序既可以在单机上也可以通过网络访问 DBMS。通常一个 DBMS 会提供多种编程语言的访问接口,供编程人员使用。

如果数据库还没有建好,开发人员首先需要设计数据库的结构,包括设计表、索引、关系和视图。其中对表的设计要设计好包含哪些字段,各字段的数据类型和存储长度。索引是对数据库表中一列或多列的值进行排序的一种结构,使用索引可快速访问数据库表中的特定信息。索引的添加对于检索效率至关重要。数据库的这些设计既可以通过 SQL 语言,也可以通过一些可视化的设计器来辅助完成(如图 2.7)。

编程时对数据库的操作可以归结为如下步骤:(1)建立与某一 DBMS 对某一数据库的访问接口连接;(2)构造出要提交的 SQL 语句;(3)通过访问接口提交 SQL 语句;(4)获取从 DBMS 返回的行列化数据,将其转化为符合编程语言自身语法的数据结构。(5)数据操作完成后,需要运行 Commit 命令并关闭数据接口连接。

需要说明的是,为了数据的访问安全,应避免在客户端中,尤其是采用 Javascript 开发的网页客户端中提供 SQL 语句的构造功能,而应把这样的 SQL 语言构造功能封装到一个服务器端软件中,再由服务器软件通过某种机制(自主定义的访问接口,或者通过 WebAPI 等方式)提供给网页客户端(图 2.8)。

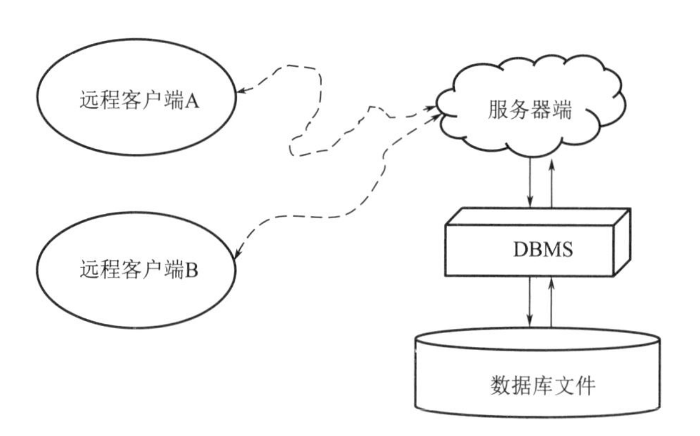

图 2.8 数据库应用软件开发模式

2.4.5 地球科学数据的数据库存储

地球科学数据可以分为三类:结构化的表格数据、多维栅格数据集和矢量图形数据。

表格数据是天然的结构化数据,可以直接按照表格的内容设计成数据库表。

多维栅格数据集通常占用非常大的空间,不便于作为数据库中的内容存放,一般仍以文件形式存放,在数据库中可以只存放这些文件的存储路径。但在特定的应用中,为了保证数据的

检索效率，有时也需要将栅格数据集以数据库方式存放。这种情况下，需要将多维栅格分成体积较小的二进制数据块，作为 Blob 类型(即 Binary large object)的字段存放，将说明性的数据也都一并当作其他字段，形成特殊的关系表。例如，假定有一个三维栅格数据集，有多个水平层，每个水平层又切成均等大小的局部数据块，每块含多行多列的数据，则其关系表的设计如表 2.6。

表 2.6　三维栅格数据集分割存储的数据结构

数据集 id (长整型)	数据类型编号 (byte 型)	图层序号 (整型)	二维分块编号 (整型)	总行数 (整型)	总列数 (整型)	数据块 (blob 型)
…	…	…	…	…	…	…
1010325	01(16 位整型)	1	001	512	1024	二维阵列 1
1010325	01(16 位整型)	2	001	512	1024	二维阵列 2
1010325	01(16 位整型)	3	001	512	1024	二维阵列 3

矢量图形数据是带有变化记录的信息，不适合以关系表来存放，但是通过某种数据结构转化，也可以把它转化为二维关系表。图 2.9 给出一个用于存储多边形对象的二维表示例。再结合使用表与表之间的关系，还可以记录多边形与边、顶点之间存在的各种拓扑关系。这种转换的缺点是有着很高的冗余度，但通常情况下矢量数据在实际地球海量数据中所占的比重很小，因此这些冗余量几乎可以忽略不计。此外，对矢量图形的存储可以设计出很多种变通的方式，例如将矢量直接按照 Blob 类型存放。

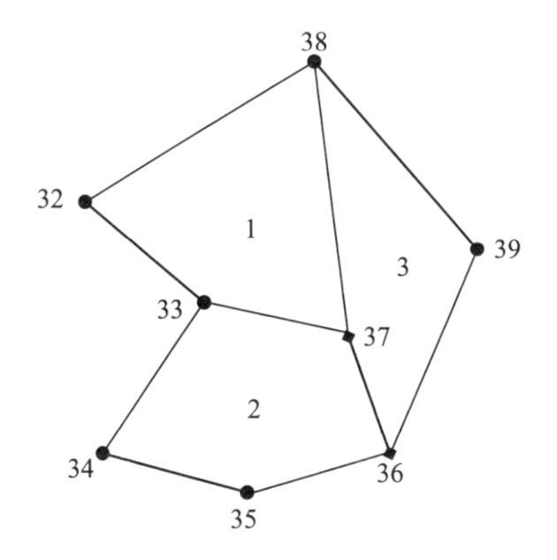

所属多边形id	顶点id
000 1	038
000 1	032
000 1	033
000 1	037
000 2	033
000 2	034
000 2	035
000 2	036
000 2	037
000 3	038
000 3	037
000 3	036
000 3	039

图 2.9　矢量多边形的表格化

2.5　网络数据传输

随着技术的不断进步，网络数据传输的硬件技术在不断进步，网络基础设施丰富多样且已实现了局域互联和全球互联。从软件开发的角度来看，网络数据传输是一个从服务器端向客户端传输字节流的过程，本质上与向外存介质(如磁盘、U 盘)通过 IO 操作读写字节流是一样的。但是网络数据传输过程会占用有限的网络资源，且不能一次性发送过于大的数据量。因而网络数据传输有其自身的一些复杂特点，这需要开发者进行专门的考虑。

2.5.1 网络协议

为了使不同计算机厂家生产的计算机能够相互通信，以便在更大的范围内建立计算机网络，国际标准化组织(ISO)在1978年提出了“开放系统互联参考模型”，即著名的OSI/RM模型。它将计算机网络体系结构的通信协议划分为七层(图2.10)，自下而上依次为：物理层(Physics Layer)、数据链路层(Data Link Layer)、网络层(Network Layer)、传输层(Transport Layer)、会话层(Session Layer)、表示层(Presentation Layer)、应用层(Application Layer)。

TCP/IP传输协议是网络使用中最基本的通信协议。它对互联网中各部分进行通信的标准和方法进行了规定。TCP/IP传输协议严格来说是一个将上面的七层简化为四层的体系结构，应用层(合并了会话层和表示层)、传输层、网络层和数据链路层都包含其中。其中常用的IP协议属于网络层，而TCP、UDP协议属于传输层。还有很多种常见的协议属于应用层，如DHCP、DNS、FTP、HTTP、POP3、SMTP、SSH、TELNET、RPC、SOAP等。在实际大数据开发应用中，最常用的协议还是HTTP、SSH、RPC、SOAP。

超文本传输协议(Hyper Text Transfer Protocol，HTTP)是一个运行在TCP/IP基础上的请求响应协议。HTTP是支持全球因特网最重要的协议，现代社会大规模的Web网页浏览正是基于这一协议而大行其道。各种网页浏览器如Chrome、Opera和Firefox都是基于HTTP的客户端软件，而相应的也有httpd、nginx、IIS(Internet Information Services)等提供HTTP访问服务的服务端软件。网页浏览器本身就是一个非常复杂的软件平台，除了支持超文本传输外，还提供了Javascript等现代编程语言。其中RPC和SOAP实际上是基于HTTP协议基础上发展而来的更高层次的协议。

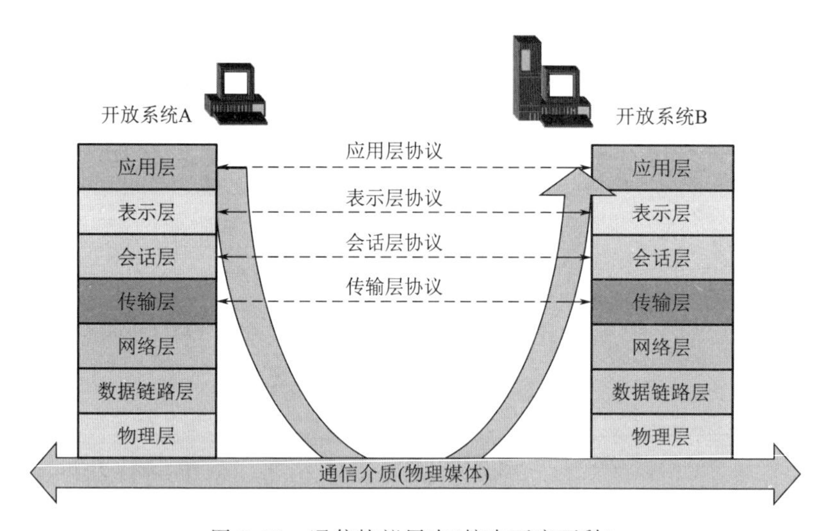

图2.10 通信协议层次(摘自百度百科)

2.5.2 基于套接字的数据传输

网络数据传输需要使用套接字(Socket)机制。套接字是计算机之间进行通信的一种约定或方式，是网络通信的基石，是基于TCP/IP协议的通信基本操作单元，属于在现代编程语言中最底层的网络通信机制。使用套接字通信，需要建立Socket服务端和Socket客户端之间

的连接。无论是服务端还是客户端，建立通信时都需要用到主机的网络 IP 号以及该主机上的某一端口号。网络 IP 号类似于人们的手机号，而端口号类似于电视频道的概念。服务端与客户端的通信过程如下。

服务端：

(1)监听来自四面八方的客户端连接请求。从编程的角度，这是一个运行中的无限死循环。

(2)收到一个客户连接请求后，就立即开启一个新线程，让这个新线程来应对来自该客户端的各种请求。在新线程被开启后，服务端继续监听来自其他客户端的连接请求。

(3)每个新线程中也是一个监听死循环在运行。等待接收一个来自客户端的信号(一般是一个请求命令，并附带了一些相应的参数)后，服务端需要根据这个信号中的参数完成一定的计算或任意复杂的判断后得出相应的结果，将这个结果发送给客户端。然后接着继续等待来自客户端的其他请求信号。

客户端：

(1)根据服务端的 IP 号和端口号主动发出连接请求。

(2)通信连接后发出一个请求信号，然后等待回应。

(3)第(2)步得到回应后，重复第(2)步，即发出新的请求信号并等待回应。

可见，Socket 服务端是一个被动的过程，它是在不断重复等待请求再做出回应的过程，因此编程时需要设计成一个不断重复的死循环。而 Socket 客户端是一个主动过程，是若干次主动的发出请求再接收回应的过程。客户端需要发出多少个请求，完全取决于客户端的需求。

当客户端向服务器发出传输大文件的请求后，服务器端需要完成如下工作：

(1)将文件进行压缩编码为新的字节流。

(2)将新字节流的字节总数发给客户端。

(3)再将新字节流划分为等长的字节段，逐段发送给客户端。

而客户端在接收数据流时，接收到的第一个信息就是字节总数，接下来用一个循环接收数据流，当接收到的字节数累计达到字节总数后，循环接收结束。需要将收到的所有字节存放在一个字节数组中，再经过压缩解码，作为接收到的最终数据。

在实际的开发应用中，客户端对服务端的请求有许多种，这就需要用户自主设计一些请求指令。指令可以采用字符串，也可用 ASCII 符号编码。比如指令“sendfile file1. dat”和“query 3.52 4.6”，前者用于请求传输文件 file1. dat，相当于调用函数 sendfile(“file1. dat”)；后者则相当于调用一个网络函数，函数名是 query，而 3.52 和 4.6 是该函数调用的参数。客户端发出这些指令的前提是，需要服务端能够正确解析这些指令，也就是说，服务端应该存在已开发好的模块，可以处理这些指令。因此，通常服务端等同于是一个预定义好的网络函数库。可见，开发好服务器端的软件是软件系统开发人员的一个关键性工作。

2.5.3　基于 HTTP 请求的数据传输

Web 是建立在 Internet 上的一种网络服务，为浏览者在 Internet 上查找和浏览信息提供了图形化的、易于访问的直观界面，其中的文档及超级链接将 Internet 上的信息节点组织成一个互为关联的网状结构。Web 本身就是依赖于 HTTP 协议中的 Web 请求来传输数据从而刷新网页内容的。凡是通过 Web 浏览器的网页方式访问的各种数据信息都是主要使用 HTTP

协议。网页浏览的兴盛使得 HTTP 协议成为当前最常用的应用层网络协议(注意,类似的协议还有 FTP、Telnet、SSH,它们各有自身的用途)。

HTTP 协议是一种无状态协议,即 Web 浏览器和 Web 服务器之间不需要建立持久的连接,这意味着当一个客户端向服务器端发出请求,然后 Web 服务器返回响应,连接就被关闭了,在服务器端不保留客户端的有关信息。Web 浏览器向 Web 服务器发送请求,Web 服务器处理请求并返回适当的应答。所有 HTTP 连接都被构造成一套请求和应答。

Web 客户端既可以是 Web 浏览器,也可以是一个普通的软件程序,它发送一个 URL(统一资源定位器,相当于是服务器信息所在的地址)字符串来向 Web 服务器发出请求。下面给出一个 URL 的例子:

http://122.103.13.53:1001/Services/api/UserLogin? userName = guest&passWord = abcd&ID = 1006

上面字符串中"?"之前的字符串为一个 http 网络地址,指的是在 122.103.13.53 这台电脑上通过 1001 这一端口请求 Services/api/UserLogin 这个资源;"?"后面是发送的参数列表,这里发送了三个参数:userName,passWord 和 ID,其参数值分别是 guest,abcd 和 1006。三个参数之间是用 & 分割的。

UserLogin 这个资源实际上对应的是服务器端存放的一个 html 文件或者任何编程语言开发的一段可执行程序。若它属于 CGI 方式或其他方式注册的可执行程序时,Web 服务器收到上面的请求后,就会执行/UserLogin 文件并将执行结果(即可执行程序的打印输出结果)发送给客户端。若它属于普通的 html 文件或其他文本文件,则直接发送该文件的内容给客户端。

服务器端的软件实际上是与 Web 服务器(如 httpd 或 IIS)绑定的一些可执行程序,负责完成 Web 请求的各种复杂动态响应,比如完成某个复杂数值计算或者数据库检索。由它打印出来的输出结果将被发送给客户端。这些服务器端软件的开发俗称"后端开发",它是符合 CGI 规范的可执行程序。CGI 即公共网关接口,是外部应用程序与 Web 服务器交互的一个标准接口。它定义了 Web 服务器如何向扩展应用程序发送消息,在收到扩展应用程序的信息后又如何进行处理等内容。对于许多静态的 HTML 网页无法实现的功能,通过 CGI 可以实现,比如表单的处理、对数据库的访问、搜索引擎、基于 Web 的数据库访问等。CGI 程序可以使用任何一种语言编写,如 C++、Java、Python、PHP、Perl 等。CGI 的开发如果全部从底层做起会十分耗时耗力。目前已有很多商业机构发布了自己的一些应用程序技术框架,如 ASP、ASP.net、JSP、node.js 和 PHP 等,用以完成快速开发。

Web 客户端软件可以是运行在浏览器中的 JavaScript 代码,也可以是独立运行的可执行程序。Web 客户端的 JavaScript 代码(与 HTML 一起俗称"前端")实际上也是放置在 Web 服务器目录下的。在服务器端响应请求时会根据需要将这些前端代码与其他响应数据一起被发送给客户端的浏览器。Web 浏览器负责执行这些 JavaScript 代码。一些不涉及机密及计算量不是太大的计算功能可以由这些代码来完成,形成所谓的"胖客户端计算"。客户端软件如果不是在浏览器中运行,则属于普通的可执行程序,可以由任何编程语言来开发。它负责接收和处理请求得到的数据。

由 HTTP 请求得到的响应数据全部都是文本形式的,该文本可以是任意自定义的格式,也可以是遵循某些规范的格式,比如 XML 格式或者是 JSON 格式。

2.5.4 基于远程调用与Web服务的数据传输

远程调用并非一种统一的协议,而是一种运行在网络上不同计算机上的程序之间进行通讯的方案。很多机构设计了其机构内部独有的远程调用方案。一些编程语言如Python、C#和Java等都设计有自己的一些远程调用实现方案,但这些语言之间的远程调用方案却通常不能跨语言互通。从编程用户的角度来看,远程调用相当于是运行在联网的不同计算机上的函数。如客户端计算机中的一个软件A向服务器端计算机上的软件B发出一个函数调用请求(提供函数名以及相应的参数信息)后,软件B会执行这个函数,将运行结果发回给软件A。远程调用所使用的服务器端可以是用户自己开发的软件,也可以使用一些有影响力的远程调用服务器。

Web服务可以看作是在HTTP协议上实现远程调用的一种方式。它使用开放的XML(标准通用标记语言下的一个子集)标准来描述、发布、发现、协调和配置运行在服务器上的应用程序接口(API),用于开发基于HTTP的分布式和交互操作的应用程序。Web服务的服务器端就是通用的Web服务器。可以看作是一种跨平台、跨语言的远程函数调用。从编程用户的角度来看,它和普通的函数调用几乎一样。Web服务包含了三个部分的协议:

(1)SOAP,即简单对象访问协议,用于网络函数调用时的数据传输。SOAP是一个用XML打包待传输的各种数据的协议。

(2)WSDL,即Web服务描述语言,是对Web服务中提供的函数进行描述的方案。

(3)UDDI,统一描述、发现和集成协议,用于Web上函数的发布和发现。UDDI标准是由IBM、Microsoft和Ariba于2000年9月提议的,并创建了UDDI项目。任何要公开发布的Web服务函数都需要到UDDI组织的注册中心(http://www.uddi.org/)去注册发布。

从编程用户的角度来看,要想知道某个服务器上提供的函数服务,就需要到UDDI提供的目录服务里去查找和发现;至于某一Web服务中提供了哪些函数,以及函数名、参数的数据类型和返回值等,就需要依据WSDL规范;而在函数的实际调用过程中是通过SOAP协议来传输数据的。

Web服务具有以下特点:(1)因采用了一些通用于世界的Internet协议,Web服务的函数可以向全球开放发布,从地球上任何地点都可以调用执行;(2)既可实现普通的浏览器访问方式,也可支持一些个人开发的专用客户端去访问;(3)平台和语言无关性,即可以任意操作平台上发布,而客户端的操作系统和编程语言也可以是任意的。

普通的远程调用与Web服务的不同之处在于:(1)普通远程调用的服务端(函数发布端)和客户端(函数调用端)都是用户自己设计的软件,二者都可以发布在任何计算机上。而Web服务的发布必须依赖于Web服务器(如httpd或IIS)。(2)普通远程调用里面的一些通信协议是用户自己定义的,或者是所属编程语言生态的一部分,不能跨语言互联,一般不支持Web浏览器的访问;而Web服务则既可以由用户自行设计的客户端(任何编程语言)访问,也可以通过Web浏览器中的代码(Javascript语言)访问。

2.5.5 几种网络数据传输方式的比较

基于套接字的数据传输是基于字节流的方式,更适合于大量数据的传输。而其他基于HTTP基础上的方式则是采用文本格式传输,有占用资源较大的问题,不适合大量数据的传输。

基于套接字的数据传输具有底层特点，软件开发者可以自己定义某种传输协议，机密性较好，更适合于某些专有商业软件(比如类似于 QQ 的某种通讯软件)。而 HTTP 基础上的其他数据传输都是基于可读的文本，失去了机密性。当然，基于套接字的开发方式难度会更大些。

随着 HTTP 请求机制的逐渐成熟，远程调用与 Web 服务方式下的数据传输实际上很大程度上已较少有人使用。后者唯一的优点是，对编程者而言更为容易理解。

2.6 面向对象建模技术

2.6.1 面向对象的概念

早期的软件开发是基于过程的结构化程序设计方法，即将程序看作是一个复杂的处理任务，把这个任务逐步分解成一个个函数或者子例程来执行，也就是采用模块化的思想。比如 Pascal、C 和 Fortran 语言主要是基于过程的软件设计。时至今日，这种结构化程序设计方法仍然在科学计算领域被广泛使用。结构化程序设计方法的定义是 Pascal 语言之父 Wirth 教授提出的，他认为：程序＝数据结构＋算法。

随着软件中数据结构的规模以及软件复杂程度越来越大，结构化程序设计中数据结构与算法的分离，使得这种基于过程的设计思路显得越来越混乱。于是，人们逐渐发展了面向对象的程序设计方法，提出按照现实世界的抽象把各种实体区分为对象，对象中的数据结构及其相应的处理算法绑定(封装)在一起。这样的设计方法很好地将不同对象的数据及其处理算法区分开来，做到了高内聚低耦合，便于设计理解和思考。

面向对象程序设计的核心在于创建“类”，有了类就可以生成该类的一至多个“对象”，最终通过操纵这些对象实现对现实世界的模拟。“类”不仅是对数据类型和数据结构的定义，同时还封装了处理这些数据结构的各种处理算法(即方法)。

不少人玩过电脑游戏。游戏玩家可以生产出很多个战士、坦克或飞机，而每个战士是一个对象，但所有战士属于一个类，他们具有相似的行为。所有坦克属于另一个类。当某一个战士或坦克被对方消灭了，是指该对象不存在了，但战士类(或坦克类)并不能被消灭。当然，坦克、战士和飞机其实本质上都属于“战斗单位”，因此它们应该是继承于同一个超类即“战斗单位类”的不同子类，它们有着共同的特点，即具有移动和攻击敌人的能力。它们与建筑物有本质的不同，因为建筑物通常不能移动，也不具有攻击力。

对象与对象之间的相互作用可以通过对象中定义的方法来实现。比如坦克 A 攻击战士 B，就可以表达为：

坦克 A. 攻击(战士 B)

“攻击”是一个方法，即“坦克类”中定义的函数，它可能包括了以下任务：(1)坦克 A 及战士 B 的攻击与被攻击的特效要显示在屏幕上；(2)坦克 A 的火力值减少若干单位，火力值减小至 0 时，坦克无法发出下一次攻击；(3)战士 B 的生命值减少若干单位，若减少至 0，战士 B 死亡。

坦克 A 行进至地块 C(它是地块类的一个对象)，可以表达为

坦克 A. 行进(地块 C)

面向对象的机制包括封装、继承和多态。封装是指把与对象有关的属性和操作封装为一个类。继承是指一个类通过继承机制获得其超类的所有功能，而多态则是指子类继承超类时可以有所选择地继承，并使方法能够重载。

2.6.2 地图软件开发中的类结构

本书作者曾经自主设计过一些地学数据处理与显示的图形软件，可以加载不同格式的数据文件，可以表达栅格、矢量、不规则三角网、等值线等。该软件是采用面向对象思想设计的。现在大致给出其类结构。它包括了三个层次的类：

(1)最外层的类是 Map 类。是一个负责与用户交互的类，处于所有类的最高层。响应执行平移、缩放等用户操作，对各个图层发出绘制图形的命令。内部含有坐标系的信息，以及一个抽象类 AbstractLayer 的容器 Layers，用于收集和管理图层。

(2)处于中间层的是各种图层类，有一个抽象基类 AbstractLayer 和多个继承类(VectorLayer、TinLayer、GridLayer、ContourLayer)。它们有一个必须继承并实现的方法 Display()。

VectorLayer 类有个容器 Features，负责管理来自外部存储的图层文件中保存的所有图元(Feature)。由于 Features 是一个存放抽象类对象的容器，因此，它可以混合管理各种不同类型的图元(点、线、多边形和图片)。VectorLayer 还有一些方法用于从外存读入文件和写出文件。

TinLayer 类，用于表达和管理不规则三角网模型，它有三个容器，分别用于存放三角形、边和点。

GridLayer 类。它有一个二维数组成员，用于存放栅格数据。它还包括了有关分辨率和角点坐标等信息。

ContourLayer 类。它有一个树状容器，或者是线性表类容器，用于存放所有等值线。它还提供了从 TINLayer 和 GridLayer 生成等值线的多个方法。

(3)处于最下层的是各种图元类，有一个抽象基类 Feature 和多个继承类(Point 类、Polyline 类、Region 类、Rectangle 类和 ImageFeature 类，分别用于表达点、折线、多边形区域、矩形区域和图片)。它们有一个必须继承并实现的方法 DisplayFeature()。

有了上面的类结构关系，我们可以很容易地设想图形的绘制过程：LMap 中遍历所有 Layers 中的每个图层，让其调用各自的 Display()方法。尽管不同图层的 Display()方法内部实现是千差万别的，但从外部接口来看是完全相同的。其中 VectorLayer 的 Features 容器中又装载了不同种类的图元，因此 Display()方法内部需要遍历所有图元，令每个图元调用其自身的 DisplayFeature()方法。

可见，通过抽象类和继承关系，很好地实现了多态性(即不同的图元或图层)与统一性(外部调用接口完全相同)的有机结合。

第3章　地球坐标系与投影变换

3.1　大地坐标系

地球的近地表区域，上至大气电离层、下至地壳下面的莫霍界面，是四大圈层（大气圈、水圈、生物圈、岩石圈）交汇的地带，也是人类活动的主要场所，地球科学工作者关注的主要空间范围。如何精确描述这一空间上存在的现象，需要用到地理空间定位框架，该框架即为大地测量控制系统。有了这个系统，就可以建立地球的几何模型，并精确表示地球表面上任何一点的平面位置和高程。大地测量控制系统包括了平面控制网和高程控制网两部分，其关键要素为大地测量控制点。大地测量控制点是被精确测量过的，且是被某一国家或地区所公认的一个标准控制点。而标准控制点以外的区域，都要参照这个公认的控制点来确定位置。考虑到地球表面不是一个规则的曲面，不同国家和地区为了自身测量需要，通常制定了适合本国或本地区的大地测量控制系统。本书仅介绍较为通用的一些知识，若需要深入了解这些内容的专业知识，请参考其他有关大地测量学的书籍。

3.1.1　平面控制网和控制网

地球表面在陆地上还包括复杂的海陆分布和地形起伏。可见，地球表面是一个非常不规则的曲面，难以用一个简单的数学模型来描述这个曲面。这就需要对这个曲面进行简化和近似。

大地水准面是对地球表面的一个近似表达，是假设静止的平均海平面穿过大陆和岛屿形成包围整个地球的闭合曲面，它的形状是两极稍扁、赤道略鼓、北极比南极更向外突出的一个“梨形体”，其中北极地区高出全球平均 18.9 m，南极地区低于全球平均约 30 m。

参考椭球体是对大地水准面的进一步简化，它由跨南北两极的椭圆绕其短轴旋转形成的球面。参考椭球体只需要两个参数，即椭圆的长半轴（赤道半径）和短半轴（极半径），分别用 a 和 b 表示。地球椭球体是一个可以用数学公式描述的几何表面，被作为平面坐标的基准。不同历史时间、不同国家和地区，采用的参考椭球体的参数有所不同，这是为了在领土范围内，使参考椭球体尽可能地逼近当地的大地水准面（中国的例子见表 3.1）。

为了精确表示各地在地球上的位置，人们给地球表面建立了一个基于参考椭球体的坐标系，以经度和纬度来表示，即地理坐标系。按照国际惯例，经过英国格林尼治天文台的经线确定为零度经线，纬度则以赤道为零点，分别向南北半球推算。

目前，我国采用的大地坐标系为 1980 中国国家大地坐标系（西安 1980），该坐标系选用 1975 年国际大地测量协会推荐的国际椭球，具体参数为：

赤道半径 $a=6378140$ m

极半径 $b=6356755$ m

表 3.1　我国采用过的参考椭球体

时间	大地坐标系	椭球体名称	长半轴(m)	短半轴(m)
1954年前	南京坐标系	Hayford	6378388	6356911
1954—1980	北京54坐标系	Krasovsky	6378245	6356863
1980—现在	西安1980坐标系	IUGG75	6378140	6356755
现在	GPS坐标系	WGS84	6378137	6356752

地球扁率 $f=(a-b)/a=1/298.257$

1980年中国国家大地坐标系的大地测量控制点的原点，即推算我国地理坐标（经度与纬度）的起算点，设在我国中部陕西省泾阳县永乐镇，具体位置为北纬34°32′27.00″，东经108°55′25.00″。大地原点选在我国几何中心有利于减少坐标传递的累积误差。

高程（海拔高度）指空间某点高于或低于高程基准面（大地水准面）的垂直距离。我国的高程水准基面是“1985国家高程基准”，它是青岛验潮站1953年至1979年验潮资料计算确定的平均值，它比原来使用的“黄海平均海平面”高29 mm。实际测量应用中，我国参照的是中华人民共和国水准原点，位于青岛观象山，其高程为72.260 m。

3.1.2　地心坐标系

地心地固坐标系（Earth-Centered，Earth-Fixed coordinate system，简称ECEF）简称地心坐标系，是一种以地心为原点的地固坐标系（也称地球坐标系），是一种笛卡尔坐标系（图3.1）。原点 $O(0,0,0)$ 为地球质心，z 轴与地轴平行指向北极点，x 轴指向本初子午线与赤道的交点，y轴垂直于 xOz 平面（即东经90°与赤道的交点）构成右手坐标系。

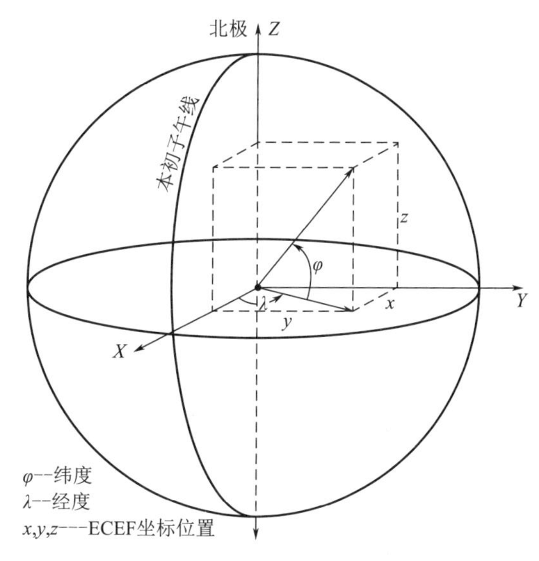

图3.1　地固坐标系

从大地坐标系（纬度 φ，经度 λ，高度 h）到地心坐标系 (x,y,z) 的转换公式为

$$\begin{cases} x=(R_N+h)\cos\phi\cos\lambda \\ y=(R_N+h)\cos\phi\sin\lambda \\ z=[(1-e^2)R_N+h]\sin\phi \end{cases}$$

式中：R_N 为地球半径，即当地的大地水准面高度；h 为高于大地水准面的高度；偏心率 $e=\left(\frac{a^2-b^2}{a^2}\right)^{1/2}$，$a$ 与 b 分别是地球椭球体的长轴半径和短轴半径。

从地心坐标系到大地坐标系的逆变换形式为

$$\begin{cases} \lambda=a\tan(y/x)=a\tan2(y,x) \\ \varphi=a\tan\left[\frac{z}{p}\left(1-e^2\frac{R_N}{R_N+h}\right)^{-1}\right] \\ h=\frac{p}{\cos\varphi}-R_N \end{cases}$$

式中：$p=(x^2+y^2)^{1/2}$。需要注意两点：一是 λ 可以直接求出，但要使用 $a\tan2$ 函数，该函数可

以根据 x 与 y 的大小来确定最终的真实角度$(-\pi,\pi)$。二是 h 与 φ 需要迭代求解。即可以初始时假定 $\varphi=0$，求出 h，再用新的 h 求出新一个的 φ，再用 φ 求 h，如此继续直到 h 值或 φ 值达到稳定结束。

3.1.3 投影坐标系

最适合表示地球表面的模型是三维的地球椭球体模型，但是球面是不可展开的曲面，不方便携带，且不适合进行距离、面积的量算，只适合于测量角度。地图是二维平面，能进行距离、面积和角度的量算。为此，人们发展出了地图投影，它是一组可以将球面坐标（经纬度）转换成平面坐标（x 和 y）的数学模型。通过地图投影，球面上的任何一点都可以投影到一个平面上或曲面上，而这种曲面不需要拉伸变形就能转化为平面。

想象一个印有经纬网和地图轮廓的透明地球椭球面，将一个光源置于该椭球面的球心处，光源发出的光穿过椭球面时可以将经纬网和地图轮廓的影子向外投射。再在椭球面外侧放置一个可展面，可以是圆锥面、柱面（即圆筒）或平面，以接收和定影投射过来的图像。将定影后的可展面展开成平面，就成了一幅带有二维直角坐标系的地图。不同的投影假定就产生了不同的投影数学模型。我们可以选择投影时的缩放比例，以及不同的坐标原点，这些都构成了投影参数。历史上，众多的数学家、物理学家、天文学家创立了种类繁多的地图投影。地图投影的方法可以分为几何透视法和数学解析法。

将不可展的地球椭球面展开成平面，并且不能有断裂，则图形必将在某些地方被拉伸，某些地方被压缩，故投影变形是不可避免的。投影变形包括形状变形、角度变形、距离变形和面积变形。选择不同的投影种类及不同的投影参数，都有可能产生上述不同种类的变形。减小一种变形时，不可避免地会增加其他种类变形的程度。因此根据变形程度最小的变形类别，可以将投影分为：

（1）正形投影，或等角投影，其形状变形及角度变形最小；

（2）等距投影，其距离变形最小；

（3）等积投影，其面积变形最小。

根据投影面的类型，投影还分为三大类（图 3.2）：

（1）方位投影，投影面为平面；

（2）圆柱投影，投影面为圆柱面（圆筒）；

（3）圆锥投影，投影面为圆锥。

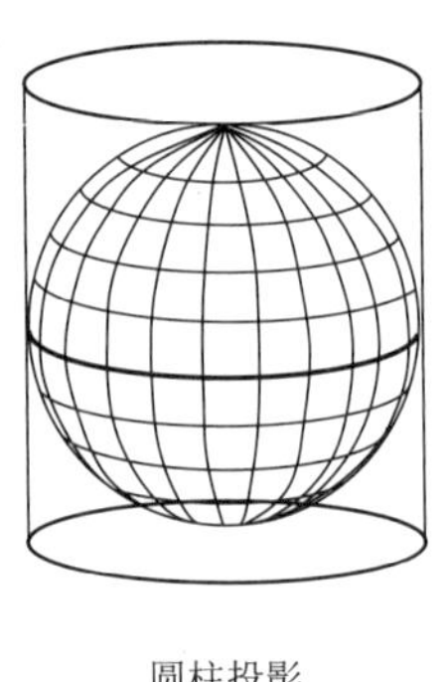

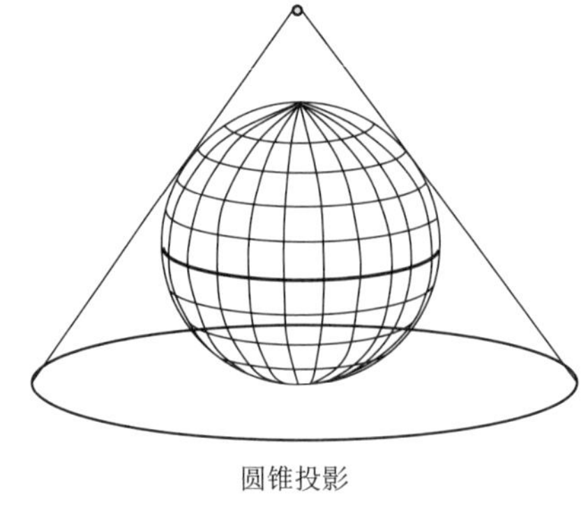

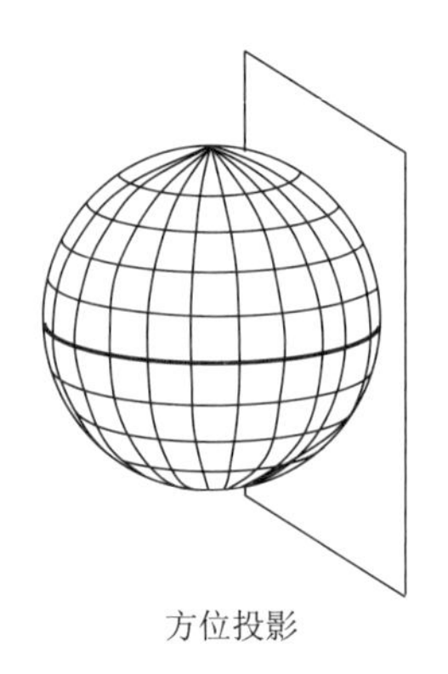

图 3.2 三种投影面

根据投影面位置与地轴的关系，投影还可以分为(图3.3)：

正轴投影：投影面中心轴与地轴相互重合。

斜轴投影：投影面中心轴与地轴斜向相交。

横轴投影：投影面中心轴与地轴相互垂直。

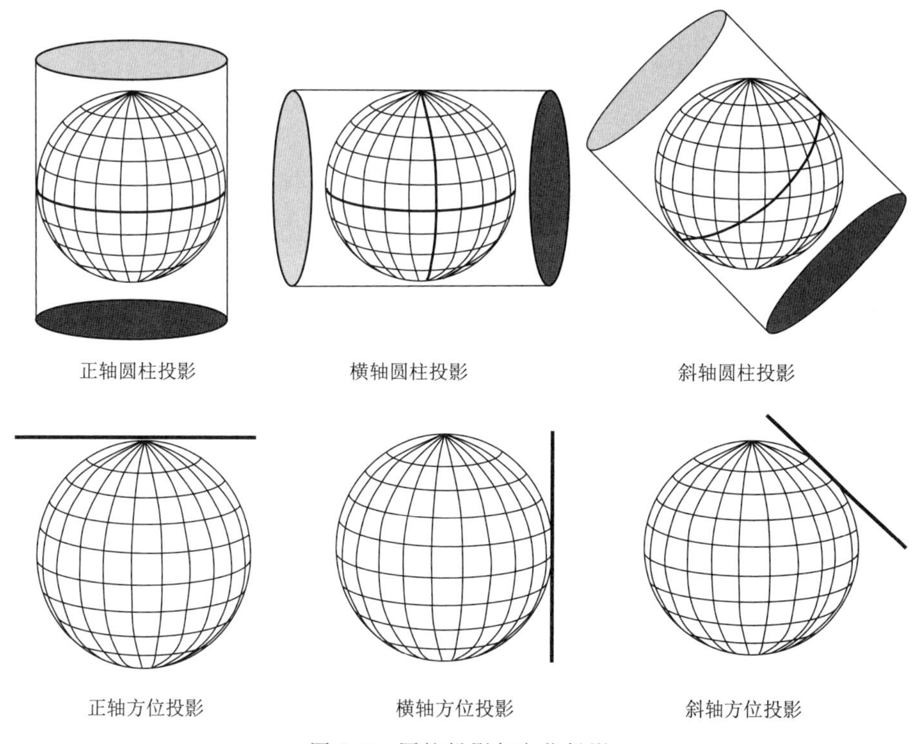

图3.3　圆柱投影与方位投影

根据投影面与地球椭球体的位置关系划分(图3.4)：

(1)切投影：投影面与椭球体相切。

(2)割投影：投影面与椭球体相割。

需要说明的是，切圆锥投影只有一条投影面与球面相交的纬线，该纬线叫作标准纬线。而割圆锥投影则有两个相割的标准纬线。在标准纬线上没有长度变形。

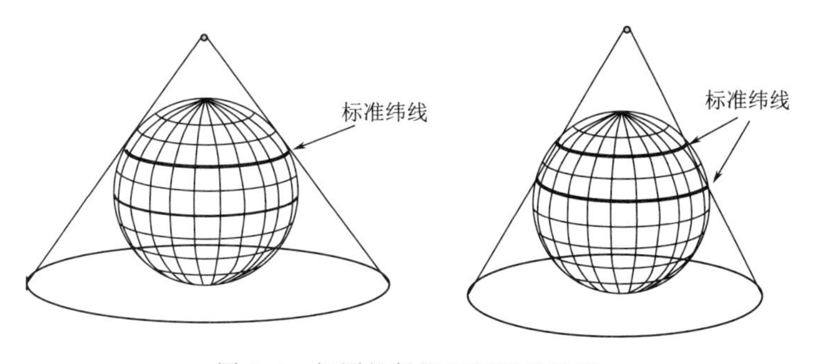

图3.4　切圆锥投影和割圆锥投影

根据投影中心的位置，方位投影还可以分为三类(图3.5)：

球心投影(Gnomonic projection)：以球心O为投射中心，采用透视投影线，把球面投射到

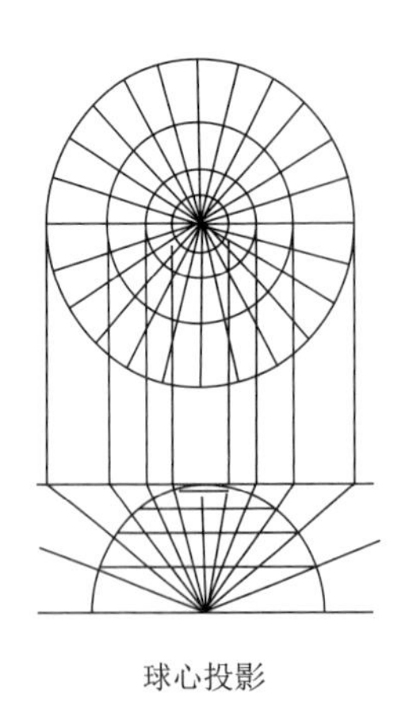

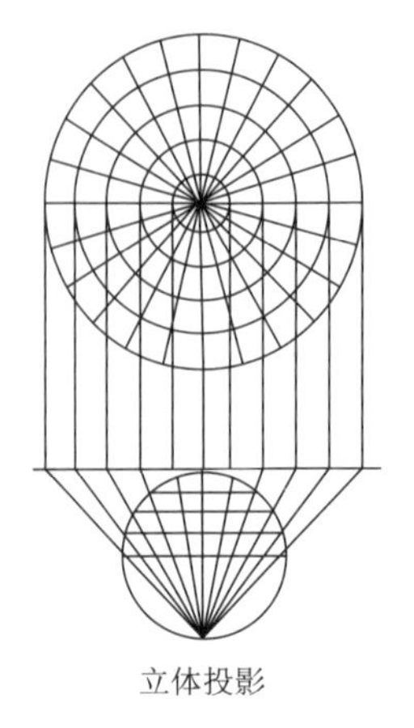

图 3.5　方位投影的三种类别

它的切平面上的投影。球面上的所有大圆线均投影为直线，可用于编制航海图或航空图。

立体投影(stereographic projection)：也叫极地方位投影，投影平面通常切于地球椭球体的极点或割于以一个极点为中心的某一纬线环上，光源(或视点)置于相对的另一极点上，用透视方法得到经纬线网图形。纬线投影为同心圆，经线投影为放射状的直线，与同心圆正交，两经线间夹角与相应经差相等。该投影角度不变形，在地图上能保持微小图形的形状相似。主要适用于对南北两极的制图。

正射投影(Orthographic)：投影平面切于地球上任何一点，光源放置在无限远处(投影线平行)。该投影变形较大，不适合用作地图，但是它的立体感较强，适合于制作天体图。

3.2　墨卡托(Mercator)投影

3.2.1　墨卡托投影简介

墨卡托(Mercator)投影，是一种“等角正切圆柱投影”，荷兰地图学家墨卡托(Gerhardus Mercator，1512—1594)在1569年拟定，假设地球被围在一中空的圆柱里，其标准纬线与圆柱相切接触，然后再假想地球中心有一盏灯，把球面上的图形投影到圆柱体上，再把圆柱体展开，这就是一幅选定标准纬线上的“墨卡托投影”绘制出的地图。

墨卡托投影没有角度变形，由于每一点向各方向的长度比相等，它的经纬线都是平行直线，且相交成直角，经线间隔相等，纬线间隔从标准纬线向两极逐渐增大。墨卡托投影的地图上长度和面积变形明显，但标准纬线无变形，从标准纬线向两极变形逐渐增大，但因为它具有各个方向均等扩大的特性，保持了方向和相互位置关系的正确。

在地图上保持方向和角度的正确是墨卡托投影的优点，墨卡托投影地图常用作航海图和航空图，如果循着墨卡托投影图上两点间的直线航行，方向不变可以一直到达目的地，因此它对船舰在航行中定位、确定航向都提供了有利条件，给航海者带来很大方便。

1∶25万及更小比例尺的海图采用墨卡托投影，其中基本比例尺海底地形图(1∶5万，1∶25万，1∶100万)采用统一基准纬线30°，非基本比例尺图以制图区域中纬为基准纬线。基准纬线取至整度或整分。

3.2.2 墨卡托投影公式

取零子午线或自定义原点经线与赤道交点的投影为原点，零子午线或自定义原点经线的投影为纵坐标 X 轴，赤道的投影为横坐标 Y 轴，构成墨卡托平面直角坐标系。

3.3 墨卡托投影正反解公式

墨卡托投影正解公式：$(\varphi,\lambda)\rightarrow(x,y)$，标准纬度 φ_0，原点经度和纬度分别为 λ_0 和 0。

$$
\begin{aligned}
x &= K\ln\left[\tan\left(\frac{\pi}{4}+\frac{\varphi}{2}\right)\right]\left(\frac{1-e\sin\varphi}{1+e\sin\varphi}\right)^{\frac{e}{2}} \\
y &= K(\lambda-\lambda_0)
\end{aligned}
\tag{3-1}
$$

上式中

$$
K = N_{B0}\cos(\varphi_0) = \frac{a^2/b}{\left[1+e'^2\cos^2(\varphi_0)\right]^{\frac{1}{2}}}\cos(\varphi_0) \tag{3-2}
$$

墨卡托投影反解公式：$(x,y)\rightarrow(\varphi,\lambda)$，标准纬度 φ_0，原点的经度和纬度分别为 λ_0 和 0。

$$
\begin{aligned}
\varphi &= \frac{\pi}{2} - 2\arctan\left[\exp\left(-\frac{x}{K}\right)\exp\left(\frac{e}{2}\ln\frac{1-e\sin\varphi}{1+e\sin\varphi}\right)\right] \\
\lambda &= \frac{y}{K}+\lambda_0
\end{aligned}
\tag{3-3}
$$

公式中 exp 为自然对数底，纬度 φ 在方程的左边和右边都出现，只能通过迭代法求出。

3.4 高斯-克吕格投影和 UTM 投影

3.4.1 高斯-克吕格投影简介

高斯-克吕格(Gauss-Krüger)投影，是一种“等角横切圆柱投影”。德国数学家、物理学家、天文学家高斯(Carl Friedrich Gauss，1777—1855)于 19 世纪 20 年代拟定，后经德国大地测量学家克吕格(Johannes Krüger，1857—1928)于 1912 年对投影公式加以补充。

该投影假想用一个圆柱横切于椭球面上某一中央经线，使中央经线投影为直线且保持长度不变，以及使赤道投影为直线，将中央经线两侧一定经差范围内的带状球面正形投影于圆柱面。然后将圆柱面沿过南北极的母线剪开展平，即获得了高斯-克吕格投影平面(图 3.6)。

除中央经线和赤道为直线外，其他经线均为对称于中央经线的曲线。高斯-克吕格投影没有角度变形，在长度和面积上变形也很小，中央经线无变形，自中央经线向投影带边缘，变形逐渐增加。由于其投影精度高，变形小，而且计算简便(各投影带坐标一致，只要算出一个带的数据，其他各带都能直接应用)，因此在大比例尺地形图中很常用。

按一定经差将地球椭球面划分成若干投影带，这是高斯投影中限制长度变形的最有效方法。通常按经差 6°或 3°分带。6°带自 0°子午线起每隔经差 6°自西向东分带，带号依次编为第 1、2…60 带。3°带是在 6°带的基础上分成的，它的中央子午线与 6°带的中央子午线和分带子午线重合，即自 1.5°子午线起每隔经差 3°自西向东分带，带号依次编为 3°带第 1、2…120 带。

我国的经度范围西起73°东至135°，可分成6°带11个，各带中央经线依次为75°、81°、87°、……、117°、123°、129°、135°，或3°带22个。

我国大于等于50万的大中比例尺地形图多采用6°带高斯-克吕格投影，3°带高斯-克吕格投影多用于大比例尺测图，如城市建设中多采用3°带的高斯-克吕格投影。

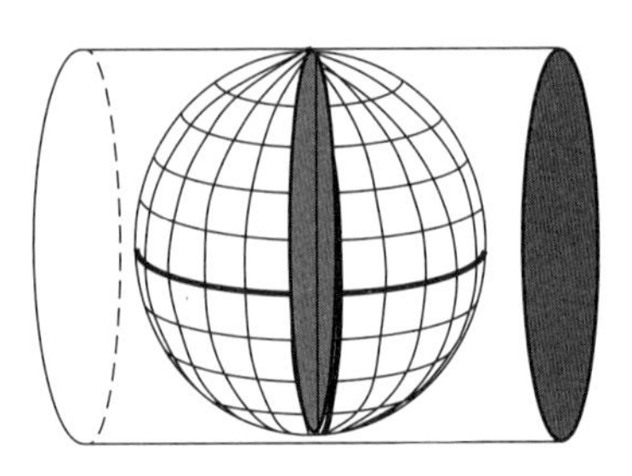
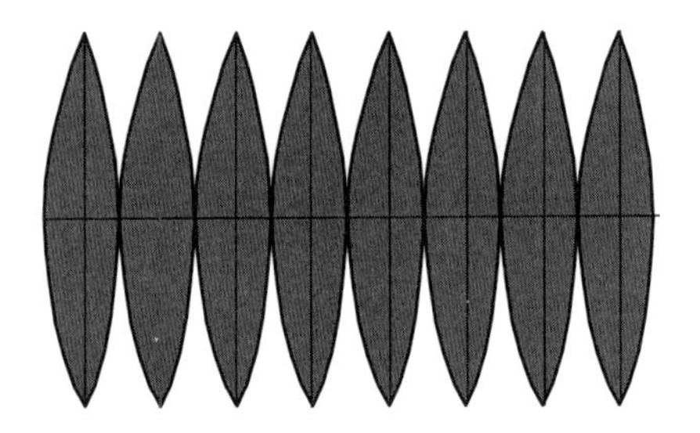

图3.6 高斯-克吕格投影及其分带

3.4.2 UTM投影简介

UTM投影全称为“通用横轴墨卡托投影”，是一种“等角横轴割圆柱投影”。美国陆军工程兵测绘局(Army Map Service，US Army Corps of Engineers)于1948年完成这种通用投影系统的计算。UTM投影为椭圆柱横轴割投影，椭圆柱的中心线位于椭球体赤道面上，且通过椭球体中心。与高斯-克吕格投影相似，该投影角度没有变形；中央经线为直线，且为投影的对称轴。两条割线圆在UTM投影图上长度不变，即2条标准经线圆。中央经线的比例因子取0.9996，即投影后的长度为投影前长度的0.9996倍，离中央经线左右约180 km处有两条不失真的标准经线(即割线圆)。该投影的最大变形在千分之一以下。

UTM投影分带方法与高斯-克吕格投影相似，是自西经180°起每隔经差6°自西向东分带，将地球划分为60个投影带。投影带的南北跨度介于80°S～84°N之间。我国的卫星影像资料常采用UTM投影。

3.4.3 高斯-克吕格投影与UTM投影坐标系

高斯-克吕格投影与UTM投影是按分带方法各自进行投影，故各带坐标成独立系统。以中央经线投影为纵轴X，赤道投影为横轴Y，两轴交点即为各带的坐标原点。为了避免横坐标出现负值，高斯-克吕格投影与UTM北半球投影中规定将坐标纵轴西移500 km当作起始轴，而UTM南半球投影除了将纵轴西移500 km外，横轴南移10000 km。由于高斯-克吕格投影与UTM投影每一个投影带的坐标都是对本带坐标原点的相对值，所以各带的坐标完全相同，为了区别某一坐标系统属于哪一带，通常在横轴坐标前加上带号，如(4231898 m，21655933 m)，其中21即为带号。

高斯-克吕格(Gauss-Krüger)投影与UTM投影(Universal Transverse Mercator，通用横轴墨卡托投影)都是横轴墨卡托投影的变种，二者有很大相似之处(周朝宪 等，2013)。

从投影几何方式看，高斯-克吕格投影是“等角横切圆柱投影”，投影后中央经线保持长度不变，即比例系数为1；UTM投影是“等角横轴割圆柱投影”，投影后两条割圆经线上没有变形，中央经线上长度比0.9996。

从分带方式看，两者的分带起点不同，高斯-克吕格投影自0度子午线起每隔经差6°自西

向东分带，第1带的中央经度为3°；UTM投影自西经180°起每隔经差6°自西向东分带，第1带的中央经度为−177°，因此高斯-克吕格投影的第1带是UTM的第31带。

此外，两投影的东伪偏移都是500 km，高斯-克吕格投影北伪偏移为零，UTM北半球投影北伪偏移为零，南半球则为10000 km。

3.4.4　高斯-克吕格投影与UTM投影的正解公式

已知经纬度(φ,λ)，需要求出高斯克吕格投影及UTM投影下的纵坐标X和横坐标Y，这里λ为与中央经线之间的经度差，原点纬度为0即赤道。注意Y表示横坐标，X表示纵坐标。由于上述两种投影十分相似，因此有一套共同使用的转换公式。

$$x = S + \frac{N}{2}\lambda^2 \sin\varphi\cos\varphi + \frac{\lambda^4 N}{24}\sin\varphi\cos^3\varphi(5 - \tan^2\varphi + 9\eta^2 + 4\eta^4) + \frac{\lambda^6 N}{720}\sin\varphi\cos^5\varphi(61 - 58\tan^2\varphi + \tan^4\varphi + 270\eta^2 - 330\eta\tan^2\varphi) \tag{3-4}$$

$$y = N\lambda\cos\varphi + \frac{\lambda^3 N}{6}\cos^3\varphi(1 - \tan^2\varphi + \eta) + \frac{\lambda^5 N}{120}\cos^5\varphi(5 - 18\tan^2\varphi + \tan^4\varphi + 14\eta - 58\eta\tan^2\varphi) \tag{3-5}$$

下面用a,b表示地球的长短半轴长度，用e^2表示第一偏心率，e'^2表示第二偏心率。S为由赤道至纬度φ处的子午线弧长：

$$S = a\left(1 - \frac{e^2}{4} - \frac{3e^2}{64} - \frac{5e^6}{256}\right)\varphi - \left(\frac{3e^2}{8} + \frac{3e^4}{32} + \frac{45e^6}{1024}\right)\sin2\varphi + \left(\frac{15e^4}{256} + \frac{45e^6}{1024}\right)\sin4\varphi - \frac{35e^6}{3072}\sin6\varphi \tag{3-6}$$

N为纬度φ处的卯酉圈半径：

$$N = \frac{a}{(1 - e^2\sin^2\varphi)^{1/2}} = \frac{a^2/b}{(1 + e'^2\cos^2\varphi)^{1/2}} \tag{3-7}$$

$$\eta = e'^2\cos^2\varphi \tag{3-8}$$

上面的式子中给出的是计算一条带内的坐标。在实际应用中，为了用同一个xy坐标系中表示所有投影带的坐标值，并令所有的x值为正，规定北半球的投影中坐标纵轴(即起始)需要向西平移500 km，同时带号每增加一个，该带内的横坐标值都需要向东平移1000 km。这样，投影后的y值恒为正，北半球x值为正，南半球y值为负。因此
$Y = y + 500000 + 1000000n$，$X = x$。其中$n$为带号。

对UTM投影而言，其比例大小则是相当于高斯-克吕格投影的0.9996倍，其横轴在北半球无须平移，但在南半球却需要向南平移10000 km，即y坐标还需要加上该距离。即$Y = y * 0.9996$，$X_S = x * 0.9996 + 10000000$，$X_n = x * 0.9996$。

可见，若要从高斯-克吕格投影向UTM投影转化，就需要把Y坐标先去掉带号，并减去500 km，再乘以0.9996后加上500 km，即可得到UTM投影的y值。

3.4.5　高斯-克吕格投影与UTM投影的反解公式

高斯-克吕格投影及UTM投影反解公式也是同一套公式，即给定纵坐标X和横坐标Y，

计算纬度 φ 和经度 λ。其中原点在赤道，λ 是相对于中央经线的经度差。

$$\varphi=\varphi_f-\frac{N_f\tan\varphi_f}{R_f}\left[\frac{D^2}{2}-\frac{D^4}{24}(5+3\tan^2\varphi_f+\eta-9\varphi_f\eta)+\frac{D^6}{720}(61+90\tan^2\varphi_f+45\tan^4\varphi_f)\right] \tag{3-9}$$

$$\lambda=\frac{1}{\cos\varphi_f}\left[D-\frac{D^3}{6}(1+2\tan^2\varphi+\eta)+\frac{D^5}{120}(5+28\tan^2\varphi+6\eta+8\eta\tan^2\varphi+24\tan^4\varphi)\right] \tag{3-10}$$

其中

$$\varphi_f=\sigma+\left(\frac{3n}{2}-\frac{27n^3}{32}\right)\sin2\sigma+\left(\frac{21n^2}{16}-\frac{55n^4}{32}\right)\sin4\sigma+\frac{151n^3}{96}\sin6\sigma+\frac{1097n^4}{512}\sin8\sigma \tag{3-11}$$

$$n=\frac{a-b}{a+b} \tag{3-12}$$

$$N_f=\frac{a^2/b}{(1+e'^2\sin2\varphi_f)}=\frac{a}{(1-e^2\sin^2\varphi_f)} \tag{3-13}$$

$$R_f=\frac{a(1-e^2)}{(1-e^2\sin^2\varphi_f)^{3/2}} \tag{3-14}$$

$$\sigma=\frac{M_f}{a\left(1-\frac{e^2}{4}-\frac{3e^4}{64}-\frac{5e^6}{256}\right)} \tag{3-15}$$

$M_f=(X_N-F_N)/k_0$，在北半球 $F_N=0$，南半球 $F_N=10^7$ m。对高斯-克吕格投影，$k_0=1$，对 UTM 投影，$k_0=0.9996$。

$$D=\frac{Y_E-F_E}{k_0N_f},F_E=500000\ \text{m} \tag{3-16}$$

注意三点：一是上面式中的 Y_E 要采用去掉带号后的值；二是带号也可以作为一个参数，用于确定中央经线的经度；三是计算得到 λ 后还需要加上对应投影带内中央经线的经度后才是所需要的真实经度值。

3.5 兰勃特等角投影

3.5.1 兰勃特等角投影简介

兰勃特等角投影，在双标准纬线下是一“等角正轴割圆锥投影”，由德国数学家兰勃特(J. H. Lambert)在 1772 年拟定。设想用一个正圆锥割于球面两标准纬线，应用等角条件将地球面投影到圆锥面上，然后沿一母线展开，即为兰勃特投影平面。兰勃特等角投影后纬线为同心圆弧，经线为同心圆半径。前面已经介绍的墨卡托(Mercator)投影是它的一个极端特例。

兰勃特投影采用双标准纬线相割，与采用单标准纬线相切比较，其投影变形小而均匀，兰

勃特投影的变形分布规律是：①角度没有变形；②两条标准纬线上没有任何变形；③等变形线和纬线一致，即同一条纬线上的变形处处相等；④在同一经线上，两标准纬线外侧为正变形（长度比大于1），而两标准纬线之间为负变形（长度比小于1）。变形比较均匀，变形绝对值也比较小；⑤同一纬线上等经差的线段长度相等，两条纬线间的经纬线长度处处相等。

兰勃特投影常用于小比例尺地形图。“1∶1000000 地形图编绘规范及图式 GB/T 14515-93”中规定1∶100万地形图采用正轴等角圆锥投影（兰勃特等角投影），并采用了国际地理学会规定的全球统一使用的国际百万分之一地图的分幅原则，按纬差4°从赤道向北、经差6°从－180°向东分幅，每个投影分幅单独计算坐标，每幅两条标准纬线，第一标准纬线为图幅南端纬度加30′的纬线，第二标准纬线为图幅北端纬度减30′的纬线。由于是纬差4°分带投影的，所以当沿着纬线方向拼接地图时，不论多少图幅，均不会产生裂隙；但是，当沿着经线方向拼接时，因拼接线分别处于上下不同的投影带，投影后的曲率不同，致使拼接时会产生裂隙。

其坐标系以图幅的原点经线（一般是中央经线 L0）作纵坐标 X 轴，原点经线与原点纬线（一般是最南端纬线）的交点作为原点，过此点的切线作为横坐标 Y 轴，构成兰勃特平面直角坐标系。

3.5.2　兰勃特等角投影正解公式

已知地理坐标(φ,λ)，计算兰勃特投影坐标(X,Y)，原点纬度 φ_0，原点经度 λ_0，第一标准纬线 φ_1，第二标准纬线 φ_2：

$$\begin{aligned} X &= \rho_0 - \rho(\varphi)\cos\theta \\ Y &= \rho(\varphi)\sin\theta \end{aligned} \tag{3-17}$$

式中：$\rho(\varphi)$为纬圈 φ 处的投影半径，

$$\rho(\varphi) = aFU^n(\varphi) \tag{3-18}$$

$$r(\varphi) = \frac{\cos\varphi}{(1-e^2\sin^2\varphi)^{1/2}} \tag{3-19}$$

$$U(\varphi) = \frac{\tan\left(\frac{\pi}{4}-\frac{\varphi}{2}\right)}{\left(\frac{1-e\sin\varphi}{1+e\sin\varphi}\right)^{\frac{e}{2}}} \tag{3-20}$$

$$\alpha = \frac{\ln[r(\varphi_1)] - \ln[r(\varphi_2)]}{\ln[U(\varphi_1)] - \ln[U(\varphi_2)]} \tag{3-21}$$

$$F = \frac{r(\varphi_1)}{\alpha U^{\alpha}(\varphi_1)} \tag{3-22}$$

$$\theta = \alpha(\lambda - \lambda_0) \tag{3-23}$$

3.5.3　兰勃特等角投影反解公式

已知兰勃特投影坐标(X_N,Y_E)，计算地理坐标(φ,λ)，原点纬度 φ_0，原点经度 λ_0，第一标准纬线 φ_1，第二标准纬线 φ_2：

$$\varphi = \frac{\pi}{2} 2\arctan\left[t_2 \cdot \left(\frac{1-e\sin\varphi}{1+e\sin\varphi}\right)^{\frac{e}{2}}\right] \tag{3-24}$$

$$\lambda = \frac{\arctan[Y_E/(\rho(\varphi_0) - X_N)]}{\alpha} + \lambda_0 \tag{3-25}$$

式中：

$$t_2 = \left[\frac{r_2}{aF}\right]^{\frac{1}{\alpha}} \tag{3-26}$$

其正负号与 α 的正负号相同。

$$r_2 = \pm\sqrt{{Y_E}^2 + (\rho(\varphi_0) - X_N)^2} \tag{3-27}$$

式中:参数同兰勃特等角投影正解公式。φ 通过迭代法获取。注意,在计算 α 的值时需要输入参数 φ_1 和 φ_2,计算 F 时需要使用输入参数 φ_1。

3.6 正弦曲线投影

正弦曲线投影(sinusoidal projection)属于伪圆柱投影,是一种等积的世界地图投影,其纬线都是以真实距离均匀间隔且保持平行的直线。中央子午线是一条直线,而其他经线是正弦曲线。沿中央子午线方向和赤道方向没有变形。与连续的正弦曲线世界地图投影相比,采用不连续形式的较小区域的投影变形程度较小。由于其良好的等积特性,一些遥感资料(如MODIS产品)基于这一投影进行了数据分块。

其投影变换公式为

$$\begin{cases} x = (\lambda - \lambda_0)\cos\phi \\ y = \phi \end{cases} \tag{3-28}$$

式中:λ_0 为中央子午线的经度。

逆变换公式为

$$\begin{cases} \phi = y \\ \lambda = \lambda_0 + \dfrac{x}{\cos\phi} \end{cases} \tag{3-29}$$

第4章 地球空间计算几何算法

计算几何学是实现众多矢量数据处理算法和交互可视化的基础。

4.1 拓扑计算

4.1.1 矢量叉积法

计算矢量叉积(张宏 等,2006)是与直线和线段相关算法核心部分。设矢量 $P(x_1,y_1)$,$Q=(x_2,y_2)$,则矢量叉积定义为由点(0,0)、点 P、点 Q 和矢量 $\boldsymbol{PQ}$ 所组成的平行四边形的带符号的面积,即

$$P \times Q = x_1 y_2 + x_2 y_1 \tag{4-1}$$

其结果是一个标量。显然有性质 $P\times Q=-(Q\times P)$,$P\times(-Q)=-(Q\times P)$。

叉积的一个非常重要的性质是可以通过它的符号判断两矢量相互之间的顺逆时针关系:

若 $P\times Q>0$,则 P 在 Q 的顺时针方向;

若 $P\times Q<0$,则 P 在 Q 的逆时针方向;

若 $P\times Q=0$,则 P 与 Q 共线,但可能同向也可能反向。

4.1.2 点在线段左右侧的判断法

对于有向线段 p_0p_1 和点 p_2,通过计算 $f=(p_2-p_0)\times(p_1-p_0)$的符号便可以确定 p_2 在线段的哪一侧:

若 $f>0$,则 p_2 在 p_0p_1 的左侧;

若 $f<0$,则 p_2 在 p_0p_1 的右侧;

若 $f=0$,则 p_2 和 p_0p_1 共线。

4.1.3 相邻线段的夹角

在地理信息中是用点序列来表示折线的,在不少应用中通常需要计算折线中每相邻两条线段之间夹角的余弦,用于判定夹角是钝角还是锐角。已知折线段上三个连续的顶点为 P_1,P_2,P_3,请计算 P_1P_2 与 P_2P_3 两条线段的夹角(图4.1)。根据向量原理

$$\cos C = \frac{\boldsymbol{a}\cdot\boldsymbol{b}}{|\boldsymbol{a}||\boldsymbol{b}|} = \frac{\boldsymbol{x_a}\cdot\boldsymbol{x_b}+\boldsymbol{y_a}\cdot\boldsymbol{y_b}}{|\boldsymbol{a}||\boldsymbol{b}|}$$

式中:C 是两个向量之间的夹角,$\boldsymbol{a}=P_2-P_1$,$\boldsymbol{b}=P_3-P_2$,$\boldsymbol{a}$ 和 $\boldsymbol{b}$ 都是向量,$|\boldsymbol{a}|$ 和 $|\boldsymbol{b}|$ 为向量的长度。$\boldsymbol{x_a}$,$\boldsymbol{y_a}$ 是 $\boldsymbol{a}$ 向量的 x 分量和 y 分量,$\boldsymbol{x_b}$,$\boldsymbol{y_b}$ 是 $\boldsymbol{b}$ 向量的 x 分量和 y 分量。

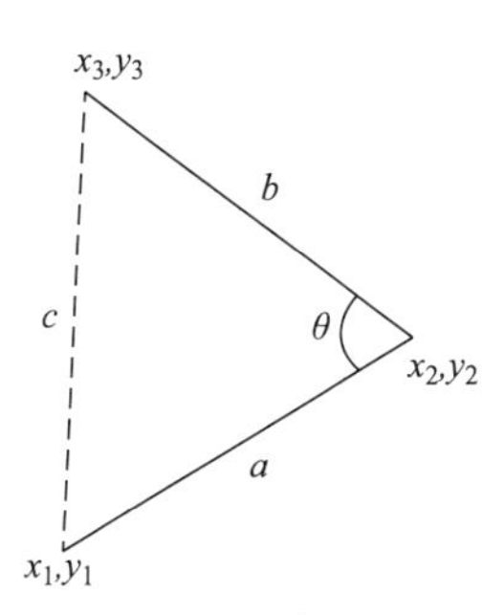

图4.1 相邻线段夹角的计算

当 $\cos C>0$ 时，表明夹角是锐角，当 $\cos C<0$ 时，表明夹角是钝角。

4.1.4 判断点是否在线段上

设点为 Q，线段为 P_1P_2，判断点 Q 在该线段上的依据是：$(Q-P_1)\times(P_2-P_1)=0$ 且 Q 在以 P_1P_2 为对角顶点的矩形内。

4.1.5 判断两线段是否相交

(1)算法一

采用跨立试验，即线段 a 的两端点位于线段 b 的两侧，并且线段 b 的两端点位于线段 a 的两侧，符合这个条件的为两线段相交。

(2)算法二

可采用参数方程来描述直线(图 4.2)。设某条直线的端点为 (x_1,y_1) 及 (x_2,y_2)，参数 t_1 的范围是[0,1]；另一直线段的端点为 (x_3,y_3) 及 (x_4,y_4)，参数 t_2 的范围也是[0,1]，有

$$\begin{cases}x=x_1+pt_1\\y=y_1+qt_1\end{cases}\text{及}\begin{cases}x=x_3+rt_2\\y=y_3+st_2\end{cases}\tag{4-2}$$

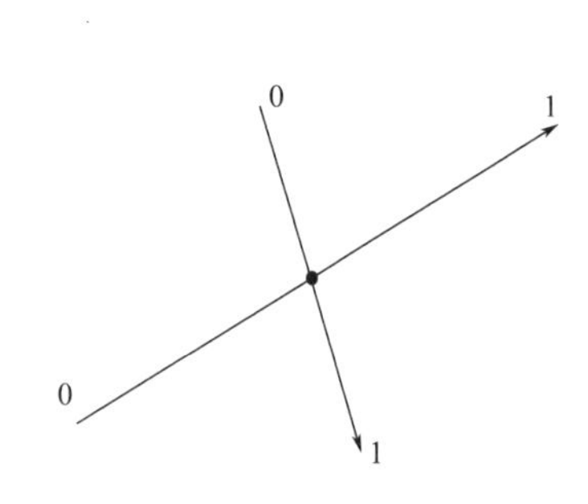

图 4.2 两条线段的相交

式中：$p=x_2-x_1, q=y_2-y_1, r=x_4-x_3, s=y_4-y_3$

如再令：$u=x_3-x_1, v=y_3-y_1$，则有

$$\begin{cases}t_1=\dfrac{us-rv}{ps-rq}\\t_2=\dfrac{uq-pv}{ps-rq}\end{cases}\tag{4-3}$$

若用上式计算出的 t_1、t_2 均在[0,1]内，则此交点就是线段的交点，否则就是两条线段延长线上的交点。

4.1.6 判断点是否在多边形内

判断点 P 是否在多边形中是计算几何中一个重要算法。常用的算法为射线法，即假定一条射线从点 P 发出，穿过多边形的边界的次数称为交点数目。当交点数目为偶数时，点 P 在多边形外部；为奇数时，在多边形内部。

为了方便处理，可以将射线定义为一条水平线。判断水平射线与一条边是否存在交点时，需要经过两步：射线纵坐标是否夹在待判断边的两点纵坐标之间，若不符，则无交点；否则求边所在直线与射线交点的 x 坐标，若 x 坐标小于 P 点的 x_P(P 点的横坐标)，则无交点，否则计一个交点。

在一些教科书中，会认为当射线通过多边形的一顶点时，而连接顶点的两边刚好位于射线两侧，这时两条边会各有一个交点，造成多计了一个交点的错误。这需要在算法中额外的考虑。其实这个问题很好处理，只需要在计算交点的 x 坐标前给多边形所有顶点的 x 及 y 坐标各加一个很小的随机数扰动即可。这是因为加上随机扰动后，水平射线通过多边形顶点的概率就会变得极小。

下面给出 Python 语言编写的判断一个点是否在多边形内部的程序。

```
def HasIntersec(p,p0,p1):#p 是待判断的点,p0 和 p1 分别是边的起始和终点
    if p0.y>p1.y:
        up = p0
        dp = p1
    else:
        up = p1
        dp = p0
    if p.y<dp.y or p.y>up.y:
        return False
    xx = ((up.y-p.y) * dp.x + (p.y-dp.y) * up.x)/(up.y-dp.y)   #交点处的 x 坐标
    if p.x<xx:
        return True
    else:
        return False
def InPolygon(p,points):
    n = len(points)
    if (n<3):
        return false;
    num = 0;
    for i in range(n):
        if HasIntersec(p,points[i],points[(i + 1) % n]):
            num + = 1;
    if (num % 2 = = 0):
        return False
    else:
        return True
```

4.1.7 三角形外接圆

在生成 Delaunay 三角网时,通常需要确定出三角形的外接圆,以实现某些检测。在平面上给定三个点的坐标 $P_1(x_1,y_1)$,$P_2(x_2,y_2)$,$P_3(x_3,y_3)$,我们就可以产生通过这三点的一段圆弧。问题的关键在于求出圆心。

圆心坐标的计算公式为

$$x_c=\frac{\alpha(y_3-y_2)+\beta(y_2-y_1)}{2E} \tag{4-4}$$

$$y_c=\frac{\alpha(x_2-x_3)+\beta(x_1-x_2)}{2E} \tag{4-5}$$

$$\alpha=(x_1+x_2)(x_1-x_2)+(y_1+y_2)(y_1-y_2)$$

$$\beta=(x_3+x_2)(x_3-x_2)+(y_3+y_2)(y_3-y_2)$$

$$E=(x_1-x_2)(y_3-y_2)-(x_2-x_3)(y_2-y_1)$$

若 $E=0$,说明三点在一条直线上。

求半径 R 可用距离公式求圆心到任何一已知点的距离。或者利用正弦定理

$$\frac{a}{\sin A}=\frac{b}{\sin B}=\frac{c}{\sin C}=2R \tag{4-6}$$

4.2 空间数据量算

4.2.1 多边形的重心

多边形的几何中心或重心,是多边形的所有边界点的平均坐标,即

$$C_x=\frac{\sum_{i=1}^{n} x_i}{n}, C_y=\frac{\sum_{i=1}^{n} y_i}{n} \tag{4-7}$$

式中:C_x、C_y 分别为不规则面状物体几何中心的横、纵坐标。多边形的重心不一定在多边形区域内部。

4.2.2 点到线段的距离

在用屏幕交互的方式拾取折线段时,需要根据交互所在的空间位置来确定某一条折线是否被选中。点与折线之间的距离可以归结为是点与折线上所有线段的最短距离。点 P 与线段 l 之间的距离 L 分两种情况:若点 P 到线段 l 所在直线的垂足在 l 上,则点 P 与线段 l 的距离 d 为点 P 到到线段 l 所在直线的距离,即点 P 到垂足之间的长度;若垂足在线段的延长线上,则点与线段的距离为线段 l 上离点 P 最近端点之间的距离。

点到直线的距离,两端点的坐标为(x_A,y_A)和(x_B,y_B),另一点 P 的坐标为(x_P,y_P)。点 P 到直线 L 的线距离为

$$D=\frac{|y_B x_P-y_A x_P+x_A y_P-x_B y_P+y_A x_B-x_A y_B|}{\sqrt{(y_A-y_B)^2+(x_A-x_B)^2}} \tag{4-8}$$

4.2.3 球面上两点的最近距离

地球表面本身是一个不规则的球面,若确定地球上任意两点间的最近球面距离是很复杂的。通常情况下,为了简化计算,假定地球是一个理想的球体,在精度要求不是很高的普通地学计算中,这样做带来的误差影响不是很大。球面上两点的最近距离是经过这两点的球面大圆在这两点之间的弧长。

给定球面上的任意两点,其中一点的经度为 α_1,纬度为 β_1,另一点的经度为 α_2,纬度为 β_2,则这两点之间的球面距离计算公式为

$$d=R\arccos[\sin\beta_1\sin\beta_2+\cos\beta_1\cos\beta_2\cos(\alpha_1-\alpha_2)] \tag{4-9}$$

式中:R 为地球半径。有关该公式的具体推导建议查看其他书籍。

4.2.4 多边形的面积

由多边形各边(有向边)与它们在 x 轴上的投影可以构成不同的梯形,根据各边的朝向可

以分为面积为正(有向边指朝向 x 轴正向)和面积为负(有向边指朝向 x 轴负向)的两组梯形,两组梯形的面积总和刚好就是多边形的面积(图 4.3)。

由此可得,多边形的面积公式为

$$S=\frac{1}{2}\left(\sum_{i=1}^{n-1}(x_{i+1}-x_i)(y_{i+1}+y_i)\right) \quad (4\text{-}10)$$

当 $S>0$ 时,表明多边形顶点的排列为逆时针顺序,反之,是顺时针排列。

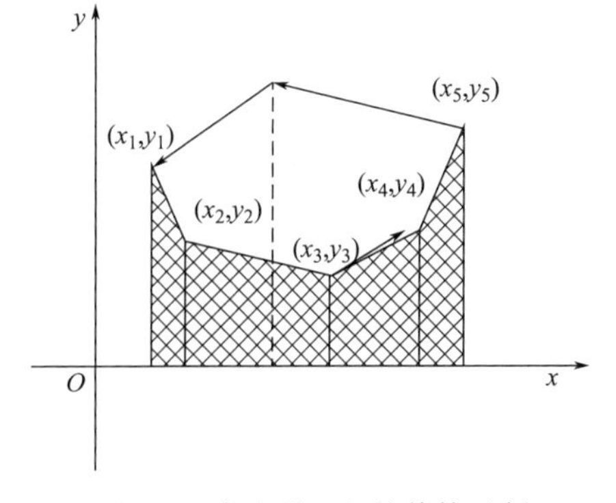

图 4.3　多边形面积的估算示例

4.2.5　三角形面积

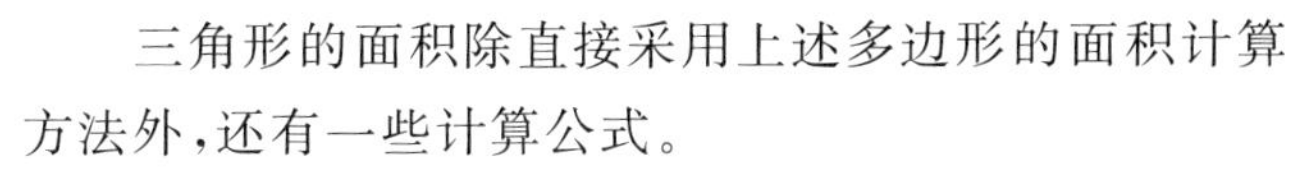

三角形的面积除直接采用上述多边形的面积计算方法外,还有一些计算公式。

已知三角形的三个顶点分别是 $v_0(x_0,y_0)$,$v_1(x_1,y_1)$,$v_2(x_2,y_2)$,下面是一种由线性代数导出的现代公式:

$$A=\frac{1}{2}[(x_1-x_0)(y_2-y_0)-(x_2-x_0)(y_1-y_0)] \quad (4\text{-}11)$$

这个面积公式非常高效,不需要计算开平方或三角函数。这个公式不仅可以计算面积的值,还同时确定了三角形的方向。因为,当 v_0,v_1,v_2 为逆时针排列时,面积为正,当 v_0,v_1,v_2 为顺时针排列时,面积为负。

也可以借助正弦定理和海伦公式来计算三角形面积,但都不如式(4-11)的计算效率高。

4.2.6　三角形的法向

在判断空间某点位于某个平面的哪一侧时,需要根据平面的法向来分析。比如在为三维空间中三角面片生成光照强度时,需要通过三角面片的法向来计算漫反射效果。

设三角形的三个顶点分别为 $v_1(x_1,y_1,z_1)$、$v_2(x_2,y_2,z_2)$、$v_3(x_3,y_3,z_3)$,则三角形两条边构成的向量为

$$\overrightarrow{v_1v_2}=(x_{r1},y_{r1},z_{r1})=(x_2-x_1,y_2-y_1,z_2-z_1) \quad (4\text{-}12)$$

$$\overrightarrow{v_1v_3}=(x_{r2},y_{r2},z_{r2})=(x_3-x_1,y_3-y_1,z_3-z_1) \quad (4\text{-}13)$$

则两个矢量的叉积 $n=\overrightarrow{v_1v_2}\times\overrightarrow{v_1v_3}$ 即为三角形的法向。

那如何确定栅格像元的法向呢?只需要将矩形栅格当作两个三角面片即可,分别计算法向即可。

4.3　极坐标变换

在一些资料处理中,空间位置是用相对于某中心点的方位角 α 和距离 r 来表示的。比如观测大气降水所用的多普勒雷达回波资料,是用雨区与雷达之间的距离和方位表示的。而对地面气象站上的风速仪,它会观测到风速和风向两个参数。这些极坐标通常是相对于正北向顺时针方向的极坐标,与中学数学教科书中的极坐标属于不同的坐标系。

(a)由极坐标转换为平面坐标

假定极坐标中心点位于平面坐标系下的坐标为(x_0,y_0),极坐标系下的任意一点(α,r)(这里的角度为从正北方顺时针转动角)转换为平面坐标的公式为(图4.4):

$$X = x_0 + r\sin\alpha \tag{4-14}$$

$$Y = y_0 + r\cos\alpha \tag{4-15}$$

同理,相对于正北向逆时针的方位角上时,转换公式为

$$X = x_0 - r\sin\alpha \tag{4-16}$$

$$Y = y_0 + r\cos\alpha \tag{4-17}$$

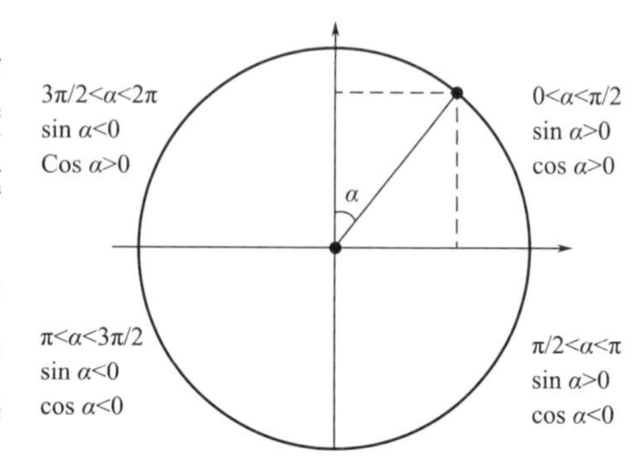

图4.4 极坐标与平面坐标的转换

注意,如果用角度描述的是风向,实际上它与图4.4中的方向是相反的。比如320°所描述的风向是西北风,它所对应的空气的走向其实是指向东南方,即140°。因此,计算公式应该改为

$$X = x_0 - r\sin\alpha \tag{4-18}$$

$$Y = y_0 - r\cos\alpha \tag{4-19}$$

(b)平面坐标转换为极坐标

空间上一点$P(x,y)$相对于以$P_0(x_0,y_0)$为中心的方位角:

当$x > x_0$时,

$$\alpha = \arccos(y - y_0) \tag{4-20}$$

当$x < x_0$时,

$$\alpha = 2\pi - \arccos(y - y_0) \tag{4-21}$$

4.4 几何变换

几何变换包括几何对象的平移、缩放、旋转和错切等。因二维几何变换在地球科学数据处理中较为常用,本书给出二维几何变换。三维几何变换与二维几何变换类似,感兴趣者可参考其他计算机图形学方面的图书。

4.4.1 基本二维变换

(1)平移

平移是将原始坐标(x, y)加上平移距离t_x和t_y获得一个新坐标(x',y')的过程,即

$$x' = x + t_x, y' = y + t_y \tag{4-22}$$

一对平移距离(t_x,t_y)称为平移向量。我们可以使用下面的列向量来表示坐标位置和平移向量,然后将方程表示成单个矩阵等式。

$$\boldsymbol{P} = [x \quad y],\quad \boldsymbol{P}' = [x' \quad y'],\quad \boldsymbol{T} = [t_x \quad t_y]$$

$$\boldsymbol{P}' = \boldsymbol{P} + \boldsymbol{T} \tag{4-23}$$

(2)绕坐标原点的旋转变换

平面上的点绕原点的旋转变换。若点P绕原点逆时针旋转θ个角度,数学上会得到一个

变换后的坐标：

$$x' = x\cos\theta - y\sin\theta$$
$$y' = x\sin\theta + y\cos\theta \tag{4-24}$$

使用列向量表达式 (4.2)表示坐标位置，那么旋转方程的矩阵形式为

$$\boldsymbol{P}' = \boldsymbol{P} \cdot \boldsymbol{R} \tag{4-25}$$

其中，旋转矩阵为

$$\boldsymbol{R} = \begin{bmatrix} \cos\theta & \sin\theta \\ -\sin\theta & \cos\theta \end{bmatrix} \tag{4-26}$$

(3)以坐标原点为固定点的缩放变换

改变一个对象的大小，可使用缩放变换。给定点 P 相对于坐标原点沿 X 方向的缩放比例系数 S_x 和 Y 方向的缩放比例系数 S_y，则变换后的结果为

$$x' = x \cdot S_x \qquad y' = y \cdot S_y \tag{4-27}$$

缩放系数 S_x 可产生在 x 方向对图形对象的缩放，而 S_y 在 y 方向产生对图形的缩放。基本的二维缩放方程(4.9)也可以写成矩阵形式：

$$\begin{bmatrix} x' \\ y' \end{bmatrix} = \begin{bmatrix} x & y \end{bmatrix} \begin{bmatrix} S_x & 0 \\ 0 & S_y \end{bmatrix} \tag{4-28}$$

或

$$\boldsymbol{P}' = \boldsymbol{P} \cdot S$$

缩放系数 S_x 和 S_y 的值小于 1 时，点 P 与原点的距离将增大，当其值大于 1 时，点 P 与原点的距离将缩小。

(4)反射变换

产生对象镜像的变换称为反射(reflection)。对于一个二维反射而言，其反射镜像通过将对象绕反射轴旋转 180°而生成。我们可以在 xy 平面内或垂直于 xy 平面选择反射轴。当反射轴是 xy 平面内的一条直线时，绕这个轴的旋转路径在垂直于 xy 平面的平面中；而对于垂直于 xy 平面的反射轴，旋转路径在 xy 平面内。下面举出一些普通反射的例子。

关于直线 $y=0$(x 轴)的反射，即 $x'=x$，$y'=-y$，写成矩阵形式为

$$\begin{bmatrix} x' \\ y' \end{bmatrix} = \begin{bmatrix} x & y \end{bmatrix} \begin{bmatrix} 1 & 0 \\ 0 & -1 \end{bmatrix} \tag{4-29}$$

对于 $x=0$(y 轴)的反射，反转 x 的坐标而保持 y 坐标不变，写成矩阵形式为

$$\begin{bmatrix} x' \\ y' \end{bmatrix} = \begin{bmatrix} x & y \end{bmatrix} \begin{bmatrix} -1 & 0 \\ 0 & 1 \end{bmatrix} \tag{4-30}$$

相对于原点的反射变换，即同时反转 x 和 y 坐标，这种反射的矩阵形式为

$$\begin{bmatrix} x' \\ y' \end{bmatrix} = \begin{bmatrix} x & y \end{bmatrix} \begin{bmatrix} -1 & 0 \\ 0 & -1 \end{bmatrix} \tag{4-31}$$

假如我们将对角线 $y=x$ 选为反射轴，那么反射变换矩阵形式为

$$\begin{bmatrix} x' \\ y' \end{bmatrix} = \begin{bmatrix} x & y \end{bmatrix} \begin{bmatrix} 0 & 1 \\ 1 & 0 \end{bmatrix} \tag{4-32}$$

可以通过将一系列的旋转和坐标轴反射矩阵合并来推导出上述矩阵。这里首先完成顺时针 45°旋转，将直线 $y=x$ 旋转到 x 轴上；接着完成对于 x 轴的反射；最后逆时针旋转 45°，将直

线 $y=x$ 旋转回到其原始位置。另一个等价的变换是先将对象关于 x 轴反射，然后逆时针旋转 90°。

(5)错切变换

错切是一种使对象形状发生变化的变换，经过错切的对象好像是由已经相互滑动的内部夹层组成。两种常用的错切变换是移动 x 坐标值的错切(图 4.5)和移动 y 坐标值的错切。

相对于 x 轴的 x 方向错切由下列变换产生：

$$\begin{bmatrix} x' \\ y' \end{bmatrix} = [x \quad y] \begin{bmatrix} 1 & 0 \\ sh_x & 1 \end{bmatrix} \tag{4-33}$$

该变换将坐标位置转换成

$$x' = x + sh_x \cdot y \qquad y' = y$$

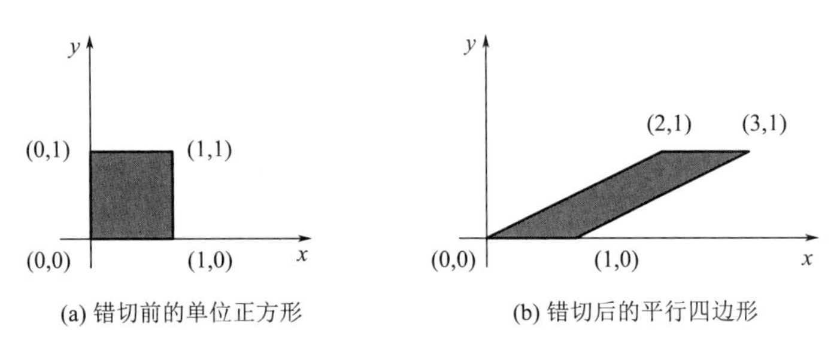

图 4.5　x 方向的错切变换

关于 y 轴的 y 方向错切：

$$\begin{bmatrix} x' \\ y' \end{bmatrix} = [x \quad y] \begin{bmatrix} 1 & sh_y \\ 0 & 1 \end{bmatrix} \tag{4-34}$$

该矩阵生成变换的坐标位置：

$$x' = x, \quad y' = y + sh_y \cdot x$$

4.4.2　二维变换的齐次坐标表示

基于二维变换中的平移、缩放和旋转等几何变换其矩阵形式分别为

$$\boldsymbol{P}' = \boldsymbol{P} + \boldsymbol{T}$$

$$\boldsymbol{P}' = \boldsymbol{P} \cdot \boldsymbol{R}$$

$$\boldsymbol{P}' = \boldsymbol{P} \cdot S$$

可见，这三种变换所用的计算法则有的为加法，有的是乘法，不能统一处理。为了解决这个问题，在计算机图形学中一般采用齐次坐标技术，将所有的变换统一成矩阵乘法来实现，可以借助于计算机中的一些硬件完成高速运算。

在二维平面中，点 $P(x,y)$ 的齐次坐标表示为 $P(wx,wy,w)$，其中 w 是任意一个不为 0 的系数。(w_1x,w_1y,w_1) 和 (w_2x,w_2y,w_2) 表示的是一个点 (x,y)。可见，由二维坐标表示的唯一坐标值用齐次坐标表示时，就变得不唯一。通常，为了方便，二维平面中的一个点用齐次坐标 $P=(x,y,1)$ 来表示，即 $w=1$。

那么，齐次坐标表示的平移变换就是

$$[x', y', 1] = [x, y, 1]\begin{bmatrix} 1 & 0 & 0 \\ 0 & 1 & 0 \\ t_x & t_y & 1 \end{bmatrix} \tag{4-35}$$

缩放变换

$$[x', y', 1] = [x, y, 1]\begin{bmatrix} S_x & 0 & 0 \\ 0 & S_y & 0 \\ 0 & 0 & 1 \end{bmatrix} \tag{4-36}$$

旋转变换

$$[x', y', 1] = [x, y, 1]\begin{bmatrix} \cos\theta & \sin\theta & 0 \\ -\sin\theta & \cos\theta & 0 \\ 0 & 0 & 1 \end{bmatrix} \tag{4-37}$$

相对于 X 轴

$$[x', y', 1] = [x, y, 1]\begin{bmatrix} -1 & 0 & 0 \\ 0 & 1 & 0 \\ 0 & 0 & 1 \end{bmatrix} \tag{4-38}$$

相对于 Y 轴

$$[x', y', 1] = [x, y, 1]\begin{bmatrix} 1 & 0 & 0 \\ 0 & -1 & 0 \\ 0 & 0 & 1 \end{bmatrix} \tag{4-39}$$

相对于原点

$$[x', y', 1] = [x, y, 1]\begin{bmatrix} -1 & 0 & 0 \\ 0 & -1 & 0 \\ 0 & 0 & 1 \end{bmatrix} \tag{4-40}$$

相对于 $y=x$

$$[x', y', 1] = [x, y, 1]\begin{bmatrix} 0 & 1 & 0 \\ 1 & 0 & 0 \\ 0 & 0 & 1 \end{bmatrix} \tag{4-41}$$

相对于 $y=-x$

$$[x', y', 1] = [x, y, 1]\begin{bmatrix} 0 & 1 & 0 \\ 1 & 0 & 0 \\ 0 & 0 & 1 \end{bmatrix} \tag{4-42}$$

沿 X 轴方向关于 Y 的错切

$$[x', y', 1] = [x, y, 1]\begin{bmatrix} 1 & 0 & 0 \\ Sh_x & 1 & 0 \\ 0 & 0 & 1 \end{bmatrix} \tag{4-43}$$

沿 Y 轴方向关于 X 的错切

$$[x', y', 1] = [x, y, 1]\begin{bmatrix} 1 & Sh_y & 0 \\ 0 & 1 & 0 \\ 0 & 0 & 1 \end{bmatrix} \tag{4-44}$$

4.4.3 二维组合变换

前面给出的基本二维变换，如旋转、缩放和错切都是相对于原点为参照的变换。但现实应用中，变换是相对于任意参照点进行的。可以将这种任意复杂的变换分解为多个连续的基本变换，这就构成了组合变换。任意变换分解为基本变换的基本方法分为三步：一是先将坐标系原点平移至参照点；二是对坐标系下的所有对象实施以原点为参照的基本变换（缩放、旋转和错切）；三是将坐标系逆变换至原来的坐标系。

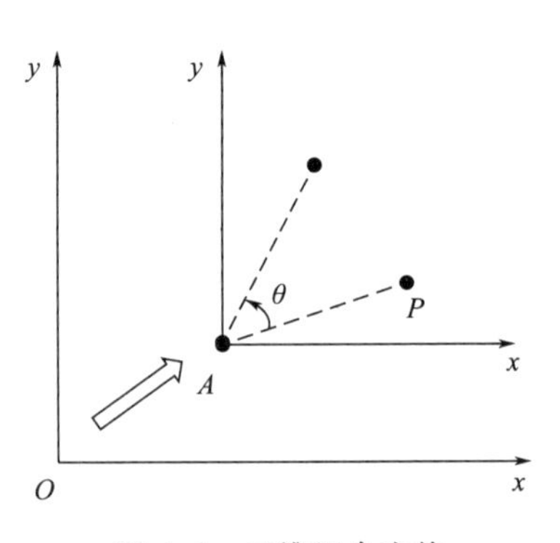

图 4.6　二维组合变换

在 xOy 平面内（图 4.6），点 $P(x,y)$ 绕任意点 $A(x_A, y_A)$ 完成逆时针旋转 θ 角，就只需要将 P 点的齐次坐标与三个矩阵连续相乘：

$$\boldsymbol{T}_1=\begin{bmatrix}1 & 0 & 0\\ 0 & 1 & 0\\ -x_A & -y_A & 1\end{bmatrix},\ \boldsymbol{T}_2=\begin{bmatrix}\cos\theta & \sin\theta & 0\\ -\sin\theta & \cos\theta & 0\\ 0 & 0 & 1\end{bmatrix},\boldsymbol{T}_3=\begin{bmatrix}1 & 0 & 0\\ 0 & 1 & 0\\ x_A & y_A & 1\end{bmatrix}$$

当需要实施变换的点很多时，若每个点的齐次坐标都需要进行三次矩阵乘法运行。可以将上述三个矩阵的乘法结合起来成为一个矩阵，这样所有点就只需要与这一个新矩阵相乘就够了，这样就能节省计算量。上述三个矩阵结合起来，得到的组合变换矩阵为

$$\boldsymbol{T}_R=\boldsymbol{T}_1\cdot\boldsymbol{T}_2\cdot\boldsymbol{T}_3=\begin{bmatrix}\cos\theta & \sin\theta & 0\\ -\sin\theta & \cos\theta & 0\\ x_A(1-\cos\theta)+y_A\sin\theta & y_A(1-\cos\theta)-x_A\sin\theta & 1\end{bmatrix}\tag{4-45}$$

同理，可以得到以点 $A(x_A, y_A)$ 为参照的缩放变换的组合变换矩阵为

$$\boldsymbol{T}_S=\begin{bmatrix}S_x & 0 & 0\\ 0 & S_y & 0\\ x_A(1-S_x) & y_A(1-S_y) & 1\end{bmatrix}\tag{4-46}$$

以类似的方式，我们还可以得到各种其他的组合变换矩阵。

4.4.4 仿射变换

对于任意的二维平面几何变换，都可以表达为一个 3×3 的变换矩阵。当这个变换矩阵的值可以任意取实数值时，这种变换被称作仿射变换。仿射变换是线性变换，它可以看作是旋转、缩放、错切等变换和一次平移变换的复杂组合变换，它具有三个特点：①直线变换后仍为直线；②平行线变换后仍为平行线；③不同方向的长度比发生变化。前面所述的无论是基本变换还是组合变换，都只是仿射变换的特例。

对于任意的变换矩阵

$$\boldsymbol{T}=\begin{bmatrix}a & d & p\\ b & e & q\\ c & f & s\end{bmatrix}\tag{4-47}$$

其中的元素有着不同的功能，a，b，d，e 用来描述缩放、旋转、错切等变换；c 和 f 描述平移量；

p,q 可以实施透视投影变换;s 可以产生一个整体的缩放变换,$|s|<1$ 时对象会被放大,$|s|>1$ 时对象会被缩小。

在地球科学的信息处理中,仿射变换常被用于校正遥感和地图数据的几何位置。常用的仿射变换等价于方程

$$[x' \quad y' \quad 1]=[x \quad y \quad 1]\begin{bmatrix} a & d & 0 \\ b & e & 0 \\ c & f & 1 \end{bmatrix} \tag{4-48}$$

写成多项式形式为

$$x'=ax+by+c$$
$$y'=dx+ey+f$$

通常,事先并不知道 a,b,c,d,e,f 的值。因此,需要通过已知样本点在变换后的坐标值来求取这些参数。6 个参数共需 3 个样本点(X_1,Y_1)、(X_2,Y_2)和(X_3,Y_3)构成的线程方程即可联合求出:

$$\begin{cases} X_1=ax_1+by_1+c \\ Y_1=dx_1+ey_1+f \\ X_2=ax_2+by_2+c \\ Y_2=dx_2+ey_2+f \\ X_3=ax_3+by_3+c \\ Y_3=dx_3+ey_3+f \end{cases} \text{或} \begin{bmatrix} X_1 & Y_1 & 1 \\ X_2 & Y_2 & 1 \\ X_3 & Y_3 & 1 \end{bmatrix}=\begin{bmatrix} x_1 & y_1 & 1 \\ x_2 & y_2 & 1 \\ x_3 & y_3 & 1 \end{bmatrix}\begin{bmatrix} a & d & 0 \\ b & e & 0 \\ c & f & 1 \end{bmatrix} \tag{4-49}$$

但实际应用中,样本点可能会有更多,这时可以采用最小二乘法或者其他优化求解来求取。当这些参数变成已知时,就可以用上式对所有待变换的点实施批量变换,得到校正后的数据集。

4.4.5　几何变换的编程处理

几何变换的编程可以按矩阵乘法来处理,也可以按多项式来计算。如果需要借助专用硬件来实施平行处理,则应该用矩阵。若只是一般性的编程,采用多项式编写程序则更容易理解。

对于复杂的系统,如模拟人体或者机械的运动,几何变换可以看作是一个由不同级别的变换组成的树状结构。如运动中的汽车其侧面看作一个汽车侧面和两个轮子。每个轮子都在围绕着自己的轴转动,而两个轮子又都与汽车侧面作为一个整体向前产生平移运动。类似地,跑步中的人可以近似为多个层次的运动组合:全身在向前平移,上臂围绕着肩膀旋转,前臂又围绕着上臂的末端即肘在旋转,手部又围绕着前臂末端即手腕在旋转。

在实际的计算模拟中,应该按先局部再整体的局部优先原则来处理。比如模拟太阳、地球和月球三者构成的天体运动,应该先以地球为参照,模拟月球的绕地旋转;接着将地月看作整体,以太阳为中心参照实施旋转计算。

第 5 章 平滑曲线建模算法

在对地学信息进行处理时，常常需要依靠采样数据点生成等值线，且要求等值线是平滑的。生成等值线的一般做法是先将等值的数据点按序连接，构造等值点序列，再以此序列中各顶点作为控制点来将曲线绘制成样条曲线。生成光滑样条曲线的方法很多，这里介绍常用的几种。

5.1 抛物线参数混合样条

唐泽圣等(1995)给出了下面的抛物线参数混合样条的表示方法。在二维平面中，通过任意给定三点 $P_0(x_0, y_0)$，$P_1(x_1, y_1)$，$P_2(x_2, y_2)$ 的抛物线可用下面的二次参数方程来表示：

$$\begin{cases} x(t) = a_x u^2 + b_x u + c_x \\ y(t) = a_y u^2 + b_y u + c_y \end{cases} \quad u \in [0,1] \tag{5-1}$$

其中，系数可由下面的式子求出：

$$\begin{cases} c_x = c_0 \\ c_y = y_0 \\ b_x = 4x_1 - x_2 - 3x_0 \\ b_y = 4y_1 - y_2 - 3y_0 \\ a_x = 2(x_2 - 2x_1 + x_0) \\ a_y = 2(y_2 - 2y_1 + y_0) \end{cases} \tag{5-2}$$

通过三点坐标求出抛物线系数后，将 u 的值离散化为从 0 到 1 之间的多个值，将这些离散值代入参数方程就能求出抛物线上的一系列点，顺序连接各点就能得到抛物线的近似曲线。

抛物线参数样条曲线完全通过给定的型值点列，其基本方法是：给定 N 个型值点 $P_1, P_2, \cdots, P_N$，对相邻三点 P_i, P_{i+1}, P_{i+2} 及 $P_{i+1}, P_{i+2}, P_{i+3}$，$i = 1, \cdots, N-2$，反复用抛物线拟合，然后再对此相邻抛物线在公共区间 P_{i+1} 到 P_{i+2} 范围内，用权函数 u 与 $1-u$ 进行调配，使其混合为一条曲线，表示为：

$$S = \sum_{i=1}^{N=2} [(1-u)S_i + uS_{i+1}], u \in [0,1] \tag{5-3}$$

式中：S_i 为 P_i, P_{i+1}, P_{i+2} 三点决定的抛物线，S_{i+1} 为 $P_{i+1}, P_{i+2}, P_{i+3}$ 决定的抛物线，混合后的曲线 S 在 P_{i+1} 到 P_{i+2} 的公共段内，是 S_i 的后半段和 S_{i+1} 的前半段混合的结果。S 曲线(混合段)的具体参数方程可写为(图 5.1)：

$$\begin{cases} x = (1 - 2t_2)(a_{1x}t_1^{\ 2} + b_{1x}t_1 + c_{1x}) + 2t_2(a_{2x}t_2^{\ 2} + b_{2x}t_2 + c_{2x}) \\ y = (1 - 2t_2)(a_{1y}t_1^{\ 2} + b_{1y}t_1 + c_{1y}) + 2t_2(a_{2y}t_2^{\ 2} + b_{2y}t_2 + c_{2y}) \end{cases} \tag{5-4}$$

式中：$t_2 \in [0,0.5]$，$t_1 = t_2 + 0.5 \in [0.5,1]$。$a_{1x}, b_{1x}, c_{1x}, a_{1y}, b_{1y}, c_{1y}$ 为 S_i 段抛物线的系数，由 P_i, P_{i+1}, P_{i+2} 三点决定，参变量为 u_1，在公共段范围内 $u_1 = 0.5 \sim 1$。

$a_{2x}, b_{2x}, c_{2x}, a_{2y}, b_{2y}, c_{2y}$ 为 S_{i+1} 段抛物线的系数，由 P_{i+1}、P_{i+2}、P_{i+3} 三点决定，参变量为 u_2，在公共段范围内 $u_2 = 0 \sim 0.5$。

显然，当 $u_1 = 0.5, u_2 = 0$ 时为公共段的开始处，$S = S_i$；当 $u_1 = 1, u_2 = 0.5$ 时为公共段的结束处，$S = S_{i+1}$。

用这种方法拟合的曲线是光滑的，且在各段曲线的端点处均能达到一阶导数的连续性（图5.2）。注意，当曲线两端没有一定的端点条件限制时，曲线两端各有一段曲线不是加权混合的形式，即第一段的前半段和最后一段的后半段。

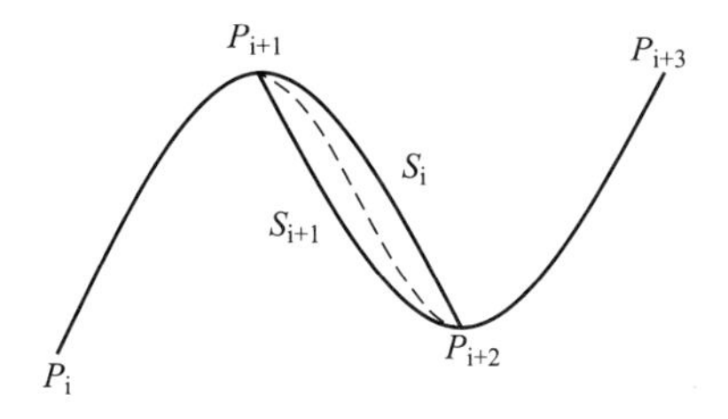

图5.1　抛物线参数样条曲线的拟合

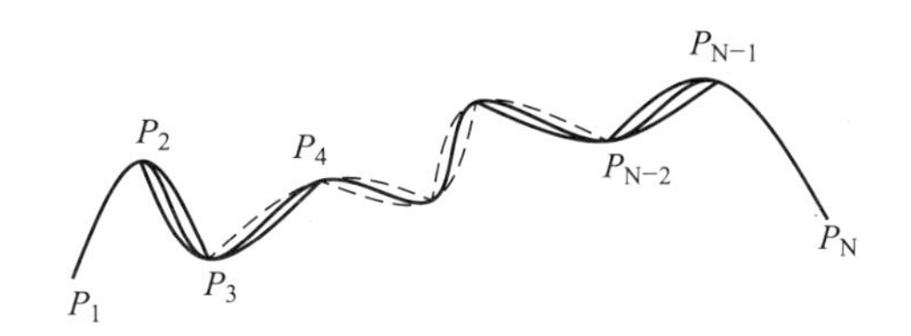

图5.2　连续抛物线参数样条曲线

5.2　Hermite曲线

5.2.1　参数方程

平滑曲线也可由三次参数方程来描述：

$$\begin{cases} x(u) = a_x u^3 + b_x u^2 + c_x u + d_x \\ y(u) = a_y u^3 + b_y u^2 + c_y u + d_y \qquad u \in [0,1] \\ z(u) = a_z u^3 + b_z u^2 + c_z u + d_z \end{cases} \tag{5-5}$$

或

$$Q(u) = au^3 + bu^2 + cu + d$$

为了绘制曲线必须按照给定条件求出参数方程中的系数。Hermite曲线是给定两个端点坐标 P_0、P_1 以及两个端点处的切线矢量 R_0、R_1 来描述曲线。

将上面的三次参数方程写成矩阵形式：

$$\boldsymbol{Q}(u) = [u^3 \quad u^2 \quad u \quad 1]\begin{bmatrix} a \\ b \\ c \\ d \end{bmatrix} \tag{5-6}$$

令

$$\boldsymbol{U} = [u^3 \quad u^2 \quad u \quad 1]$$
$$\boldsymbol{C} = [a \quad b \quad c \quad d]^T$$

则

$$\boldsymbol{Q} = \boldsymbol{UC}$$

其中 $\boldsymbol{C}$ 具有两个分量，即 $\boldsymbol{C}_x=[a\quad b\quad c\quad d]_x^T$ 和 $\boldsymbol{C}_y=[a\quad b\quad c\quad d]_y^T$。

对 $\boldsymbol{Q}$ 求 u 的一阶导数得：

$$\boldsymbol{Q}'(u)=[3u^2\quad 2u\quad 1\quad 0]\cdot\boldsymbol{C} \tag{5-7}$$

将 $u=0$ 和 $u=1$ 代入 $\boldsymbol{Q}$ 和 $\boldsymbol{Q}'$ 得：

$$\begin{aligned}\boldsymbol{P}_0&=\boldsymbol{Q}(0)=[0\quad 0\quad 0\quad 1]\cdot\boldsymbol{C}\\ \boldsymbol{P}_1&=\boldsymbol{Q}(1)=[1\quad 1\quad 1\quad 1]\cdot\boldsymbol{C}\\ \boldsymbol{R}_0&=\boldsymbol{Q}'(0)=[0\quad 0\quad 1\quad 0]\cdot\boldsymbol{C}\\ \boldsymbol{R}_1&=\boldsymbol{Q}'(1)=[3\quad 2\quad 1\quad 0]\cdot\boldsymbol{C}\end{aligned} \tag{5-8}$$

改写为矩阵形式：

$$\begin{bmatrix}\boldsymbol{P}_0\\ \boldsymbol{P}_1\\ \boldsymbol{R}_0\\ \boldsymbol{R}_1\end{bmatrix}=\begin{bmatrix}0&0&0&1\\1&1&1&1\\0&0&1&0\\3&2&1&0\end{bmatrix}\cdot\boldsymbol{C} \tag{5-9}$$

对上式两端乘以 4×4 矩阵的逆阵，可得

$$\boldsymbol{C}=\begin{bmatrix}2&-2&1&1\\-3&3&-2&-1\\0&0&1&0\\1&0&0&0\end{bmatrix}\begin{bmatrix}\boldsymbol{P}_0\\ \boldsymbol{P}_1\\ \boldsymbol{R}_0\\ \boldsymbol{R}_1\end{bmatrix} \tag{5-10}$$

则由 $\boldsymbol{Q}=\boldsymbol{UC}$ 得 Hermite 曲线的参数表达式为：

$$\boldsymbol{Q}(u)=[u^3\quad u^2\quad u\quad 1]\begin{bmatrix}2&-2&1&1\\-3&3&-2&-1\\0&0&1&0\\1&0&0&0\end{bmatrix}\begin{bmatrix}\boldsymbol{P}_0\\ \boldsymbol{P}_1\\ \boldsymbol{R}_0\\ \boldsymbol{R}_1\end{bmatrix}\quad u\in[0,1]; \tag{5-11}$$

简写为 $\boldsymbol{Q}(u)=\boldsymbol{U}\cdot\boldsymbol{M}_h\cdot\boldsymbol{G}_h$，

其分量形式为

$$\begin{cases}x(u)=\boldsymbol{U}\cdot\boldsymbol{M}_h\cdot\boldsymbol{G}_{hx}\\ y(u)=\boldsymbol{U}\cdot\boldsymbol{M}_h\cdot\boldsymbol{G}_{hy}\end{cases} \tag{5-12}$$

其中，$\boldsymbol{U}=[u^3\quad u^2\quad u\quad 1]\qquad u\in[0,1]$，为参数向量；

$$\boldsymbol{M}_h=\begin{bmatrix}2&-2&1&1\\-3&3&-2&-1\\0&0&1&0\\1&0&0&0\end{bmatrix}$$，为 Hermite 常数矩阵；

$\boldsymbol{G}_h=[P_0,P_1,R_0,R_1]^T$，为 Hermite 几何矢量，即两个端点坐标及端点处的切线向量，具有 $\boldsymbol{G}_{hx}$ 和 $\boldsymbol{G}_{hy}$ 两个分量。$\boldsymbol{G}_h$ 决定了 Hermite 曲线的位置及形状。需要注意的是，两个端点处的切线向量的方向和长度对 Hermite 曲线的形状都有影响(图 5.3)。

5.2.2 调和函数

$\boldsymbol{U}\cdot\boldsymbol{M}_h$ 称为调和函数，令 $F_h(u)=\boldsymbol{U}\cdot\boldsymbol{M}_h$，其各分量为(图 5.4)

$$
\begin{aligned}
F_{h1}(u) &= 2u^3 - 3u^2 + 1 \\
F_{h2}(u) &= -2u^3 + 3u^2 \\
F_{h3}(u) &= u^3 - 2u^2 + 1 \\
F_{h4}(u) &= u^3 - u^2
\end{aligned} \tag{5-13}
$$

即任何一条 Hermite 曲线都是调和函数对 $Q(0)$、$Q(1)$、$Q'(0)$、$Q'(1)$的值混合的结果。

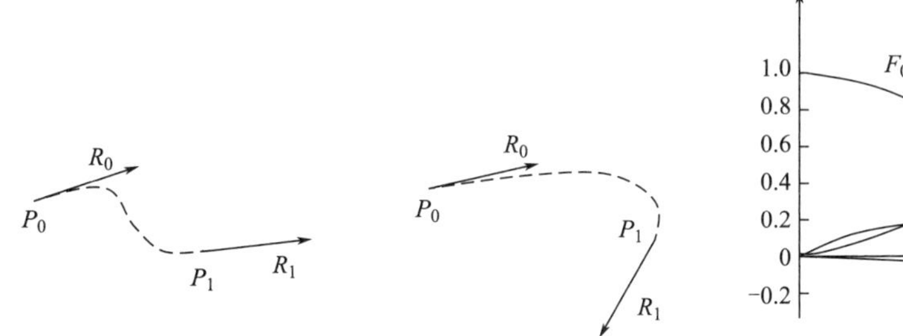

图 5.3　Hermite 曲线两个端点及切线矢量

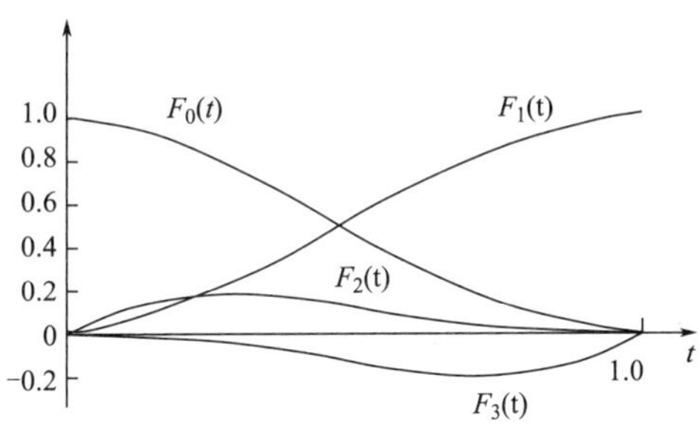

图 5.4　Hermite 调和函数

5.2.3　切线矢量对 Hermite 曲线形状的影响

如果令 Hermite 曲线给定条件中的切线矢量 R_0、R_1 分别为

$$
\begin{aligned}
R_0 &= k_0 E_0 \\
R_1 &= k_1 E_1
\end{aligned} \tag{5-14}
$$

式中:$k_0 = |R_0|$,$k_1 = |R_1|$,E_0 和 E_1 分别为 R_0、R_1 的单位矢量。当切线矢量的长度 k_0 和 k_1 变化时,曲线的形状会受到影响。当某一矢量长度增大时,Hermite 曲线会随它的延伸程度增大,切线矢量就好像在此端点处对曲线施加的一种力,力越大,曲线受影响越大,见图 5.5。

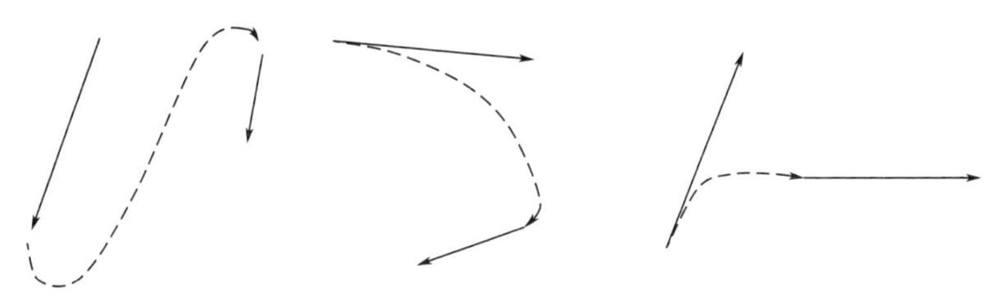

图 5.5　切线矢量与 Hermite 曲线

(实线表示切线矢量,虚线表示 Hermite 曲线)

5.2.4　曲线段之间的连接

Hermite 曲线的起点和终点可以写成 $Q(0)$、$Q(1)$,则起点和终点处的切线矢量为 $\boldsymbol{Q}'(0)$、$\boldsymbol{Q}'(1)$,所以 Hermite 几何矢量也可以写成:

$$
\boldsymbol{G}_h = [Q(0) \quad Q(1) \quad \boldsymbol{Q}'(0) \quad \boldsymbol{Q}'(1)]^T \tag{5-15}
$$

假设两条不相连接的 Hermite 参数曲线段 1 和 3 的边界条件 $\boldsymbol{G}_{h1}$、$\boldsymbol{G}_{h3}$ 已经给定,如果要使参数曲线段 2 与曲线段 1、3 之间的连接满足一阶导数连续(即连接处切线向量共线),则如

何确定曲线段 2 的边界条件?

$$\boldsymbol{G}_{h1}=[\boldsymbol{Q}_1(0)\quad \boldsymbol{Q}_1(1)\quad \boldsymbol{Q}'_1(0)\quad \boldsymbol{Q}'_1(1)]^T \tag{5-16}$$

$$\boldsymbol{G}_{h3}=[\boldsymbol{Q}_3(0)\quad \boldsymbol{Q}_3(1)\quad \boldsymbol{Q}'_3(0)\quad \boldsymbol{Q}'_3(1)]^T \tag{5-17}$$

为了保证曲线段 1、2 之间及 2、3 之间的一阶导数连续性,必须有

$$\boldsymbol{Q}_2(0)=\boldsymbol{Q}_1(1),\boldsymbol{Q}_2(1)=\boldsymbol{Q}_3(0)$$

$$\boldsymbol{Q}'_2(0)=a\ \frac{\boldsymbol{Q}_1(1)}{|\boldsymbol{Q}_1(1)|},\boldsymbol{Q}'_2(1)=b\ \frac{\boldsymbol{Q}_3(0)}{|\boldsymbol{Q}_3(0)|}$$

即曲线段 2 的边界条件为

$$\boldsymbol{G}_{h2}=\left[\boldsymbol{Q}_1(1)\quad \boldsymbol{Q}_3(0)\quad a\ \frac{\boldsymbol{Q}_1(1)}{|\boldsymbol{Q}_1(1)|}\quad b\ \frac{\boldsymbol{Q}_3(0)}{|\boldsymbol{Q}_3(0)|}\right]^T \tag{5-18}$$

式中:a,b 是正的比例因子。

与此类似,可得到曲线段 i 与曲线段 $i-1$ 及曲线段 $i+1$,实现一阶导数连续的条件为

$$\boldsymbol{G}_{hi}=\left[\boldsymbol{Q}_{i-1}(1)\quad \boldsymbol{Q}_{i+1}(0)\quad a\ \frac{\boldsymbol{Q}_{i-1}(1)}{|\boldsymbol{Q}_{i-1}(1)|}\quad b\ \frac{\boldsymbol{Q}_{i+1}(0)}{|\boldsymbol{Q}_{i+1}(0)|}\right]^T \tag{5-19}$$

显然,给定若干个顶点 $P_1(x_1,y_1)$,$P_2(x_2,y_2)$,$P_3(x_3,y_3)$,…,$P_n(x_n,y_n)$的序列,绘制时依次在每两个顶点之间绘制 Hermite 曲线,同时保证相邻 Hermite 曲线段的一阶导数连续,这样就能实现曲线的光滑绘制。

5.2.5 三次 Hermite 曲线的绘制

在平面上绘制二维 Hermite 曲线时首先要确定 P_0、P_1、R_0、R_1,由于一般情况下给出两个端点处的切线矢量有些不太方便,因而限制了它的使用。但可以使用一些简单的方法给出其端点处的切线矢量。比如若只绘制一段 Hermite 曲线,可给出 4 个点 P_{-1}、P_0、P_1、P_2,把 P_0、P_1 作为曲线的起点和终点,则切线矢量分别为

$$\begin{aligned}\boldsymbol{R}_0&=P_0-P_{-1}\\ \boldsymbol{R}_1&=P_2-P_1\end{aligned} \tag{5-20}$$

若要通过一组型值点绘制 Hermite 曲线连接而成的样条曲线,就需要给出所有型值点处的切线矢量,这通常采用"三点法"或"五点法"来解决。这里给出"三点法"的处理过程。

假设 $P_i(x_i,y_i)$点的切线方向与该点的两个相邻点 $P_{i-1}(x_{i-1},y_{i-1})$、$P_{i+1}(x_{i+1},y_{i+1})$的连线方向一致,即 $P_i(x_i,y_i)$点处的斜率为:

$$\tan\theta_i=\frac{y_{i+1}-y_{i-1}}{x_{i+1}-x_{i-1}} \tag{5-21}$$

而斜率是切线矢量的 y 分量与 x 分量之比,即

$$\tan\theta_i=\frac{R_y}{R_x}=k\cdot\frac{\mathrm{d}y}{\mathrm{d}t}/k\cdot\frac{\mathrm{d}x}{\mathrm{d}t}(k\ 为正的比例因子),$$

则

$$\boldsymbol{R}_y=\boldsymbol{R}_x\cdot\tan\theta_i \tag{5-22}$$

不妨令 $\boldsymbol{R}_x$ 为某一实数(如 1.0),则可求出 $\boldsymbol{R}_y$,这样就确定了一个点处的切线矢量。

另外,需要在型值点序列中的第一个点 P_0 之前和最后一个点 P_n 之后各补充一个点,用来求 P_0、P_n 处的切线矢量。如可令新增的点 P_{-1} 与原型值点满足以下的条件:

$$P_0 - P_{-1} = P_1 - P_0 \text{ 或 } P_1 - P_{-1} = P_2 - P_0 \tag{5-23}$$

5.2.6　三次 Hermite 曲线的算法示例(C++语言)

```
class Point   //点类
{
    Double x,y;
    Point(double vx, double vy)
    {
      This. x = vx;
      This. y = vy;
    }
    Point operator - (Point p)   //重载运算符“-”
    {
      Return new Point(x-p. x , y-p. y);
    }
}
//在 p1 和 p2 之间绘制一条 Hermite 曲线
//p1 - p0 为 p1 处的切线矢量,p3 - p2 为 p2 处的切线矢量
//参数区间[0,1]被离散为 count 份
Void HermiteCurve(Point p0,Point p1,Point p2,Point p3,int count)
{
    Point r1,r2; //切线矢量
      r1 = p1 - p0; //调用重载运算符“-”
      r2 = p3 - p2;
      double t = 0. 0;
      dt = 1. 0 / count;
      moveto(p1. x,p1. y); //设置起点
      for(int i = 0; i<count + 1; i + + )
      {
      double tt = t * t;
      double ttt = tt * t;
      double F1,F2,F3,F4; //调和函数
      F1 = 2 * ttt - 3 * tt + 1;
      F2 = -2 * ttt + 3 * tt;
      F3 = ttt - 2 * tt + t;
      F4 = ttt - tt;
      double x = p1. x * F1 + p2. x * F2 + r1. x * F3 + r2. x * F4;
      double y = p1. y * F1 + p2. y * F2 + r1. y * F3 + r2. y * F4;
      lineto(x,y);
```

```
        t + = dt;
    }
}
```

5.3 连续三次参数样条曲线

可以用 Hermite 三次参数曲线来描述传统的样条曲线。

5.3.1 Hermite 曲线的二阶导数

Hermite 曲线可以写成由其调和函数构成的表达式(唐泽圣 等,1995):

$$Q(u)=F_{h1}(u)Q(0)+F_{h2}(u)Q(1)+F_{h3}(u)Q'(0)+F_{h4}(u)Q'(1) \tag{5-24}$$

式中:$P_0=Q(0)$,$P_1=Q(1)$,$R_0=Q'(0)$,$R_1=Q'(1)$。

对上式两端求导数,得其一阶导数函数:

$$Q'(u)=F'_{h1}(u)Q(0)+F'_{h2}(u)Q(1)+F'_{h3}(u)Q'(0)+F'_{h4}(u)Q'(1) \tag{5-25}$$

再次求导得其二阶导数函数:

$$Q''(u)=F''_{h1}(u)Q(0)+F''_{h2}(u)Q(1)+F''_{h3}(u)Q'(0)+F''_{h4}(u)Q'(1) \tag{5-26}$$

因为

$$F''_{h1}(u)=12u-6$$
$$F''_{h2}(u)=-12u+6$$
$$F_{h3}(u)=6u-4$$
$$F_{h4}(u)=6u-2$$

将 $u=0$ 和 $u=1$ 代入,则

$$\begin{aligned} Q''(0)&=-6Q(0)+6Q(1)-4Q'(0)-2Q'(1)\\ Q''(1)&=6Q(0)-6Q(1)+2Q'(0)+4Q'(1) \end{aligned} \tag{5-27}$$

5.3.2 连续的三次参数样条曲线

若给出曲线上的顶点序列 $P_1,P_2,P_3,\cdots,P_{i-1},P_i,P_{i+1},\cdots,P_n$,要求将一系列 Hermite 三次参数曲线段连接起来,使其通过顶点序列,构成一条三次参数样条曲线,且在所有曲线的连接处都具有位置、切线向量、二阶导数的连续性。

唐泽圣等(1995)假定上述点列中每相邻两点 $P_i,P_{i+1}(1\leqslant i\leqslant n-1)$,组成一段 Hermite 曲线的起点和终点,那么,n 个点共形成 $n-1$ 段曲线,第 i 段曲线的两端点分别为 P_i 和 P_{i+1}。

因为第 i 段 Hermite 曲线的两个端点处的二阶导数为:

$$\begin{aligned} P''_i&=-6P_i+6P_{i+1}-4P'_i-2P'_{i+1}\\ P''_{i+1}&=6P_i-6P_{i+1}+2P'_i+4P'_{i+1} \end{aligned} \tag{5-28}$$

而对第 $i+1$ 段 Hermite 曲线,则将上面两式的所有下标加 1 就会得到以下类似的式子:

$$\begin{aligned} P''_{i+1}&=-6P_{i+1}+6P_{i+2}-4P'_{i+1}-2P'_{i+2}\\ P''_{i+2}&=6P_{i+1}-6P_{i+2}+2P'_{i+1}+4P'_{i+2} \end{aligned} \tag{5-29}$$

因为相邻曲线段的公共端点处的二阶导数连续,故第 i 段的 P''_{i+1} 和第 $i+1$ 段的 P''_{i+1} 应相

等，即

$$6P_i - 6P_{i+1} + 2P'_i + 4P'_{i+1} = -6P_{i+1} + 6P_{i+2} - 4P'_{i+1} - 2P'_{i+2} \tag{5-30}$$

化简后得：

$$P'_i + 4P'_{i+1} + P'_{i+1} = 3(P_{i+2} - P_i) \tag{5-31}$$

对于 n 个点，可以得出 $n-2$ 个类似的方程，即 $1 \leqslant i \leqslant n-2$，但这些方程中含有 n 个未知数。为了求解这组联立方程，还需要增加两个边界条件，即给出整条三次参数曲线的起点处和终点处的切线向量和二阶导数。常用的边界约束条件有自由端、夹持端和抛物端。

自由端，指两端点处的二阶导数为零，即 $P''_i = P''_n = 0$。

由 $\begin{matrix} P''_i = -6P_i + 6P_{i+1} - 4P'_i - 2P'_{i+1} \\ P''_{i+1} = 6P_i - 6P_{i+1} + 2P'_i + 4P'_{i+1} \end{matrix}$ 得：

$$2P'_1 + P'_2 = 3(P_2 - P_1) \tag{5-32}$$

$$P'_{n-1} + 2P'_n = 3(P_n - P_{n-1}) \tag{5-33}$$

联立(5-31)、(5-32)、(5-33)三式，可写出自由端三次参数样条曲线的矩阵表示式：

$$\begin{bmatrix} 2 & 1 & 0 & 0 & \cdots & 0 \\ 1 & 4 & 1 & 0 & \cdots & 0 \\ 0 & 1 & 4 & 1 & \cdots & 0 \\ \vdots & \vdots & \vdots & \vdots & \vdots & \vdots \\ 0 & 0 & \cdots & 1 & 4 & 1 \\ 0 & 0 & \cdots & 0 & 1 & 2 \end{bmatrix} \begin{bmatrix} P'_1 \\ P'_2 \\ P'_3 \\ \vdots \\ P'_{n-1} \\ P'_n \end{bmatrix} = \begin{bmatrix} 3(P_2 - P_1) \\ 3(P_3 - P_1) \\ 3(P_4 - P_2) \\ \vdots \\ 3(P_n - P_{n-2}) \\ 3(P_n - P_{n-1}) \end{bmatrix} \tag{5-34}$$

夹持端，根据实际问题的要求，给出两端的切线向量，即 $\boldsymbol{P}'_1 = k_1\boldsymbol{E}_1$，$\boldsymbol{P}'_n = k_n\boldsymbol{E}_n$。其中 $\boldsymbol{E}_1$ 和 $\boldsymbol{E}_n$ 为单位向量，于是可写出夹持端三次参数样条曲线的矩阵表示式：

$$\begin{bmatrix} 1 & 0 & 0 & 0 & \cdots & 0 \\ 1 & 4 & 1 & 0 & \cdots & 0 \\ 0 & 1 & 4 & 1 & \cdots & 0 \\ \vdots & \vdots & \vdots & \vdots & \vdots & \vdots \\ 0 & 0 & \cdots & 1 & 4 & 1 \\ 0 & 0 & \cdots & 0 & 0 & 1 \end{bmatrix} \begin{bmatrix} P'_1 \\ P'_2 \\ P'_3 \\ \vdots \\ P'_{n-1} \\ P'_n \end{bmatrix} = \begin{bmatrix} k_1E_1 \\ 3(P_3 - P_1) \\ 3(P_4 - P_2) \\ \vdots \\ 3(P_n - P_{n-2}) \\ k_nE_n \end{bmatrix} \tag{5-35}$$

抛物端，假设第 1 段和最后一段为抛物线，即此二段曲线的二阶导数为常数，即 $P''_1 = P''_2$，$P''_{n-1} = P''_n$。因此，可得出如下关系式：

$$\begin{aligned} \boldsymbol{P}'_1 + \boldsymbol{P}'_2 &= 2(\boldsymbol{P}_2 - \boldsymbol{P}_1) \\ \boldsymbol{P}'_{n-1} + \boldsymbol{P}'_n &= 2(\boldsymbol{P}_n - \boldsymbol{P}_{n-1}) \end{aligned} \tag{5-36}$$

于是可写出抛物端三次参数样条曲线的矩阵表达式：

$$\begin{bmatrix} 1 & 1 & 0 & 0 & \cdots & 0 \\ 1 & 4 & 1 & 0 & \cdots & 0 \\ 0 & 1 & 4 & 1 & \cdots & 0 \\ \vdots & \vdots & \vdots & \vdots & \vdots & \vdots \\ 0 & 0 & \cdots & 1 & 4 & 1 \\ 0 & 0 & \cdots & 0 & 1 & 1 \end{bmatrix} \begin{bmatrix} P'_1 \\ P'_2 \\ P'_3 \\ \vdots \\ P'_{n-1} \\ P'_n \end{bmatrix} = \begin{bmatrix} 2(P_2 - P_1) \\ 3(P_3 - P_1) \\ 3(P_4 - P_2) \\ \vdots \\ 3(P_n - P_{n-2}) \\ 2(P_n - P_{n-1}) \end{bmatrix} \tag{5-37}$$

以上三组矩阵式的右侧全部是型值点的表达式，为已知值。因此，只要采用追赶法求解以上矩阵式，可得出各型值点处的切线向量 $\boldsymbol{P}_i'(1\leqslant i\leqslant n)$，然后将各点的切线向量连同位置矢量 $\boldsymbol{P}_i(1\leqslant i\leqslant n)$ 依次分段代入 Hermite 三次参数曲线方程绘制曲线就可实现曲线的平滑绘制。

5.4 分段三次多项式平滑法

假定在相邻两个节点 $P_i(x_i, y_i)$ 和 $P_{i+1}(x_{i+1}, y_{i+1})$ 之间拟合一条三次曲线 $f(x)$，并且要求它通过这两个节点，同时要求它在节点 P_i 和 P_{i+1} 上的导数等于给定值，即

$$y_i = f(x_i) \quad y_{i+1} = f(x_{i+1})$$
$$y_i' = f'(x_i) \quad y_{i+1}' = f'(x_{i+1})$$

根据这四个等式，就能确定三次多项式 $f(x)$ 中的全部参数。一般三次多项式用参数方程表示为

$$\begin{cases} x = a_0 + a_1 u + a_2 u^2 + a_3 u^3 \\ y = b_0 + b_1 u + b_2 u^2 + b_3 u^3 \end{cases} \tag{5-38}$$

式中：$u\in[0,1]$ 为参数，a_i，b_i 为待定系数，当参数 u 从 0 变到 1 时，曲线从点 P_i 移动到点 P_{i+1}。假定曲线在节点 P_i，P_{i+1} 上的切线斜率分别为 $\tan\theta_i$ 与 $\tan\theta_{i+1}$，因此

当 $u=0$ 时 $x=x_i, y=y_i, \dfrac{\mathrm{d}x}{\mathrm{d}u}=r\cos\theta_i, \dfrac{\mathrm{d}y}{\mathrm{d}u}=r\sin\theta_i$

当 $u=1$ 时 $x=x_{i+1}, y=y_{i+1}, \dfrac{\mathrm{d}x}{\mathrm{d}u}=r\cos\theta_{i+1}, \dfrac{\mathrm{d}y}{\mathrm{d}u}=r\sin\theta_{i+1}$

根据以上条件就能确定待定常数：

$$a_0 = x_i$$
$$a_1 = r\cos\theta_i$$
$$a_2 = 3(x_{i+1} - x_i) - r(\cos\theta_{i+1} + 2\cos\theta_i)$$
$$a_3 = -2(x_{i+1} - x_i) + r(\cos\theta_{i+1} + \cos\theta_i)$$
$$b_0 = y_i$$
$$b_1 = r\sin\theta_i$$
$$b_2 = 3(y_{i+1} - y_i) - r(\sin\theta_{i+1} + 2\sin\theta_i)$$
$$b_3 = -2(y_{i+1} - y_i) + r(\sin\theta_{i+1} + \sin\theta_i)$$
$$r = \sqrt{(x_{i+1} - x_i)^2 + (y_{i+1} - y_i)^2}$$

因此，只要给出斜率 $\tan\theta_i$ 与 $\tan\theta_{i+1}$ 就能唯一地确定参数方程的所有系数。这与 Hermite 曲线是类似的。如果给出所有型值点上的切线斜率，依次在每相邻两个型值点间绘制分段三次曲线，就可绘出一整条通过所有型值点的光滑曲线。由于共享同一型值点的两条曲线段在该型值点处的切线斜率相等，因此分段三次多项式曲线满足一阶导数连续。

常用“三点法”和“五点法”给出各型值点上的斜率（龚健雅，2001）。

（1）三点法

即假设某一采样点 $P_i(x_i, y_i)$ 上的切线垂直于两个相邻点的角分线：$P_{i-1}(x_{i-1}, y_{i-1})$ 与 $P_{i+1}(x_{i+1}, y_{i+1})$ 的张角的角平分线，即点 P_i 处的切线方向角为：

$$\theta_i = \frac{\pi}{2} + \frac{1}{2}\left(\arctan\frac{y_{i+1}-y_i}{x_{i+1}-x_i} + \arctan\frac{y_i-y_{i-1}}{x_i-x_{i-1}}\right) \tag{5-39}$$

另一种方法是：假设 $P_i(x_i, y_i)$ 点的切线方向与该点的两个相邻点 $P_{i-1}(x_{i-1}, y_{i-1})$、$P_{i+1}(x_{i+1}, y_{i+1})$ 的连线方向一致，即：

$$\theta_i = \arctan\frac{y_{i+1}-y_{i-1}}{x_{i+1}-x_{i-1}} \tag{5-40}$$

(2)五点法一

型值点 P_i 处的切线斜率 $\tan\theta_i$ 由 P_{i-2}、P_{i-1}、P_i、P_{i+1}、P_{i+2} 五点确定，以此类推。设 P_i、P_{i+1} 的连线斜率为 k_i，则拟合后两点处的切线斜率为：

$$\begin{aligned}\tan\theta_i &= \frac{|k_{i+1}-k_i|\cdot k_{i-1} + |k_{i-1}-k_{i-2}|\cdot k_i}{|k_{i+1}-k_i| + |k_{i-1}-k_{i-2}|} \\ \tan\theta_{i+1} &= \frac{|k_{i+2}-k_{i+1}|\cdot k_i + |k_i-k_{i-1}|\cdot k_{i+1}}{|k_{i+2}-k_{i+1}| + |k_i-k_{i-1}|}\end{aligned} \tag{5-41}$$

需要指出的是，为了计算曲线上最前两点和最后两点的切线斜率，必须按某种规则在前后分别补两个点，比如可以使所补的两点与曲线的首(或尾)3点位于同一抛物线上。设拟合曲线最末尾的连续3点分别为 $P_i(x_i, y_i)$、$P_{i+1}(x_{i+1}, y_{i+1})$、$P_{i+2}(x_{i+2}, y_{i+2})$，所补的两点依次为 $P_{i+3}(x_{i+3}, y_{i+3})$、$P_{i+4}(x_{i+4}, y_{i+4})$，需要满足：

$$\begin{aligned}x_{i+4}-x_{i+2} &= x_{i+3}-x_{i+1} = x_{i+2}-x_i \\ k_{i+3}-k_{i+2} &= k_{i+2}-k_{i+1} = k_{i+1}-k_i\end{aligned} \tag{5-42}$$

(3)五点法二(Akima法)

Akima法由5个相邻点 $P_k(x_k, y_k)(k=i-2, i-1, i, i+1, i+2)$ 解算曲线在 $P_i(x_i, y_i)$ 点的斜率，它是以 P_i 为端点的两弦斜率的加权平均值，其权为 P_r 和 P_l。权 P_r 等于 P_i 点之前两弦斜率差的绝对值，P_l 为 P_i 点之后两弦斜率差的绝对值：

$$\tan\theta_i = \frac{P_l\tan\frac{y_{i+1}-y_i}{x_{i+1}-x_i} + P_r\tan\frac{y_i-y_{i-1}}{x_i-x_{i-1}}}{P_l+P_r} \tag{5-43}$$

其中：

$$\begin{aligned}P_l &= \left|\tan\frac{y_i-y_{i-1}}{x_i-x_{i-1}} - \tan\frac{y_{i-1}-y_{i-2}}{x_{i-1}-x_{i-2}}\right| \\ P_r &= \left|\tan\frac{y_{i+2}-y_{i+1}}{x_{i+2}-x_{i+1}} - \tan\frac{y_{i+1}-y_i}{x_{i+1}-x_i}\right|\end{aligned} \tag{5-44}$$

第 6 章　地球信息可视化

地球信息的可视化是以图形和图像方式实现可视化浏览、人机交互，是现代地球科学研究所依赖的基础技术和基本工具。相关的数学原理是开发地图软件和科学绘图软件的基础。地球信息的可视化和交互涉及三个不同的层次：最基础的层次是数据展示，即以某种图形和图像形式将地球数据信息展现出来，这需要一个从地球数据文件到图形图像的转换过程；第二个层次是数据浏览，是指将地球数据信息与海陆边界和行政区边界匹配显示，并能实现拖动平移和缩放变换等人机交互，这涉及一系列坐标变换的过程；第三个层次是图像编辑，如实现图元的拾取等功能，这涉及一些基于几何信息的数据检索。

6.1　地球数据的彩色渲染

各类地球信息有的是真实的彩色图片，但大多数是抽象的物理量（如高程、气压等），并不具有颜色特征。为了能够展示出来，需要为其生成一套易于人眼识别的彩色系统。最常见的处理是将物理量根据其数值大小生成不同的色阶。对于栅格数据，生成色阶后会变成伪彩色图像；而对于矢量图形，也可以用类似的伪彩色表达出来。有时为了将三幅不同的物理量实现组合显示，还可以根据红、绿、蓝三基色合成假彩色图像。通过地球数据的彩色渲染，将原有的数据显示为彩色图形或者图像。有时为了显示物理量的高低对比状况，也可以基于虚拟的光照原理将物理量场渲染成一种能够以明暗阴影和不同亮度显示高低起伏的图片。

在现代计算机中都是采用红、绿、蓝三个通道的合成来体现各种彩色，这种表示彩色的模型即 RGB 颜色模型。每个通道的色阶分为 256 级，因此由一个比特表示就够了，三个通道需三个比特。另外，人们又加了一个比特，用于表示颜色的透明度，即 alpha 通道。这四个通道合计占用 4 个比特，共 32 个位，构成了 32 位真彩色模型。因此，为了渲染各种地球数据，需要采用一些变换，将某些有意义的属性映射到 256 级的色阶上来。

6.1.1　伪彩色创建

人眼能分辨的灰度级只有十几级到二十几级，但对不同亮度和色调的彩色分辨能力则敏锐得多。利用视觉系统的这一特性，将普通栅格资料变成彩色图像，会改善图像的可分辨性。因此，人们倾向于使用不同色阶或渐变颜色代表不同等级的数值来绘制彩色图，这种将单一物理量的数据转换为彩色显示的过程叫作伪彩色变换。可以将这一技术用于栅格资料的处理，也可以用于散点数据。

假如栅格资料的数值范围在 $N \sim M(M>N)$之间，我们可以把这幅栅格图片生成一幅渐变彩图。随栅格值的逐渐增大，颜色的渐变过程等分为五段：从黑至蓝、从蓝至绿、从绿至黄、从黄至红和从红至白。

令 $d=(M-N)/5$，用 $\rho(x)$表示一个 0～1 之间的颜色渐变控制函数，则由栅格中的数值

x 进行伪彩色变换的公式如下：

从黑至蓝

$$\begin{cases} \rho(x) = \dfrac{x - N}{d} \\ r(x) = 0 \\ g(x) = 0 \\ b(x) = 255 \cdot \rho(x) \end{cases} \quad 0 < x < N + d \tag{6-1}$$

从蓝至绿

$$\begin{cases} \rho(x) = \dfrac{x - (N + d)}{d} \\ r(x) = 0 \\ g(x) = 255\rho(x) \\ b(x) = 255 \cdot [1 - \rho(x)] \end{cases} \quad N + d < x < N + 2d \tag{6-2}$$

从绿至黄

$$\begin{cases} \rho(x) = \dfrac{x - (N + 2d)}{d} \\ r(x) = 255 \cdot \rho(x) \\ g(x) = 255 \\ b(x) = 0 \end{cases} \quad N + 2d < x < N + 3d \tag{6-3}$$

从黄至红

$$\begin{cases} \rho(x) = \dfrac{x - (N + 3d)}{d} \\ r(x) = 255 \\ g(x) = 255 \cdot [1 - \rho(x)] \\ b(x) = 0 \end{cases} \quad N + 3d < x < N + 4d \tag{6-4}$$

从红至白

$$\begin{cases} \rho(x) = \dfrac{x - (N + 4d)}{d} \\ r(x) = 255 \\ g(x) = 255 \cdot \rho(x) \\ b(x) = 255 \cdot \rho(x) \end{cases} \quad N + 4d < x < M \tag{6-5}$$

上述函数不仅可以生成连续的渐变色，也可以将不连续的 x 值序列生成不同等级的色阶。

6.1.2　假彩色合成算法

假彩色合成是将多种不同的变量（或波段），分别按照数值大小映射至红、绿、蓝三种基色，假彩色增强目的是通过彩色来展示信息。应用例子包括对遥感多光谱资料进行彩色合成，或者是对不同的气象格点化资料进行彩色合成。

最常见的处理是一个变量对应一种基色，三个变量就能合成一幅假彩色图。

$$R_F = f_R\{g_1\}$$
$$G_F = f_G\{g_2\}$$
$$B_F = f_B\{g_3\}$$

假定一种变量 x 的数值范围为 $N \sim M$，要将它线性映射到红基色，则可以采用公式

$$R_F = 255(x - N)/(M - N) \tag{6-6}$$

除了对三种变量分别映射为三基色外，超过 3 种变量时，也可以采用类似于主成分变换的方式，用三种变量代替原有的多种变量，映射至彩色空间中。可表示为

$$\begin{aligned} R_F &= f_R\{g_1, g_2, \cdots, g_i, \cdots\} \\ G_F &= f_G\{g_1, g_2, \cdots, g_i, \cdots\} \\ B_F &= f_B\{g_1, g_2, \cdots, g_i, \cdots\} \end{aligned} \tag{6-7}$$

式中：g_i 表示第 i 波段图像。f_R、f_G、f_B 表示通用的函数运算，R_F、G_F、B_F 为合成后的三基色分量。

6.1.3 虚拟光照

漫反射光照算法可用于渲染地形曲面在光照条件下的地势起伏效果。漫反射光是由物体表面的粗糙不平引起的，它均匀地向各方向传播，与视点无关。记入射光强为 I_p，物体表面上点 P 的法向量为 $\boldsymbol{N}$，从点 P 指向光源的向量为 $\boldsymbol{L}$，两者间的夹角为 θ，如图 6.1 所示。由 Lambert 余弦定律，则漫反射光强为：

$$I_d = I_p \cdot K_d \cdot \cos(\theta), \quad \theta \in (0, \frac{\pi}{2}) \tag{6-8}$$

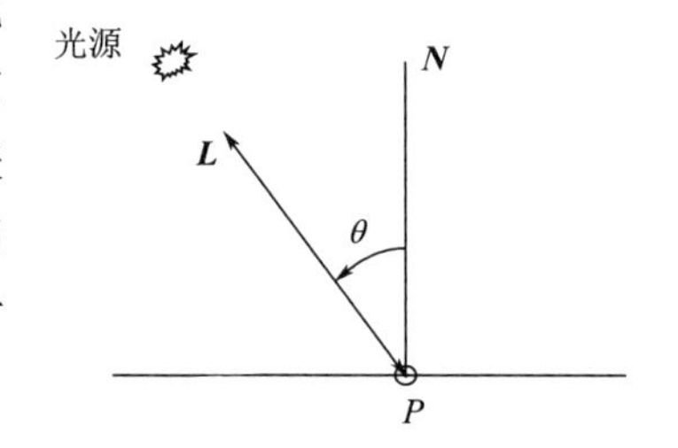

图 6.1 P 点处的单位法向量 $\boldsymbol{N}$ 和 P 到点光源的单位向量 $\boldsymbol{L}$ 之间的夹角 θ

式中：K_d 是与物体有关的漫反射系数，$0 < K_d < 1$。当 $\boldsymbol{L}$、$\boldsymbol{N}$ 为单位向量时，上式也可用如下形式表达：

$$I_d = I_p K_d \cdot (\boldsymbol{L} \cdot \boldsymbol{N}) \tag{6-9}$$

在实际应用中，可以假定虚拟的光源入射向量为 $\boldsymbol{L}$，该向量在整个场景中可以设为一个固定值。而地表的法向却因起伏而处理不同，法向的计算可以通过三角化面片的三个顶点来估出，对于规则矩形格网，则可以将每四个顶点（像元）组成的矩形分成两个三角形，从而产生每个三角形的法向。

6.2 图形显示流水线

将已经生成的图形图像按照坐标信息显示到显示设备窗口（简称视口）的过程，需要经过一个流水线处理：(1)图形（世界坐标系）—视口（窗口坐标系）之间的坐标变换；(2)图形裁剪。这是一个计算机图形学中的完整流水线，但也可以简化掉其中的一部分。图形的平移和缩放是通过改变视点中心和缩放比来实现的。

6.2.1 视点和缩放比

给定世界坐标系中的一个视点和一个缩放比（比例尺），就可以确定从世界坐标系到视口

坐标系的变换规则。

世界坐标系与视口坐标系之间的比例关系：

$$d_w = d_v r \tag{6-10}$$

r 为缩放比例，d_w 是世界坐标系下的距离，d_v 是视口坐标系下的距离。

视点是世界坐标系中的一个可以不停变化的位置(x_0, y_0)，它在视口坐标系中的位置是固定于视口中心。假定视口的高度为 H，宽度为 W，则视口中心就位于视口的$(W/2, H/2)$位置上。视口坐标的原点通常是左上角点，视口坐标系的纵坐标是自上而下增加。而世界坐标系的纵坐标通常是自下而上的增加(图 6.2)。

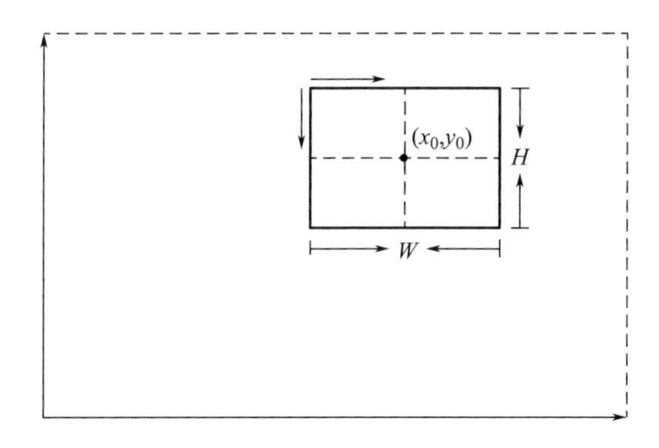

图 6.2 世界坐标系与视口坐标系

6.2.2 从世界坐标系到屏幕坐标系

世界坐标系中的任意点(x_w, y_w)从世界坐标系至视口坐标系对应点(x_v, y_v)，需要计算该点到视点的距离，然后将该距离进行缩放后放置至相对于视口中心的位置上。我们把该变换过程叫作图视变换(MapToScreen)

$$x_v = (x_w - x_0)/r + \frac{W}{2} \tag{6-11}$$

当视口坐标系的原点设置在左上角时，

$$y_v = -(y_w - y_0)/r + \frac{H}{2} \tag{6-12}$$

当视口坐标系的原点设置在左下角时，

$$y_v = (y_w - y_0)/r + \frac{H}{2} \tag{6-13}$$

6.2.3 从屏幕坐标系至世界坐标系

当用户在屏幕上选定一个位置进行操作时，该屏幕位置需要映射至世界(即地图)坐标系下才能进行地图的操作处理。转换过程是图视变换的逆变换(Screen to Map)，包括：计算屏幕上的点相对于视口中心的距离，将此距离进行缩放后得到世界坐标系中的距离：

$$x_w = \left(x_v - \frac{W}{2}\right) \cdot r + x_0 \tag{6-14}$$

当视口坐标系的原点设置在左下角时，

$$y_w=\left(y_v-\frac{H}{2}\right)\cdot r+y_0 \tag{6-15}$$

当视口坐标系的原点设置在左上角时，

$$y_w=-\left(y_v-\frac{H}{2}\right)\cdot r+y_0 \tag{6-16}$$

6.2.4 平移与缩放

地图的拖放本质上就是将对视口中坐标系的平移反馈到对世界坐标系中视点的平移，即实际上只需更新视点的坐标即可。用鼠标左键按下时进入拖放状态，这时需要记录屏幕坐标系下鼠标指针所在的位置，作为拖放的起始位置；当保持按下状态并移动鼠标指针时，跟踪指针的新位置，并计算与拖放起始位置之间的坐标偏差；当松开鼠标左键时完成拖放，将当前指针与起始位置之间的偏差作为拖放距离(包括横向和纵向两个分量，用 d_x 和 d_y 表示)。将拖放距离转换为世界坐标系下的视点位移量，更新视点坐标：

$$X_0=x_0+d_x\cdot r \tag{6-17}$$

$$Y_0=y_0+d_y\cdot r \tag{6-18}$$

当对地图进行缩放显示时，只需要修改缩放比 r 的值后重新绘制即可。当 r 变小时，原有地图显示会被放大(视图中显示的范围变小)，当 r 变大时，原有地图显示会被缩小。

6.2.5 图形裁剪

在屏幕上绘制矢量图形的一部分时，可以预先排除掉位于屏幕以外的部分再进行绘制，从而节约绘制所用的计算消耗。对于折线上每一个直线段可以分别进行判断，它若不满足与窗口相交的条件，就直接舍弃掉。

如果世界坐标系与窗口坐标系都是二维平面坐标系，图形的裁剪可以在世界坐标系下直接完成，这样的好处是在进行任何坐标变换之前即可以立即排除掉那些不需要显示的部分。这样，裁剪窗口是将视口从屏幕坐标系映射至世界坐标系的窗口。如果世界坐标系与窗口坐标系之间存在着非线性的变换关系，则只能在视窗坐标系下实施裁剪。

一种最简单的方法是判断线段的两端点是否都在窗口内，若是，则显示该线段，若否，则不显示。这个方法的缺点是所有那些与窗口棱边相交的线段都不会显示出来，但是若系统的图形显示要求不高，这种方法也是可行的。

若图形显示要求较高，则需要对那些与窗口棱边相交的线段进行剪切。具体的高效裁剪算法有 Cohen-Sutherland 算法、Liang-Barsky 算法和中点裁剪法等(可参照计算机图形学方面的一些教科书)。

6.2.6 图形绘制

在计算机上绘制矢量图形时，由于涉及大量的线段生成、线段和多边形的裁剪、多边形填充、纹理映射、颜色生成和光照强度等计算耗时较多的步骤，如果直接在屏幕上绘制，可能会产生图形陆续出现的残缺效果，画面显得较为凌乱、闪烁。为了避免这个问题，可以预先将这些矢量图形的生成过程绘制在一张内存中的后台画布上，当所有图形的绘制完成时将画布直接展示在屏幕上，这时用户的肉眼会误以为屏幕是在瞬间被刷新了，立即看到的是完整的画面。

需要说明的是，在计算机上绘制与屏幕分辨率完全一致的位图时，其绘制效率要比绘制矢量图形快速得多。这张后台画布即为内存中的缓存位图，它的尺寸可大可小，但最好与当前屏幕显示区域尺寸相同。这就是缓存刷新技术。

下面给出 C＃语言以 GDI＋库基础上实现双缓存图形绘制的方法。

```
Graphic g = ViewControl.CreateGraphic()；//窗口绘图区控件的画板
Bitmap backImage = new Bitmap(ViewControl.Rect)；//生成一幅后台位图画板
Graphic g2 = backImage.CreateGraphic()；
    用 g2 绘制所有图形 …
    …
g.drawImage(backImage)  //将后台位图绘制在控件中
```

如果将图形间隔固定时间重新绘制一次，就会形成动态图像，即动画。在科学计算中，可以利用动画技术来显示出地球上各种现象随时间演变的过程。

6.3 图形交互技术

6.3.1 图形拾取

选择，也就是图形拾取。在一些以矢量图形格式为主的软件中，从图元集合中选出一个或多个图元(或图组)是一个基本任务。选择操作的方式很多，如可以用鼠标设备定位到待选图元的位置后确认选择，也可以在标识各图元代号(如 ID 号)的列表中选择图元代号。拾取的对象可能是一个图元、多个图元的组合，或者图元中用于编辑的一部分。拾取后的图形一般要高亮显示或显示其特征点，以强调图形处于选中状态。

常用的二维图形的拾取方法有点拾取、线拾取、多边形拾取等方法。下面只介绍点拾取方法。

点拾取指在待选中的图形附近位置上按下鼠标键或键盘键来发送选中命令。图元或图组是否能被选中仍需要计算机进行判断。对于点图元、线图元、面状图元和图组，选中判断的算法有所不同。

(1)点图元的点拾取

点图元的点拾取可以通过计算图元与选择点的距离来判断(图 6.3)。设 $P(X_P, Y_P)$ 为待判断的点图元，$S(X_S, Y_S)$ 为选择点的坐标，若

$$d=\sqrt{(X_P-X_S)^2+(Y_P-Y_S)^2}<\varepsilon \tag{6-19}$$

(ε 为选择阈值)

则点图元被选中。为了减少计算量，可以将上面的距离计算中的开平方舍去。

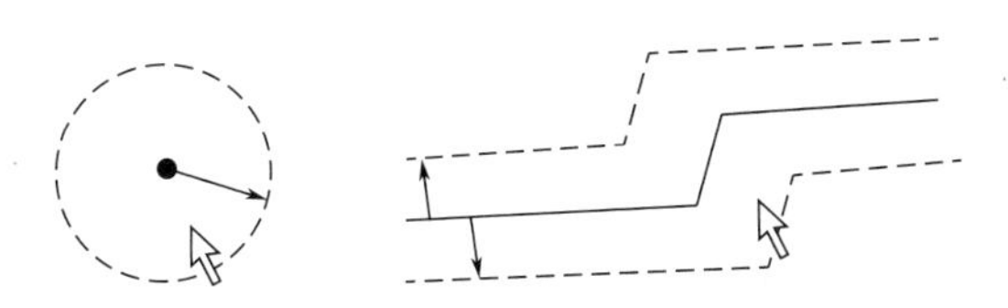

图 6.3 点状图元和面状图元的拾取范围

(2)线图元的点拾取

线图元一般指直线或折线。线图元的点拾取可以通过计算选择点与线图元的距离来判断。采用与点图元的点拾取类似的距离判别法,只要线图元中的某一直线段与选择点之间距离小于某一阈值,则该线图元素被选中(图 6.4)。下面给出计算线图元中某一直线段与选择点之间的距离计算公式。设有一直线段 L,两端点的坐标为(x_A,y_A)和(x_B,y_B),选择点 P 的坐标为(x_P,y_P),则点 P 到直线 L 的线距离为

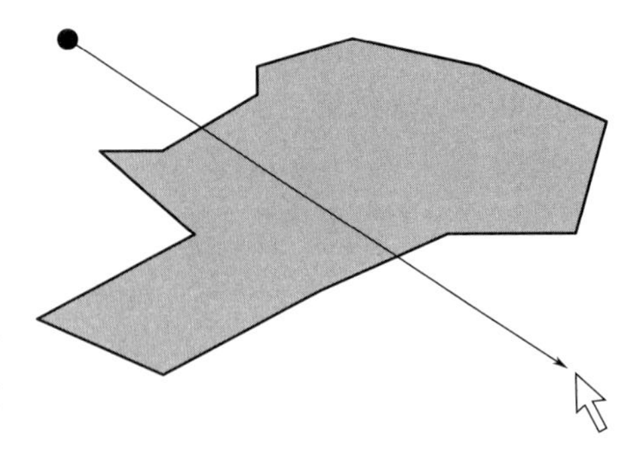

图 6.4 用直线选取多边形图元

$$D=\frac{|ax_p+by_p+c|}{\sqrt{a^2+b^2}} \tag{6-20}$$

根据解析几何直线方程可得

$$D=\frac{|y_Bx_P-y_Ax_P+x_Ay_P-x_By_P+y_Ax_B-x_Ay_B|}{\sqrt{(y_A-y_B)^2+(x_A-x_B)^2}} \tag{6-21}$$

(3)面状图元的点拾取

面状图元包括圆、矩形和多边形。面状图元的点拾取是通过判断选择点是否位于多边形图元内部来决定的(图 6.5)。对于圆和矩形图元,判断选择点是否在其中的方法较为容易,读者可自行思考。

而判断多边形是否被选中的方法则可以采用判断点是否在多边形以内的算法来解决。即当鼠标的点击位置处于多边形以内时,该多边形即被选中了。

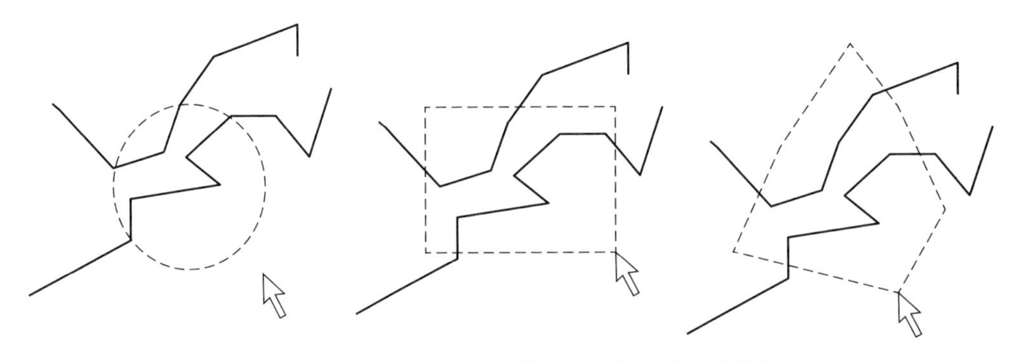

图 6.5 基于圆、矩形、多边形(从左到右)的图形拾取

6.3.2 "橡皮筋"技术

"橡皮筋"指在绘图时跟随光标的直线和曲线,当光标移动时形状随之变化。如用鼠标绘制直线时,直线的起点确定后,会产生一条从起点到光标当前位置的"橡皮筋"直线,它会随着光标移动,只有当直线的终点确定后这条"橡皮筋"就会"固化"为直线。"橡皮筋"也可以扩展为矩形、椭圆、圆、样条曲线等任意图形。

采用"橡皮筋"技术可以使绘图过程变得很直观,增强了绘图者的操作决策效率。

要实现"橡皮筋"技术,需要结合双缓存技术。当鼠标在屏幕上移动时,这时需要擦除掉上一时刻双缓存时留下的"橡皮筋"痕迹,以免弄花屏幕。清除的方法是,预先将待绘制的所有图

形全部绘制在备用缓存位图(即画布,与当前屏幕区域大小完全相同)上,当光标在屏幕上每移动一个位置,系统就直接将缓存位图绘制在屏幕上,这样屏幕上只能看到缓存位图上的图形,原来显示的"橡皮筋"痕迹就被覆盖掉了(图 6.6)。

假定软件系统已进行图形编辑态,举例说明具体的做法。

第一步,当鼠标左键在屏幕某处按下后,系统记录下该位置,把它作为折线上的首点(前一点);

第二步,当鼠标滑动时,系统除了要显示之前屏幕上的所有图元外,还得显示前一点至当前滑动位置的"橡皮筋"(为直线段,显示为虚线),顺便清除掉之前的"橡皮筋"。该步可以归结为两个处理,即先将缓存位图绘制到屏幕上,再绘制"橡皮筋"线段;

第三步,当鼠标被再次按下时,"橡皮筋""固化"为实线,新的位置也被记录下来作为折线上的新点。这时需要将已固化的实线以及屏幕上其他已有图元一并绘制在缓存位图上。注意在缓存位图上绘制前,必须将它清理为背景色。

第四步,当鼠标再次滑动时,新点就作为"橡皮筋"的起点,并使用新的缓存位图。

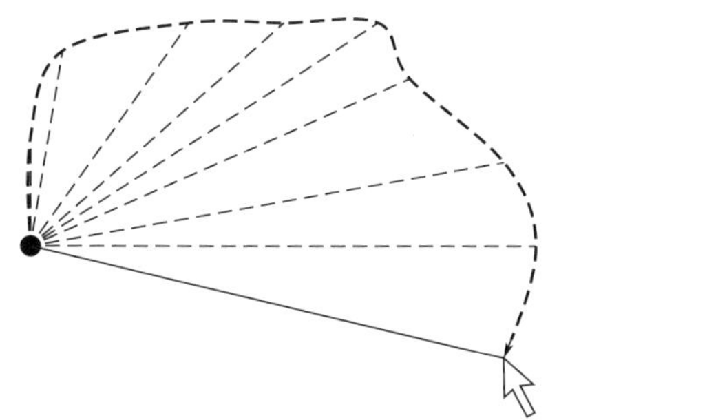
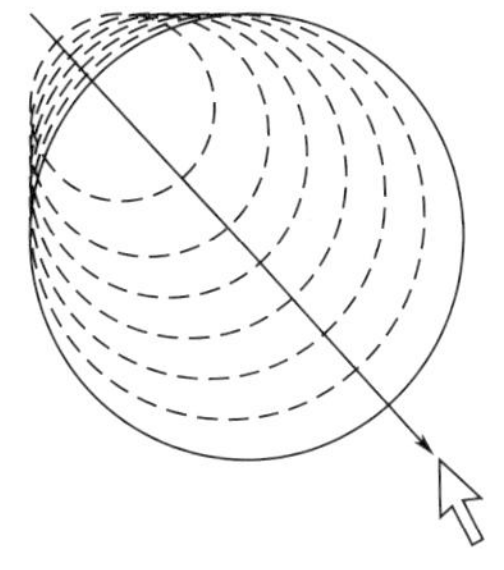

图 6.6　用"橡皮筋"技术绘制直线(左)和圆(右)

(较粗的箭头线为鼠标指针移动轨迹)

6.3.3　几何约束

几何约束是为方便输入如矩形、圆等规则图元或者某特定位置的图元而采用的输入约束机制,目的是为了减少用户在输入时产生的随机错误,提高输入位置的精确性。其主要包括定位约束、方向约束和规则性约束。

一种常见的定位约束是在图形的绘制或编辑区域定义一个不可见的网格,用来约束输入点的位置。网格是由等间距垂直线和水平线组成,其交点为网格点,无论用任何方式输入点的位置,软件都会采用距离最近的原则,将输入点的位置定在离输入位置最近的网格点上。另一种实用的定位约束是使用"引力场",即对每个已有点周围生成圆形或矩形的"引力场"区域,在输入新点时,若光标位置落入"引力场",软件会将位置自动"吸引"到已有的点位上(这时显示的是被吸引的橡皮筋图形),这时确定输入位置就能保证新输入的点与原有的点能完全重合。

方向约束主要用于控制线段输入的方向,它能够保证输入的线段只有垂直、水平、45°、135°等方向。

规则性约束,主要用于控制正方形和圆的输入。因一般软件中提供了椭圆和矩形的输入,只有采用规则性约束时才能使输入的椭圆(长方形)自动约束为圆(正方形)。

6.4 地图绘制举例

显示漂亮的地图是地理信息系统软件的基本功能。事实上，借助基本图元的绘制函数，我们可以很容易地编写一个可以显示地图的程序。在地理信息系统中地图数据可以分为两类，一类是矢量数据，它是以点、线、多边形三种图元形式表示地物的图形数据，比如行政区、湖泊可以用多边形表示，河流、道路用折线表示。另一类叫作栅格数据，它是以点阵形式表示的图像数据。利用计算机图形学的知识和编程技术，不难将这两种数据绘制出来。

对于中国各省（自治区），可以用多边形表示行政区边界以及岛屿的形状，即中国陆地上的每个省表示为一个多边形，如果这个省包括多个岛，则每个岛屿也是独立的多边形。而每个多边形是由组成它边界顶点序列表示。假定图形数据用经纬网坐标系表达。

显示这样的中国分省（自治区）地图的步骤如下：

（1）读入数据，把每个多边形的边界顶点序列从磁盘中读入存放在一个点数组中，再把所有表示多边形的点数组指针存放进一个容器对象中，该容器可以是数组、链表或任何动态数据结构。多边形和折线可分别用两个容器存放。

（2）变换图形。中国的国土大致在东经 70°—140 °和北纬 5°—55 °范围内，如果以经度（x 轴）和纬度（y 轴）对屏幕像素坐标 1∶1 绘制，则会得到一幅很小的地图，几乎无法辨认。先将所有顶点经度值减去 70、纬度值不变，再将纬度值和经度值乘以不同的因子（比如 13 和 10），得到放大了的地图数据。

（3）采用循环的方式，分别遍历两个图元容器中的所有数据，调用多边形及折线的图元绘制功能将上述变换后的数据在屏幕上绘出。利用区域填充功能，还可以将所有多边形以某种颜色填充，得到彩色的中国地图。

第 7 章　不规则三角网的生成算法

7.1　不规则三角网

7.1.1　不规则三角网简介

不规则三角网具有广泛的用途，包括在地形曲面的构建和三维可视化，实施坡度和坡向计算等地形分析，实施基于三角形的空间插值以及生成等高线等方面。在一些遥感应用中，通过计算得到坡面的法向，可以估算地面植被对太阳辐射的反射率。一些基于航空激光雷达的地形测绘中使用密集点云来记录地面高程，由点云来重建地形曲面则可以通过生成不规则三角网来实现，即连续拼接的三角面片(图 7.1)。

不规则三角网(Triangulated Irregular Networks，TIN)是建立在不规则分布的采样点之上的，在数学上对其形状的定义并不十分严格，并且针对不同的具体应用对其形状的要求可以不同，即可以要求三角网中的三角形尽可能地符合 Delaunay 三角网准则，但有时的要求也可适当放松，如允许有一定数量的尖细三角形的存在。但一般情况下，人们希望三角网中三角形的面积总和与边长总和之比达到最大，而 Delaunay 三角网则正好满足这个特征。

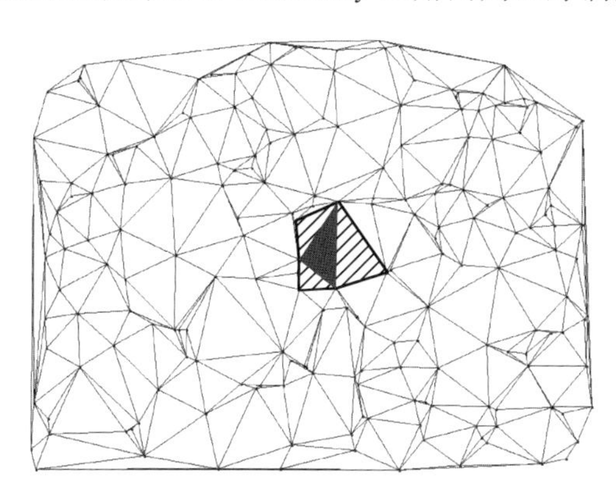

图 7.1　由离散点生成的 Delaunay 三角网(中间的多边形分别是当前被选中的黑三角形及其三个邻域三角形)

由于 Delaunay 三角网的构建通常是在空间分布上无序的离散点上进行，构网过程中需要大量搜索符合条件的最优离散点来完成联网，因而需要通过设计特定的优化搜索算法来实现高效构网过程。采用不同的优化搜索策略就产生了很多种不同的构网算法。

本书给出一种不规则三角网的数据结构以及其相应的三角网生成算法。

7.1.2　不规则三角网的数据结构

不规则三角网的数据结构中，需要点、三角形和有向边三种类型定义。三角形用两个数组类型的成员来分别存放其三个顶点的指针和三条有向边的指针。这些指针可以用顶点数组的下标或者内存对象的地址来表示，但实践中数组下标表示更方便，因为它便于往磁盘上永久存放。有向边设有指向其起始顶点和终止顶点的指针。

三个顶点及其邻接三角形必须具有隐式的拓扑关系。比如图 7.2 所示，$\Delta p_0 p_1 p_2$ 指向其三顶点的指针的存放顺序必须是 p_0—p_1—p_2，它的邻接三角形(为隐式的)必须是 T_0—T_1—T_2 顺序，其中 T_0 必须与当前三角形共享边 p_0p_1，T_1 必须与它共享边 p_1p_2，T_2 必须与它共享边 p_2p_0。

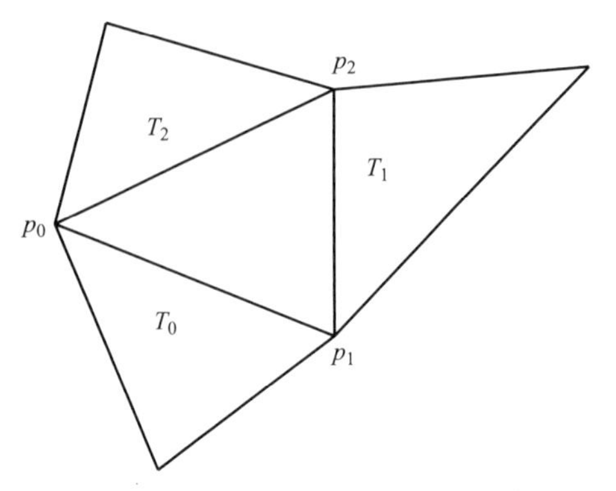

图 7.2　三角形的拓扑索引顺序及其与相邻三角形间的隐式拓扑关系

所有输入点以一个数组存放，而由其生成的所有三角形也用数组存放。一个双向链表用于存放外边界的所有边。双向链表可以是线性链表，也可以是一个循环链表。链表中的所有边在构网过程中保持首尾相接的顺序保存。

7.1.3　Delaunay 三角网构建时需要的三个引理

约定，三角形顶点的引用顺序采用反时针方向(CCW)，边定义为有向边，因而每个三角形的三条边以及三角网外边界上的边都是反时针顺序存放。本算法不需要将边界边区分为前沿边和后边界。以上约定具有以下推论(刘永和 等，2008)：

引理一：当三角网外边界以反时针顺序连接存放时，则只有那些其右侧面向待增点的边界边(下文称之为满意边)可以用于与待增点相连生成三角形。

这里右侧的定义为某边及其延长线的右侧，可通过下面的规则判断：

假定要判断 p_2 是否位于 p_0p_1 及其延长线的右侧，计算

$$v=(x_2-x_0)(y_1-y_0)-(x_1-x_0)(y_1-y_0); \tag{7-1}$$

若 $v\leqslant 0$，则 p_2 位于 p_0p_1 的左侧(实际上包括了三点共线的情况，但在本算法中，三点共线的情况通过添加随机数干扰而避免了)，否则位于其右侧。

引理二：点集中的点以横向排列顺序连入三角网时，则能保证所有通过引理一的规则与待增点连成的三角形不会与已有三角网边界相交。

引理三：将待增点与所有满意边相连形成三角形时，则已生成的三角形外边为凸包。

按照以上三个引理生成三角网时不需要复杂的逻辑即能生成正确的三角网，只是每生成一个新三角形时就必须采用递归式 LOP 优化。

7.1.4　不规则三角网的修正

以 Delaunay 准则构建的三角网有时需要根据实际的应用需求做出一些形状上的调整。

(1)对角线 Lawson 交换

Lawson(1977)提出了局部优化方法(Local optimization procedure，LOP)：判断一个三角形的外接圆是否包含了其邻接三角形的非共享顶点(指不是当前三角形顶点的另一点)，如果是则交换两个三角形的边(图 7.3)，变成另外两个较优三角形。

LOP 优化可以递归方式执行，即当每两个相邻三角形交换对角线后，可以进一步与周边

的其他相邻三角形交换对角线，直至无须交换为止。这是一个级联扩散式的处理过程，每个三角形会被反复优化多次。伪代码如下：

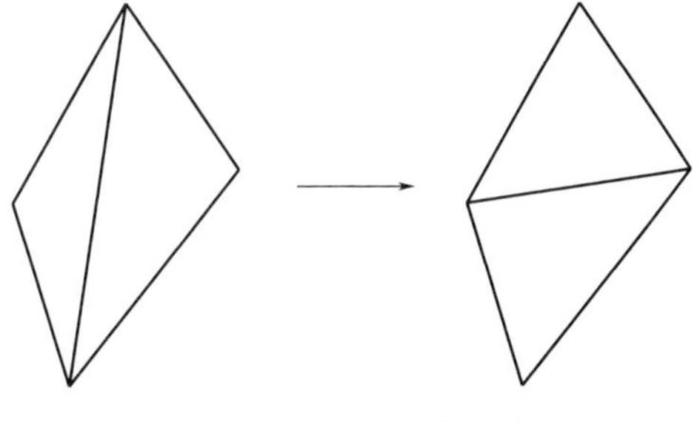

图 7.3　三角网局部优化方法

```
Proc LOP(Atri,Btri){
If(! NeedExchange(Atri,Btri))   //判断两个三角形是否需要交换对角线
    Return;
Ctri,Dtri = diagExchange(Atri,Btri) //交换对角线生成新三角形,更新拓扑关系
Delete(Atri)                   //清除掉原有三角形的记录
Delete(Btri)
For neighbor in Ctri.Neighbors {
    If neighbor! = Dtri{
        LOP(Ctri,neighbor)
    }
}
For neighbor in Dtri.Neighbors {
    If neighbor! = Ctri{
        LOP(Dtri,neighbor)
    }
}
}
```

(2)地形特征优先交换，如图 7.4。

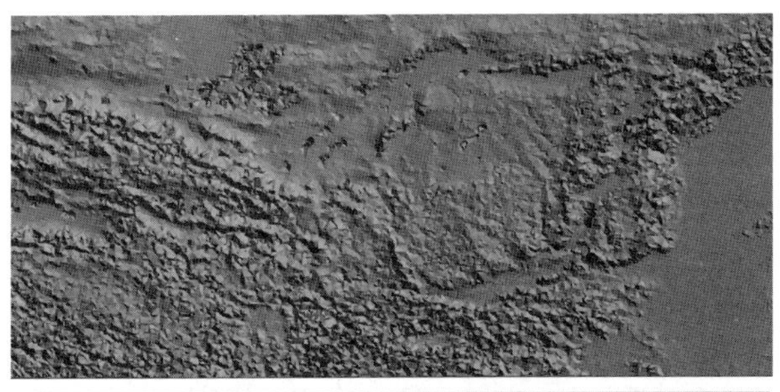

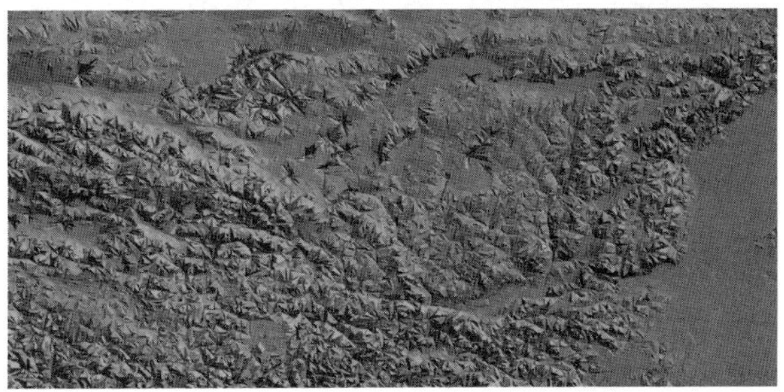

图 7.4　地形特征优先的不规则三角网边交换效果(上:Delaunay 三角网，下:边交换后的三角网)

7.2 Delaunay 三角网生成算法

7.2.1 三角网生长法

三角网生长法是一种最为原始的三角网生成算法,其编程也相对最为简单。其基本思想是以已有的边出发,筛选出能与已有边构成最优三角形的点。具体步骤:

(1)从点集中随机找出一点,在整个点集中搜索与前一点距离最近的第二个点,以这两个点构造两条方向相反的边,作为首次产生的两条边,加入边栈。

(2)从边栈中弹出一条边 P_0P_1,从其右侧寻找最优的点 M,即寻找能使$\angle P_0MP_1$ 张角最大(其余弦为最小)的点。

(3)将 M 和 P_0、P_1 构造新三角形,并生成与 P_0P_1 的反向边及新三角形的另外两边,并对这两条新边分别处理:若边栈中已有新边的反向边,则删去新边的反向边,否则将新边加入边栈。

(4)若点集中所有的点都被联入三角网,则退出,否则返回第(2)步继续处理剩余的点。

该方法需要在每条边的外侧的点集中搜索最优的第三点,即从点集中每遍历到一个点就需要判断该点与当前边两顶点连线夹角的大小,最终找出符合夹角最大(余弦值最小)的点。这个搜索范围较大,其时间复杂度为 $O(n^2)$。

7.2.2 外接圆筛选法

外接圆筛选法是对三角网生长算法的一个修正,即在搜索“第三点”时将栈中弹出的当前边与剩余点集中随机找到的点构造一个虚拟的三角形外接圆,然后将剩余点集中位于该外接圆内的点作为新的搜索空间来限定搜索范围。最终得到的外接圆中若不存在任何剩余点,则当前点就是与当前边符合最优条件的点(图 7.5)。

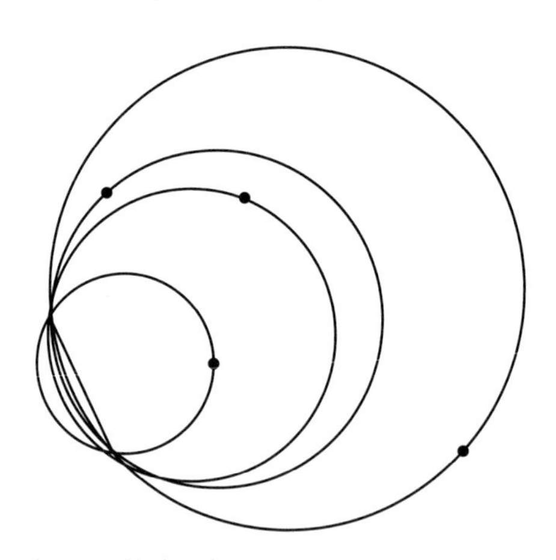

图 7.5 外接圆筛选法能逐步缩小点集范围

外接圆的圆心及半径。任意给定三点 $P_1(x_1, y_1)$、$P_2(x_2, y_2)$、$P_3(x_3, y_3)$,其圆心可用式(7-2)～(7-5)求出:

$$x_c = \frac{A(y_3 - y_2) + B(y_2 - y_1)}{2E} \tag{7-2}$$

$$y_c = \frac{A(x_2 - x_3) + B(x_1 - x_2)}{2E} \tag{7-3}$$

其中：

$$\begin{aligned} A &= (x_1 + x_2)(x_1 - x_2) + (y_1 + y_2)(y_1 - y_2) \\ B &= (x_3 + x_2)(x_3 - x_2) + (y_3 + y_2)(y_3 - y_2) \\ C &= (x_1 - x_2)(y_3 - y_2) - (x_2 - x_3)(y_2 - y_1) \end{aligned} \tag{7-4}$$

如果 $E=0$，则三点在一条直线上，无圆心，否则计算半径为

$$r = \sqrt{(x_1 - x_c)^2 + (y_1 - y_c)^2} \tag{7-5}$$

在实际应用中，只需要计算 r^2 并依它来进行相互比较，以减少开平方的时间消耗。

外接圆筛选法能够使对点集的遍历逐级减少，时间复杂度为 $O(n\log n)$，相比生长法要快速得多。该方法对无序的随机散乱点集非常适用。

7.2.3　增点法

先创建一个覆盖整个点集的超大的三角剖分，之后每次遍历到一个剩余点，就查找出包含该点位置的三角形，以该点与三角形的三顶点相连，将找到的三角形分裂为三个三角形。将所有点依上述方法插入三角剖分后，整个三角网中充满了尖细三角形，不满足 Delaunay 三角网准则。因此需要采用 LOP 对角线交换法则来优化整个三角网。

增点法对点集只需遍历一遍，但每插入一点都需要从已有的整个三角网中搜索出包含该点的三角形，因此其时间复杂度为 $O(n^2)$，后续的 LOP 优化过程还需要额外的计算消耗。

7.2.4　逐块生成法

逐块生成算法(刘永和 等，2007)是基于分块的思想。算法的主要步骤为(图 7.6)：(1)用纵向切割或横向切割将点集分成若干个子块；(2)将所有子块分别用生长法构建 Delaunay 三角网；找出各子三角网的边界；(3)从边界上的边出发，采用生长法依次将左右相邻子集的边界生成新三角形，使相互邻接的三角网子集得以缝合；(4)用 Lawson 提出的 LOP 优化方法优化与各子集凸包边相邻的两侧三角形。

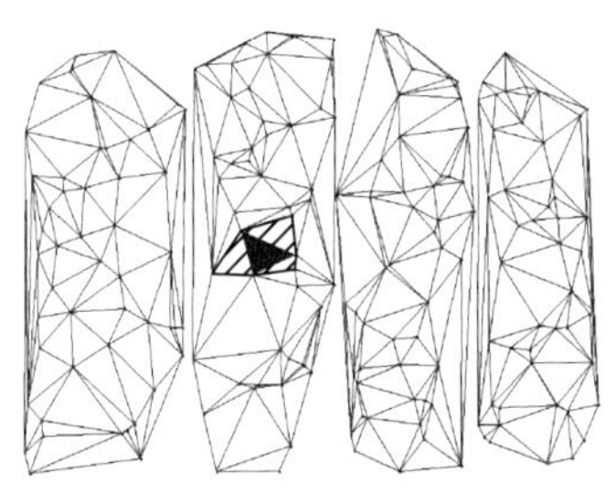
(a) 分块生成的子三角网

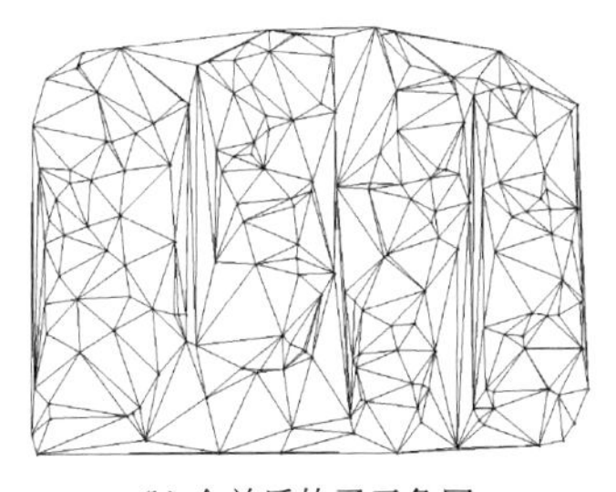
(b) 合并后的子三角网

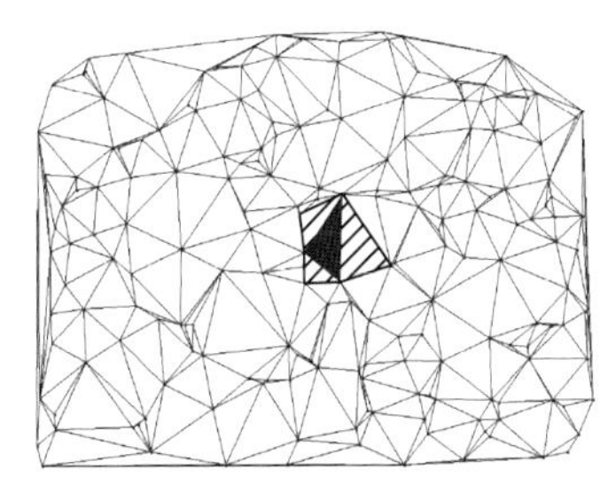
(c) LOP优化后的合并三角网

图 7.6　子三角网的合并与优化

该算法中三角网缝合时是以相邻两个子网的边界边作为待扩展的边，向这些边界顶点(边

界边的端点)扩展。如图 7.7,由 $\overrightarrow{P_1P_2}$ 扩展到的最优点为 P_4,由 $\overrightarrow{P_4P_3}$ 扩展到的最优点为 P_1。

搜索边界边的方法归结为寻找右邻三角形为空的边。对相邻的两个三角网合并的方法是,首先要将两个子网的所有外边界上的边存入空边栈,然后使用生长法来完成边界上的三角形构网。

逐块生成算法在寻找最优的顶点时只从所有边界顶点集中查找,减少了寻找最优点时的遍历时间,使得在数据量较大分块较多的情况下时间复杂度接近 $O(n)$。该算法的优点是使用生长法来生成最优三角形,但缝合形成的边界仍需使用 LOP 局部优化。但相比其他依赖于 LOP 优化的算法,逐块生成法尽可能地减少了 LOP 优化的次数。

在缝合子网边界时,需要注意一种特殊的错误情形,如对图 7.8 中边 e 扩展时找到的最优点 P 使新生三角形跨进了一个子网的内部。因此,寻找最优点时还需要对遍历到的新点判断是否存在上述情形,即新点与待扩散边的连续必须与已有的子网边界没有交点,才能作为最优点的候选。

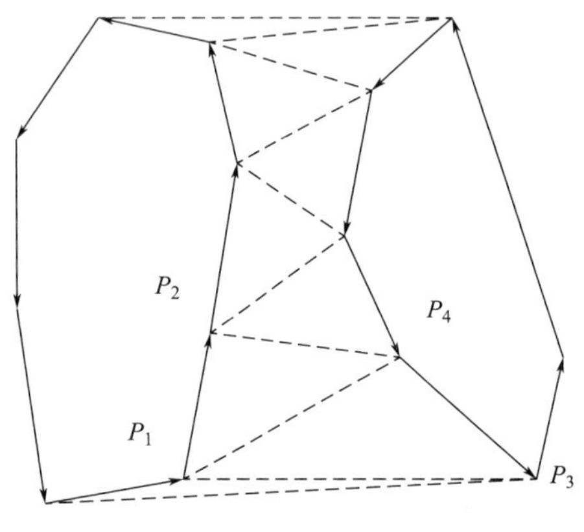

图 7.7 相邻两个子三角网的合并

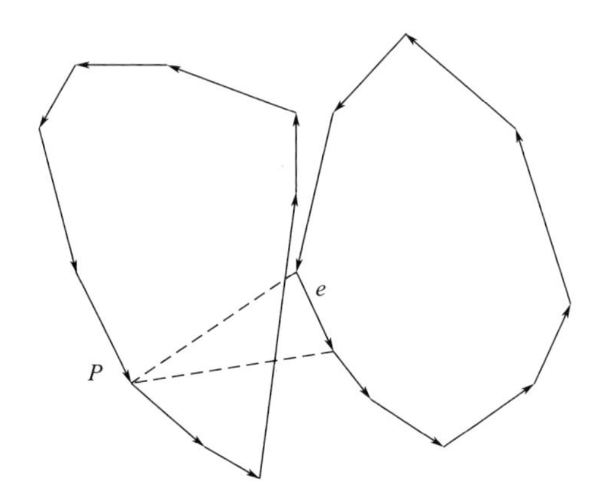

图 7.8 算法的特殊情形

7.2.5 分治法(Divide and Conquer)

分治法由 Lee 和 Schachter 等早在 1980 年提出,后来由 Dwyer 于 1987 年进行了改进。分治法的思想是采用递归执行,即若点集中点数超过 5,就按照空间分布分成左右(或上下)两个分支点集,若分支点集不超过 5 就构建一个微型三角网;对每个点数超过 5 的分支点集都要继续进行上述分割。对分支点集形成的三角网进行逐级缝合,并在每完成一次缝合后可以执行一次 LOP 局部优化。

分治法的难点在于三角网的边界缝合。刘永和等(2012)曾提出了一种缝合边界的方法,基本思路是先用一个三角形连接相邻三角网,然后从这个三角形两条新边出发生成新三角形,以填充凹形边界。

连接三角网的操作(图 7.9):找出左侧三角网的极右顶点和右侧三角网的极左顶点,然后在左侧极右顶点两条邻边中选出一条合适的边向极左顶点连成一个新三角形,再把两个相邻子网的边界链表合并成一个新的边界链表。

凹边界填充操作(图 7.10):找到边界链表中位于凹区内的一条边,以此边为基边开始向外连接新三角形。新三角形只可能是基边与其前驱或后继相连而成,且前驱和后继必须位于基边的右侧。因此需要分别判断前驱和后继在基边的哪一侧,有 3 种情况:

(1) 前驱和后继都位于基边的左侧,则表明位于凸区,不需要填充。

(2) 前驱和后继只有一个位于基边的右侧,则位于右侧的这条边与基边用扩展三角形算子生成新三角形。

(3) 前驱和后继都位于基边的右侧,则比较它们与基边之间的夹角,基边与夹角大的连成新三角形。

当生成新三角形时,必然会有一条新边生成,将该新边作为新的基边进入下一递归循环中继续上面的过程,直至遇到第(1) 种情况结束,此时该凹区已被填充完毕。

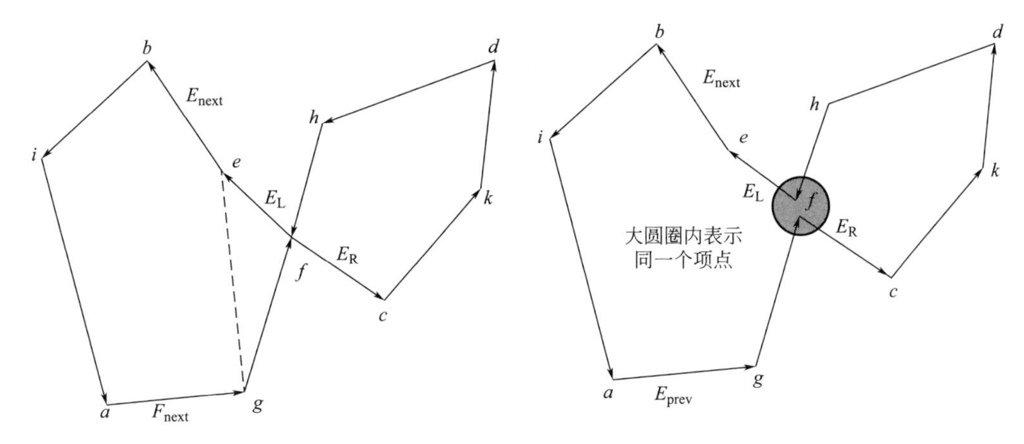

图 7.9　两个三角网的连接与合并(左:两个子网的连接,外边界边表的闭合)

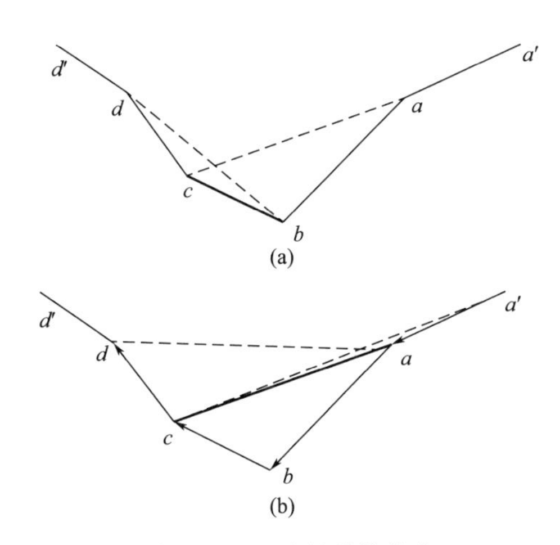

图 7.10　凹边界处的填充

由 C#语言给出的算法如下。

```
public Linklist DivConquer( int left,int right) {
int n = right - left + 1; //点数
if( n < 6) { //构建一个三角形
//将前三个点构建三角形
Linklist hull = SingleTriangle( left,left + 1,left + 2);
//后两个点扩张进去
if( n = = 4) {
```

```
    expandPoint( left + 3,hull);
}
if( n = = 5) {
    expandPoint( left + 3,hull);
    expandPoint( left + 4,hull);
}
return hull;
}
else {
    int divider = n / 2;
    Linklisthull1 = DivConquer( left,left + divider - 1);
    Linklisthull2 = DivConquer( left + divider,right);
    Linklist hull = MergeHull( hull1,hull2);//缝合
return hull;
}
}
```

7.2.6 简单扫描线法

扫描线法(刘永和 等,2008)的思想是假定有一条从点集上划过的扫描线,当扫描线越过第三个点时由前三个点创建首三角形并维护三角网的外部边界,之后每划过一个新点时,就与三角网外部边界上的一些符合条件的边连成三角形,并更新三角网外部边界。

扫描线法具体实施步骤如下:

(1)先将待构网的离散点集按横坐标(或纵坐标)升序排序,这时各点在点集中的顺序即是空间上从左到右的排列;

(2)接下来由最左侧的三个点连成三角形,并确保它的顶点为逆时针排列,这个三角形实际上构成了这三个点的初始凸包;

(3)将凸包边(为有向边,其指向与三角形顶点的排列顺序一致)存储在一个集合中;

(4)取出点集中的下一个点 P,遍历凸包边集合,找出符合条件的边,这里的条件为 P 位于边的右侧;

(5)将第(4)步找出的所有边与点 P 构成新三角形;从凸包边集合中删去这些边,因为它们已不再是凸包边界上的边;每条边的两顶点与 P 的连线形成了两条新边,如果是凸包边则加入到凸包边集合中,否则,凸包边集合中含有与新边的反向边,这时不仅新边不加入集合,还要从集合中删去其反向边。具体见图 7.11。

(6)重复(4)(5)步,直至点集为空;

(7)用 LOP 法则优化所有三角形。

需要说明的是,LOP 局部优化可以在全部联网后进行一次递归调用,也可以每加入一个新三角形就立即进行 LOP 递归优化。这两种做法效果基本相同。

简单扫描线法在每次遇到新点时都要从整个外侧凸包边界上搜索待扩展边。为了加快搜索效率,可以为外侧凸包边界增加一个存储桶索引结构,即根据凸包边界上边的起点或终点的

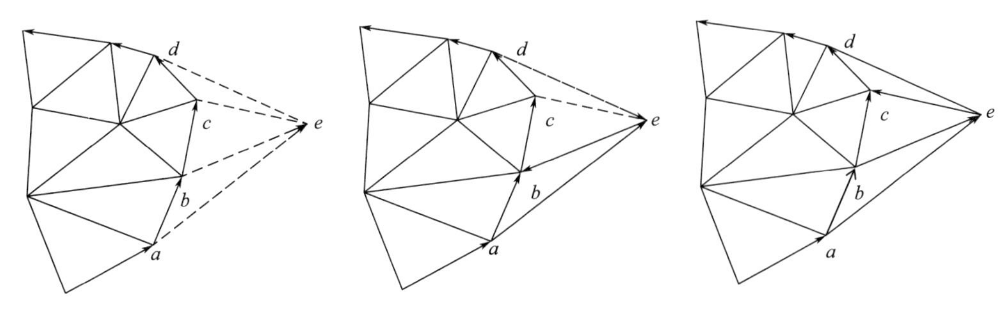

图 7.11　三角网中连入一个点的情形

x 坐标(适合于扫描线水平的情况)或者 y 坐标(适合于扫描线垂直的情况)建立索引。

7.2.7　Zalik 扫描线法

在 Zalik 算法(Zalik,2005)中,已有三角网的外边界需要分为后边界和前沿边两部分,由具有最大和最小 y 值的上下两个边界点来分割。后边界总是凸的,但其前沿在构网过程中一般不是凸的。当扫描线遇到了下一个点(P)时,该点的水平投影碰到的前沿边首先与 P 点相连生成三角形,然后从这个前沿边开始,向前沿边的左右两侧寻找可以连接 P 点的其他前沿边,要保证新连的三角形不与三角网发生交叉,见图 7.12。初始联网时,尖细三角形越多,其 LOP 优化的次数就越多,耗时就越多。为了避免生成需要 LOP 检验的细长三角形,Zalik 提出了两个诱导性的角度限制条件,如图 7.12。当 P 的投影不与任何前沿边相交时,则需要从前沿边界以及后边界中的边出发创建一些新三角形。最后当所有点连成三角网时,由于受角度诱导条件的影响,前沿边上仍有很多凹边界,需要补充一些三角形才能成为凸壳。

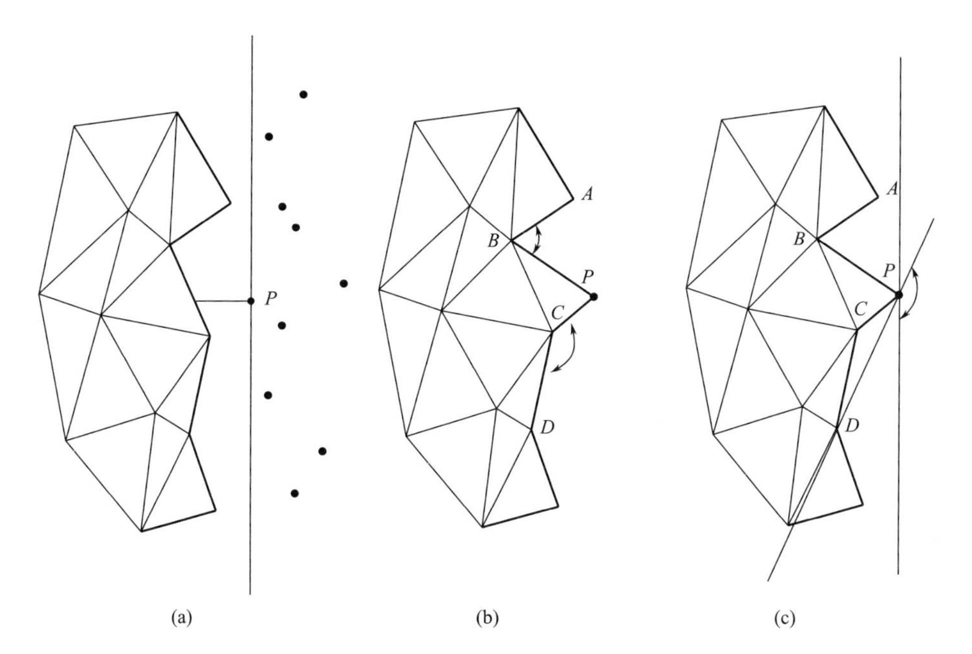

图 7.12　Zalik 扫描线算法:(a)扫描线遇到一个点,点的水平投影碰到了一条边界;(b)第一种夹角限制($\alpha<90°$);(c)第二种夹角限制($\beta<135°$)

Zalik 法的平均时间复杂度为 $O(n\log n)$，求执行效率很高，对于只追求效率时可采用该算法。然而，该法不是十分简便，这是因为：一是将外边界分为后边界和前沿边使得当待处理点的投影不与任何前沿边相交时，需要从这两类边界上寻找新边与待处理点相连构成新三角形；二是为了避免细长三角形的生成，Zalik 法需要通过计算两类角度大小来限制，一方面增加了计算量，同时使算法变得复杂；三是为了快速找到与待处理点的投影相交的前沿边，需要用链表结合一种存储桶来保存前沿边。

7.2.8 弧线扫描法

简单扫描线法的扫描线是直线，使得已有三角网的外边界分为前沿边和非前沿边两部分，而要区分这两部分边界却没有合适且高效的准则来判定，处理起来十分复杂；且在这两部分边界的交界处也不易建立存储桶索引。位于这两种边界交界处的边界通常近似垂直于扫描线，因而与部分新点会出现近似共线的情况，因计算误差影响，在进行 LOP 优化时会易出错。

若把扫描线改为圆弧，则三角网外边界就全部变成了前沿边，不需要判定前沿边和非前沿边，可以按照方位角建立存储桶，对共线情形下的避免误差的能力也更为健壮，因而 LOP 优化时出错概率也会减少较多。

还可以将 Zalik 提出的诱导条件应用到弧线扫描法中，经实测验证，与用直线作为扫描线时相比，LOP 优化时出错的概率会低得多。

具体方法如下：

(1)定义顶点、有向边、三角形 3 种数据类型，分别用三个数组存放；

(2)确定一个参考中心位置，计算所有离散点相对参考中心的距离和方位角，将待构网的离散点集按照该距离从小到大升序排序；

(3)建立一个存放三角网外边界边序列的双向循环链表，并建立一个根据链表中始点的方位角存放结点的方位角存储桶(图 7.13)；

(4)在排序过的点集中取最初三个点按逆时针顺序连成首三角形，并将三条边的记录以同样的逆时针顺序存入一个双向循环链表中，形成初始三角网外边界；

(5)从点集中按序取下一个点，按照该点的所属方位角(图 7.14)，从对应的方位存储桶开始快速找出以右侧面向当前点的边，都作为与当前点连成新三角形的基边；

(6)将第(5)步中找出的所有基边与当前扫描过的点构建成为三角形，将其加入到三角形数组中。同时生成基边的反向边以及新三角形的另外两条边(分别称为左侧边和右侧边)，更新外边界链表；

(7)对每个新生成的三角形都要与其所有邻接三角形进行检验是否符合 Delaunay 三角网最优准则，否则交换三角形的对角边。并以递归的方式对交换后得到的三角形进行扩散式 LOP 优化；

(8)重复进行第(5)～(7)步，直至点集中所有的点都被处理过。

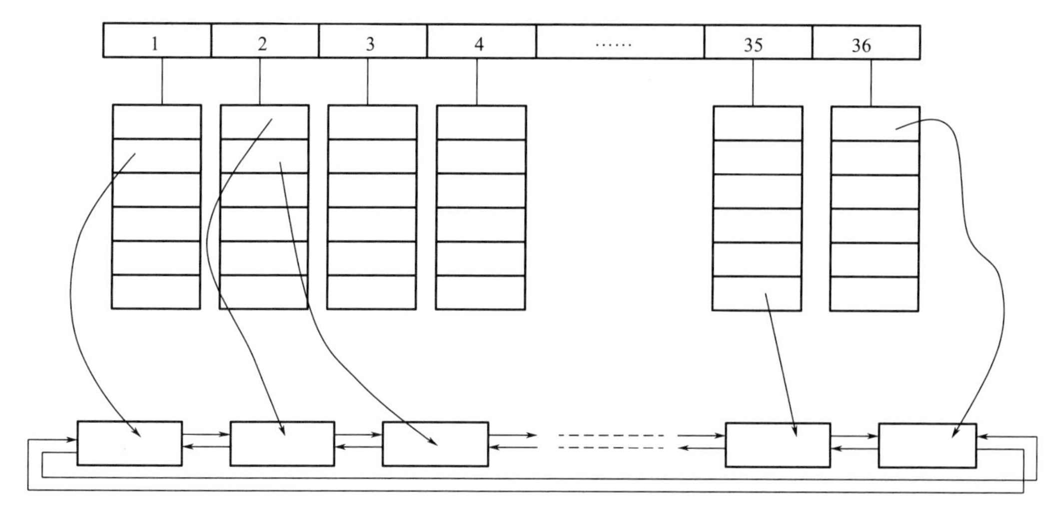

图 7.13　存放边界边的双向链表与方位角存储桶的数据结构与关系

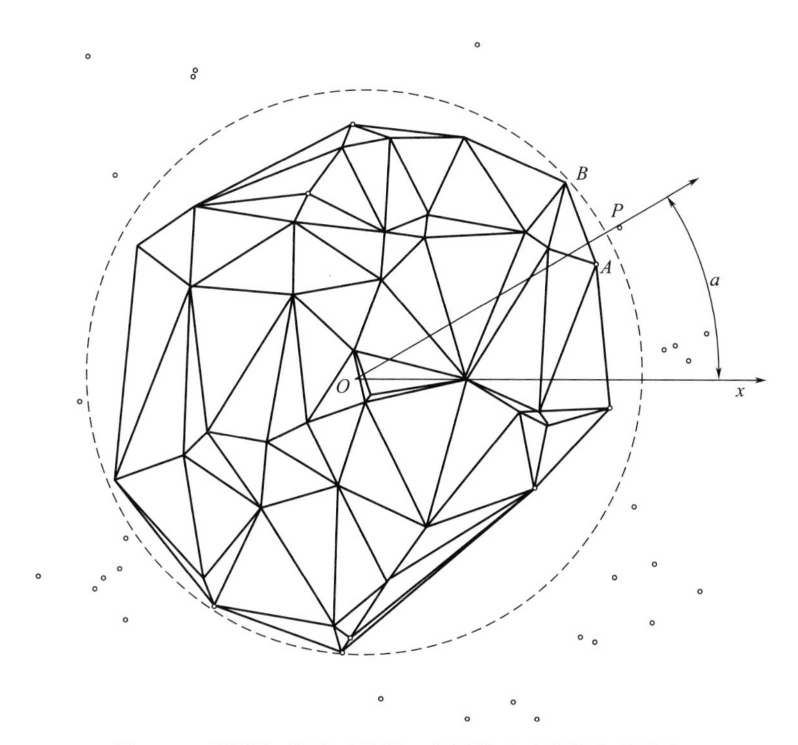

图 7.14　圆弧扫描式不规则三角网构建及方位角的确定

7.3　Delaunay 三角网的算法效率

7.3.1　构网正确性评估

首先需要使用实际数据点来测试本算法的执行正确性。本书所有算法是集成在一个具有绘图功能的程序中，因此当算法运行结束时可以立即将三角网绘制在窗口中。通过 3 种分布的随机数据点和1种规则数据点来测试，得到了图7.15的效果，表明运行结果完全正确。该图显示的只是数据点相对较少的运行情形，经验证测试，针对100万个点的点集，运行结果同样正确。此外，图7.15中的深色条带显示了屏幕选择三角形时的行走法（借助拓扑关系）查找路径，位于条带前部的四个三角形中，中间较为暗色的三角形为查找的目的三角形，周围另外三个略带浅色的三角形为目的三角形的拓扑邻接三角形。可见，拓扑关系也得到了正确维护。对大数据量的规则点集（图7.15d）的正确构网也表明，本节所用的随机数干扰方法对于解决多点共线的问题是十分有效的。

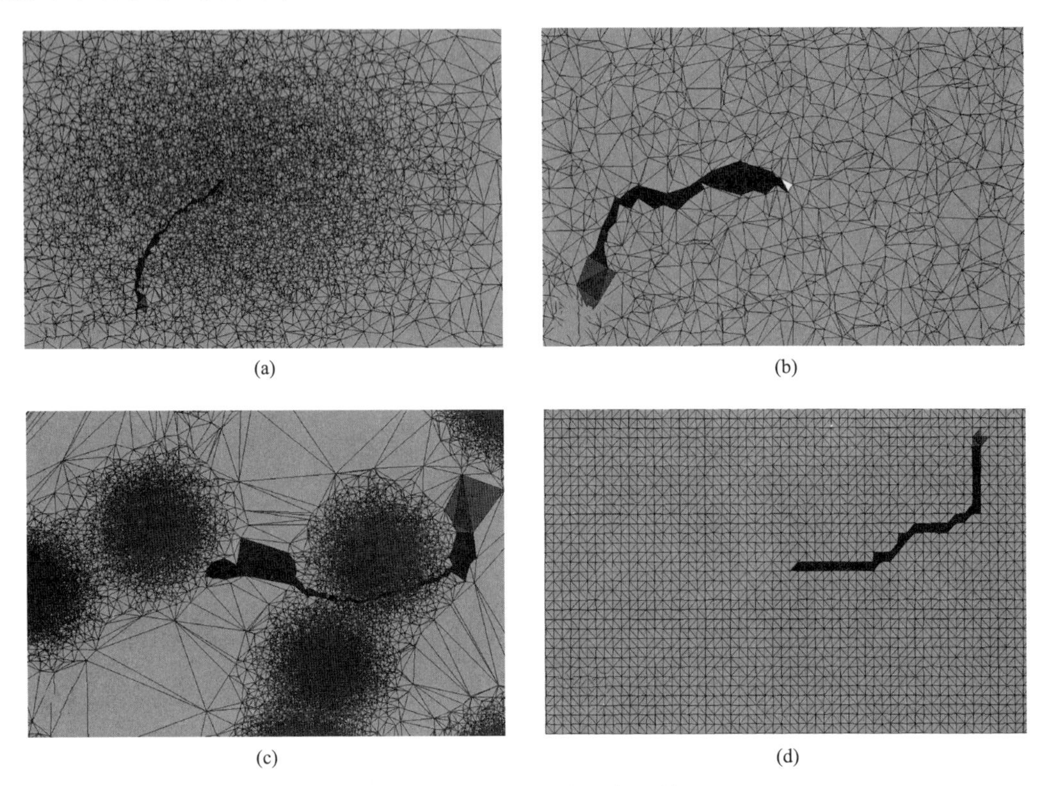

图7.15 针对不同点集的构网结果

(a)高斯分布；(b)均等分布；(c)团聚分布；(d)规则分布

7.3.2 执行效率对比

算法的时间复杂度能大体反映算法对点数规模变化时的表现，但不能反映算法的实际运行时间。算法的实际运行时间依赖于许多因素，如硬件平台、操作系统、编程语言、编译器及其选项、编程经验以及具体的数据结构和实现方式。然而，当大多数因素非常相似时，不同算法之间的比较则具有很强的意义。

算法比较是在一台Intel i5处理器（2.53 GHZ）、内存2G的笔记本电脑上，WindowsXP操作系统以及Microsoft. net 3.5平台上执行的。除Fortune算法外，其他算法均由本书作者以C#语言实现，且都采用了相同的基于有向边的数据结构和相同定义的边和三角形类型。边与边、三角形与边之间的拓扑关系对于维护非常全面的拓扑关系起着重要作用。这些拓扑关系的维护使本文算法比通常那些有向边拓扑关系较少的算法执行效率要略慢一些。此外，所有算法均采用双精度浮点运算，这会导致这些算法与采用单精度浮点运算的程序相比，执行

效率略慢，在内存占用上也会大一倍左右。在本文测试用电脑配置下，本算法支持 300 万个点以下的运算。

表 7.1～7.3 给出算法对比结果，其中，参与比较的算法除简单扫描线法以外，还有：

(1)增点法，用行走法辅助来加快三角形查找的效率，但没有采用任何分块技术；

(2)逐块生长法，是基于分块方式和借助三角网扩张法原理实现的算法；

(3)Fortune 扫描线法，是由 Matt Brubeck 实现(http://www.cs.hmc.edu/～mbrubeck/voronoi.html)，经简单修改后以模块的形式加入 C# 所编程序，与其他的算法实现具有相同的数据结构基础；

(4)分治法，采用递归分割点集和子网合并技术，其中子网合并过程由本书作者发展的一种合并技术来实现；

(5)Zalik 法，其中的边界快速搜索借助 C# 语言内建结构 SortedList(源码来源于 Mono 计划)，为适应本算法需要，作者为该类实现了“小于”判断规则的模糊快速查找，其实际运行效率不低于 Zalik 采用的 Hash 表。

表 7.1　均等分布下不同点数的三角网构网耗时(s)

点数	增点法	逐块生长法	Fortune 扫描线法	分治法	简单扫描线法	Zalik 扫描线法
10000	2.75	0.203	0.453	0.125	0.125	0.093
20000	11.843	0.734	1.125	0.281	0.250	0.140
30000	26.296	1.421	1.937	0.484	0.375	0.250
40000	47.89	2.406	3.031	0.656	0.593	0.328
50000	79.062	3.671	4.125	0.875	0.671	0.484
100000	—	14.156	10.890	1.812	1.468	0.921
500000	—	—	102	10.890	11	6.156
1000000	—	—	261	24	24	15
2000000	—	—	—	X	57	—

注：符号“—”代表运行时间太长，而没有成功实现测试；“X”表示由于内存不足造成的测试失败。

表 7.2　高斯分布下不同点数的三角网构网耗时(s)

点数	增点法	Fortune 扫描线法	分治法	简单扫描线法	Zalik 扫描线法
10000	3.031	0.390	0.125	0.093	0.062
20000	12.062	1.046	0.296	0.250	0.140
30000	27.843	1.796	0.468	0.390	0.312
40000	58.812	2.781	0.625	0.515	0.359
50000	111	3.750	0.828	0.703	0.453
100000	—	10	1.718	1.484	1.000
500000	—	93	11	10	6.578
1000000	—	265	24	24	15
2000000	—	—	X	58	34

注：符号“—”和“X”的意义同表 7.1。逐块生长法未进行针对高斯分布数据点的测试。

表 7.3　四种算法对不同分布下 100 万个点的构网耗时

算法	简单扫描线法	分治法	Fortune 扫描线法	Zalik 扫描线法
规则分布点集	27	X	311	13
团聚分布点集	20	22	345	14
均等分布点集	24	24	261	15
高斯分布点集	24	24	265	15

注：符号“X”的意义同表 7.1。

表 7.1 和表 7.2 分别列出了所有算法均等分布和 5 种算法高斯分布两种点集的构网效率。可见，简单扫描线法的执行效率比 Zalik 法慢，耗时为 Zalik 法的 1.7 倍；与分治法相当。由于分治法采用递归执行，当点集较大时受内存不足限制的影响，无法完成 200 万个点时的构网，而简单扫描线法则好得多。表 7.3 中的结果表明不同分布的点集对算法效率的影响不大。

此外，为了对比不同语言编写的程序对算法效率的影响，本节算法还编写成了基于相同数据结构和双精度浮点运算的 C++语言版本，结果表明对 100 万个点集，C++版需要 22 s，只比 C#版快了 2 s。国外不少学者认为 C#的运行效率相当于优化后 C++版本的 90%以上，编写时没有充分考虑执行优化的普通 C++程序代码的运行效率可能会低于 C#。

7.3.3　边界链表大小与 LOP 检查次数的测试

简单扫描线算法与 Zalik 法的执行效率差异主要体现在两个方面，一是边界链表的平均大小，影响每次加入点时对满意边的搜索时间；二是 LOP 检查次数，次数越多，耗时越大。由图 7.16 可见，在 Zalik 算法中前沿边链表中的边数会随着点集的大小增加，其增长趋势大体上相当于 $n^{1/2}$（n 为点集大小），与其相反，本文算法中边界链表大小一直保持在 30 以下，且随点集的增加变化很小。这说明在简单扫描线算法中，边界链表的大小只会使算法的执行效率几乎以线性增加。

图 7.17 显示了每增加一个新点时需要消耗的 LOP 检查次数。随着点集的增大，本书算法的 LOP 检查次数会缓慢增加，但直到 100 万个点时次数也没超过 30 次。验证也发现 Zalik 法的 LOP 检查次数并非如 Zalik 论文中所述的 $\log n$，而是为一固定值 3.48。

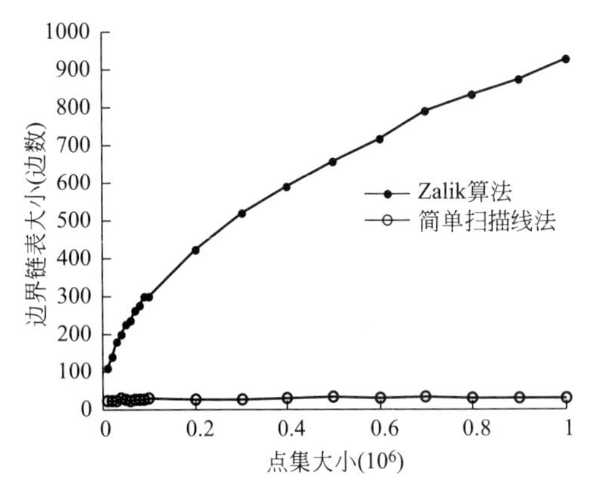

图 7.16　边界链表大小随点集的变化（基于均等分布随机点集）

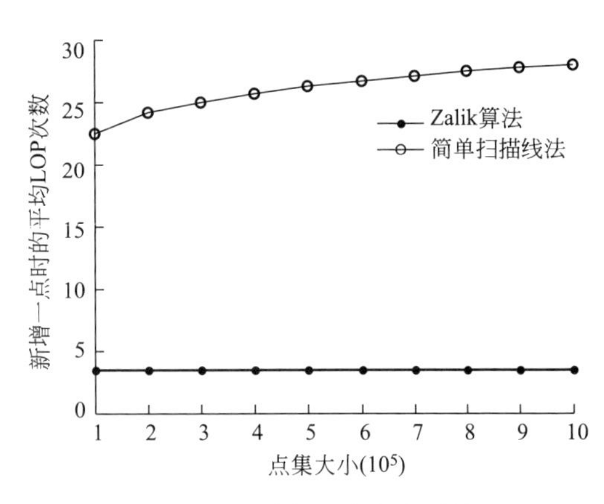

图 7.17　增加一个新点时的平均 LOP 检查次数

此外,Zalik等的实验表明,添加了夹角限制后的算法比未添加夹角限制的算法(理论上与本算法效率接近)效率高出6～20倍。对比可见,Zalik算法实际上只是简单扫描线算法效果的1.7倍。这说明LOP检测的耗时对构网的影响与程序的具体实现有很大关系,同时也表明大量LOP检测对算法效率的影响并不是一个严重的问题。

7.3.4 简单扫描线法的应用效果

可处理激光雷达(LiDAR)点云数据集,生成可视效果(图7.18),或者插值输出栅格资料产品,供其他GIS软件处理可支持读取百万个点的三角网生成,用时仅需数秒或一二十秒。

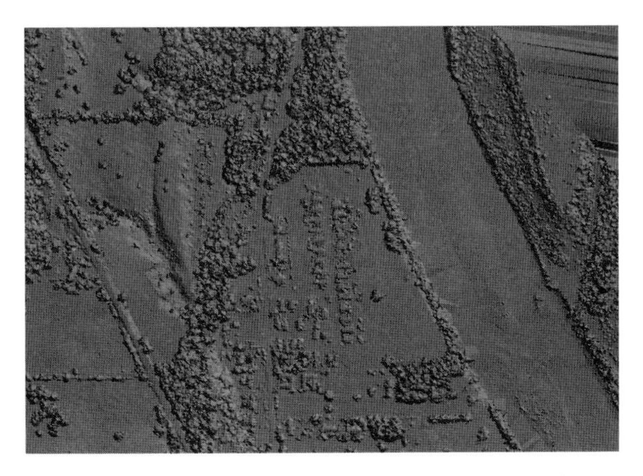

图7.18 不规则三角网生成点云后显示的地形场景

第 8 章　插值与重采样

8.1　插值与重采样的概念

插值与重采样都是基于地理空间上的已知变量信息来估算同一变量在邻域内的信息。一般来说，插值是指根据离散采样点上的变量信息来估计（或预测）邻近任意空间点上的同一种信息。因此，插值通常被用于由离散采样点数据生成网格化的数据集（图 8.1）。重采样本质上也是一种插值处理，但它通常是指由一种分辨率或一种坐标系下的网格化资料生成另一种分辨率或另一种坐标系下的网格化资料。

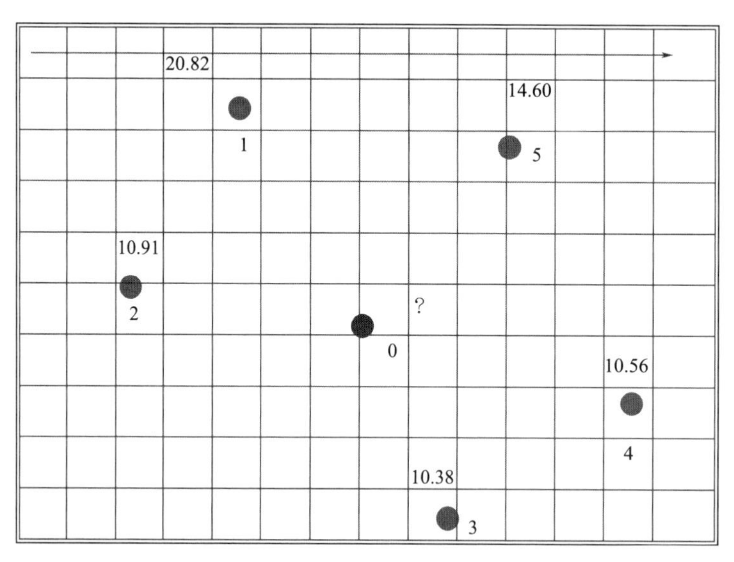

图 8.1　空间插值示例（给出 5 个采样点处的值，估出整个矩形阵列中的所有网格处的值）。

用离散采样点数据来插值生成规则格网模型，其原理需要包括两个步骤：

第一步是先根据采样点建立一种合适的数据内插数学模型。数学模型包括参数化模型和无参模型，其中参数化模型需要根据样本点来估算出模型中参数的值，形如

$$Z=f(x,y,\varphi)\mid(x_1,y_1,z_1),(x_2,y_2,z_2),\cdots,(x_n,y_n,z_n)$$

式中：x,y 是待插值位置的坐标；$\varphi=(\varphi_1,\varphi_2,\cdots,\varphi_m)$ 是 m 个模型参数集合，它需要根据样本点数据 $(x_1,y_1,z_1),(x_2,y_2,z_2),\cdots,(x_n,y_n,z_n)$ 来求取。

无参模型则不需要估算任何参数。

第二步，根据分辨率要求规划出空间网格阵列，将阵列中的每一像元的坐标 (x,y) 代入上述插值数学模型 $Z=f(x,y,\varphi)$ 后获得的 Z 值输出作为插值结果。

常用的二维资料内插方法有很多种，移动加权平均法、曲面拟合法、多面函数法、克里金

法、局部最小二乘法等。通常对于相同的采样数据，采用不同的内插法对格网精度的影响有限。格网的精度主要取决于采样点的密度和分布，对于地形较复杂的区域要有较多的采样点才能保证精度。但是不同的插值法有着不同的理论假定，对于特定某一现象的插值会有不同的精度表现，例如适合于气温资料(空间上的变化规律相对较好)的内插方法可能就不一定适合地形资料或者降雨资料的内插。

8.2 简易插值模型

8.2.1 最近邻近插值法

最近邻近插值法是将待插值点上的值直接取为最近采样点上的值。而距各个离散采样点最近的所有点集合构成了以这些采样点为中心的泰森(Thiessen)多边形。因此，最近邻近插值法得到的插值效果构成了泰森多边形，在同一个泰森多边形范围内，插值结果完全相同，在各多边形之间存在突变。泰森多边形也叫 Voronoi 图，它是 Delaunay 三角网的对偶图(图 8.2)。泰森多边形法是最早由荷兰气候学家 A・H・Thiessen 提出根据离散分布的气象站的降雨量来估计区域内降雨量的一种方法。作为一种古老的插值方法，在计算机技术十分发达的今天，将它用于地学的数据内插事实上已很不理想。在采样点密度与重采样目标分辨率相当的情况下，选择最近邻近法实施数据重采样仍具有一定的实用价值。最近邻近法的优点是运算量小，且不破坏原始像元位置上的信息。

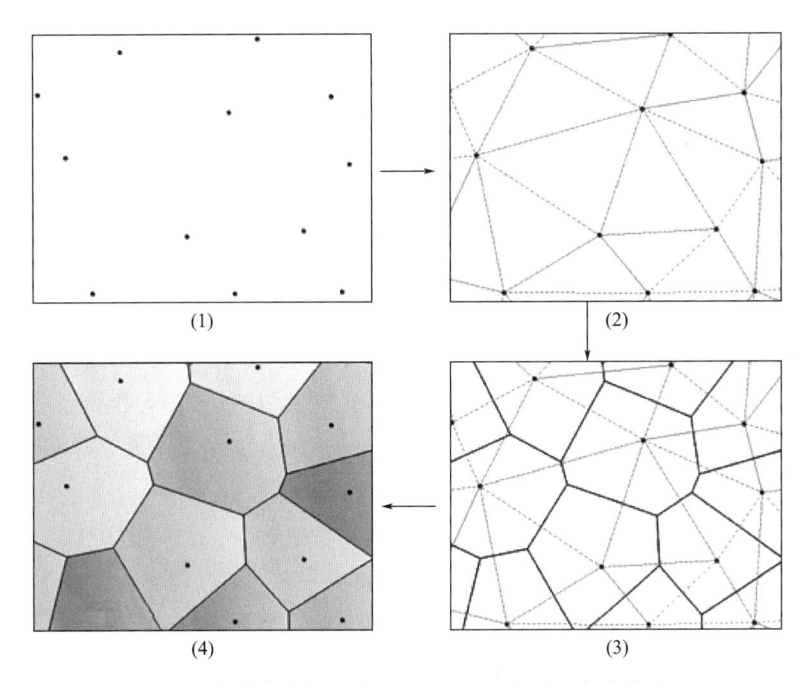

图 8.2　由离散点集生成 Delaunay 三角网和泰森多边形

8.2.2 反距离权重插值(IDW)

反距离权重插值方法是利用“样本点距离待插点越远，对待插点影响越小”的思想，以距离

倒数次方为权重进行的插值，其公式如下：

$$Z(x,y)=\sum_{i=1}^{n} Z_i w_i = \frac{\sum_{i=1}^{n} Z_i/d_i^n}{\sum_{i=1}^{n} 1/d_i^{\ n}} \tag{8-1}$$

$$w_i = \frac{1/d_i^n}{\sum_{i=1}^{n} 1/d_i^n}$$

式中：d_i^n 是待插点到已知点的距离，$Z(x,y)$为要求的待插点的值，w_i 为权重。

IDW 法通常与自然界实际数据的分布差异较大，表现为样本点附近插值的结果受样本点影响过大，等值线呈现为围绕着样本点的同心圆状分布。这是因为在一般的 GIS 中，n 值通常取 1 或 2，造成了权重随距离的变化衰减过快。在具体应用中，不妨设 n 为一个小于 1 的数，或者对 n 可以通过样本数据优化出来一个值。

在 IDW 法中，当样本点距离待插点很远时其权重会近似为零，因此当这个距离超过某一阈值时，就可以直接忽略掉该样本点从而减少计算消耗。

例：在某一地区的测站上获得的气温值(℃)如图 8.3，各测站的经纬度如图 8.3 中的表，通过 IDW 法(取 $n=1$)求取 P_0 点处的气温。

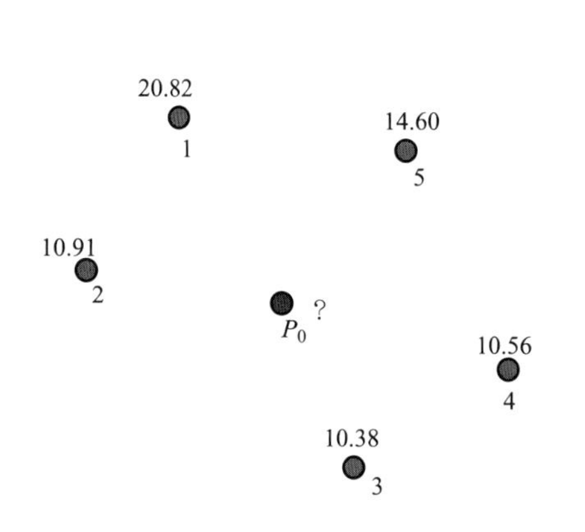

站点	X (经向坐标)	Y (纬向坐标)	气温	距离
1	69	76	20.82	9.00
2	59	64	10.91	10.44
3	75	52	10.38	16.16
4	88	53	10.56	23.60
5	86	73	14.60	18.03
P_0	69	67	?	

图 8.3　反距离权重插值法的计算(已知五个点的值，求标号为 0 的点处的值)

求解：先计算 P_0 距五个采样点之间的距离(图 8.3 中最右列)，然后求出五个距离值的倒数以及它们的倒数之和，再计算各个距离倒数占总距离倒数之和的比，作为权重。各采样点上气温的加权平均即为 P_0 的值，最终结果为 14.34℃。

8.2.3　双线性插值

(1)不规则采样点的插值

对于离散采样点基础上使用双线性插值法，需要先将采样点集连接成不规则三角网，然后再求落在各个三角形内的网格点高程值。这与有些文献中所述的三角化插值法是同一技术。

如图 8.4，设待插点落在三角形 ABC 内，先用线性插值的方法，求 D、E 两点的值。设 A、B、C、D、E、P 处的值分别为 V_A，V_B，V_C，V_D，V_E，其中 V_A，V_B，V_C 为已知，在 DEM 中实质上为高程值，则 D、E 两点处的插值为

$$V_D = uV_A + (1-u) \cdot V_B,\quad u = \frac{|AD|}{|AB|} \tag{8-2}$$

$$V_E = vV_A + (1-v) \cdot V_C,\quad v = \frac{|AD|}{|AC|} \tag{8-3}$$

则 P 点的插值为：

$$Vp = t \cdot V_D + (1-t) \cdot V_E,\quad t = \frac{|DP|}{|DE|} \tag{8-4}$$

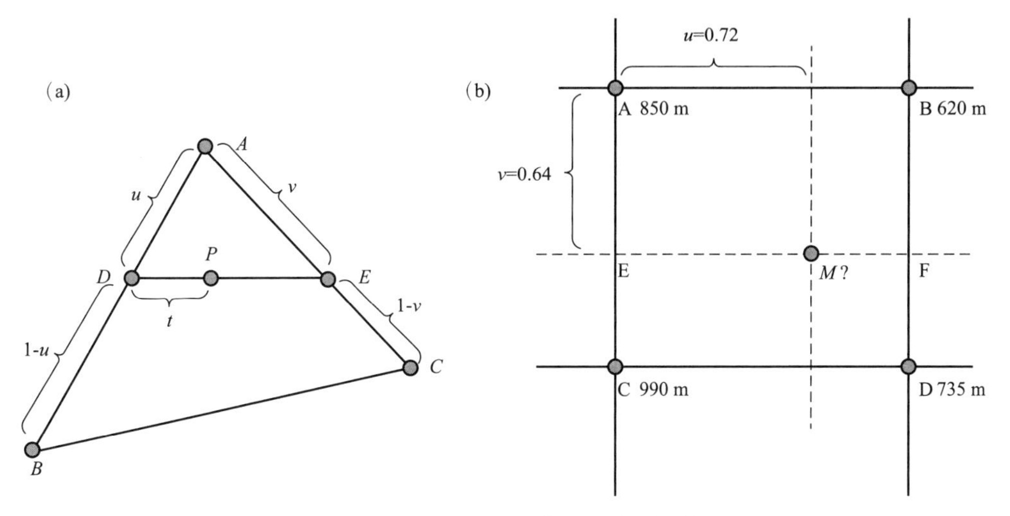

图 8.4　三角形和矩形内的双线性插值

(2)矩形内的双线性插值

先用 A、B 两点求出 E 点值，用 C、D 两点求出 F 点值，再由 E 和 F 求出 P 点的值。其中 E 点的值通过下式求得：

$$V_E = 0.36V_A + 0.64V_C \tag{8-5}$$

用类似的方法可以计算出 F 点及 P 点的值。

线性插值和双线性插值都是假定待插点的高程在直线上呈比例变化。另外，不管是何种采样点，都可用双线性方式内插函数来求出。

如图 8.4b，M 点的高程值可以通过下面的 Python 交互算出：

```
>>> 990*0.64+850*0.36
939.6
>>> 735*0.64+620*0.36
693.6
>>> 939.6*(1-0.72)+693.6*0.72
762.48
```

双线性插值法是改变网格分辨时最常用的重采样插值法，即每个重采样位置上的值是由距离该重采样位置最近的四个已知位置上的值来估算。

8.2.4　移动平均法

移动平均法是以内插点为中心确定一个取样窗口，然后计算落在窗口内的采样点上的平均值，作为内插点的特征估值。

对取样窗口的要求是：窗口大小要覆盖局域的极大或极小值，以使计算效率与计算精度之间达到合理的均衡；窗口内有 4～12 个采样点，若规则分布，采样点可以少些；若不规则分布，采样点应多些。

8.2.5 多项式内插法

移动内插法的实质是局部趋势面：首先以内插点 P 为中心，按某一半径 R 作圆；然后选定某一多项式作为内插函数，用落在该圆内的采样点的特征观测值来拟合该范围的特征值曲面；进而求得待插点的特征值。多项式内插函数的典型代表是二次多项式：

$$f(x,y)=b_0+b_1x+b_2y+b_3x_2+b_4xy+b_5y^2 \tag{8-6}$$

上式有 6 个待定系数，因此只要取样半径内有 6 个采样点，即可以确定这 6 个未知数。当采样点不足 6 个时，需要扩大取样半径；当采样点超过 6 个时，要列出 n 个采样点的误差（$v_i(i=1,2,\cdots,n)$）方程的矩阵如下：

$$\boldsymbol{v}=\boldsymbol{MB}-\boldsymbol{Z} \tag{8-7}$$

式中：

$$\boldsymbol{v}=\begin{bmatrix} v_1 \\ v_2 \\ \vdots \\ v_n \end{bmatrix};\boldsymbol{M}=\begin{bmatrix} 1 & \hat{x}_1 & \hat{y}_1 & \hat{x}_1^2 & \hat{x}_1\hat{y}_1 & \hat{y}_1^2 \\ 1 & \hat{x}_2 & \hat{y}_2 & \hat{x}_2^2 & \hat{x}_2\hat{y}_2 & \hat{y}_2^2 \\ \vdots & \vdots & \vdots & \vdots & \vdots & \vdots \\ 1 & \hat{x}_n & \hat{y}_n & \hat{x}_n^2 & \hat{x}_n\hat{y}_n & \hat{y}_n^2 \end{bmatrix};\boldsymbol{B}=\begin{bmatrix} b_0 \\ b_1 \\ b_2 \\ b_3 \\ b_4 \\ b_5 \end{bmatrix};\boldsymbol{Z}=\begin{bmatrix} Z_1 \\ Z_2 \\ \vdots \\ Z_n \end{bmatrix}$$

式中：$\boldsymbol{M}$ 矩阵中的元素为第 i 个点坐标（x_i,y_i）相对于 P 点为中心的坐标值：

$$\begin{aligned} \hat{x}_i &= x_i - x_p \\ \hat{y}_i &= y_i - y_p \end{aligned} \tag{8-8}$$

根据平差理论，二次曲面系数的解为：

$$\boldsymbol{B}=(\boldsymbol{M}^T\boldsymbol{PM})^{-1}\boldsymbol{M}^T\boldsymbol{PZ} \tag{8-9}$$

式中：$\boldsymbol{P}$ 为权重矩阵。考虑到采样点离内插点 P 的距离不同而相关程度不同，可以采用不同的权重 P_i，n 个采样点即构成 $1\times n$ 的矩阵。P_i 的取定有以下 3 种基本方式：

$$P_i=\frac{1}{d_i} \tag{8-10}$$

$$P_i=\left(\frac{R-d_i}{d_i}\right)^2 \tag{8-11}$$

$$P_i=\frac{d_i^2}{e^{k^2}}\text{（}K\text{ 为待选常数）} \tag{8-12}$$

由于 $\overline{x_p}=0,\overline{y_p}=0$，所以所求得的系数 b_0 即为 P 点高程值。

多项式内插法需要固定个数的采样点，对于离散且随机分布的采样点集，这样选取采样点的做法不够理想和方便。

8.2.6 样条函数法

样条函数即三次多项式。样条函数法的实质是采用三次多项式对采样曲面进行分段修

匀。每段拟合仅利用少数采样点的观测值,并要求保持各分段的连接处连续可导。样条函数一般形式为:

$$f(x,y)=\sum_{r+s=0}^{r+s=3} b_{rs}x^r y^s \tag{8-13}$$

样条函数拟合必须满足观测值与拟合值之差的平方和最小:

$$\sum_{i=1}^{i=n} W_i^2[z(x_i,y_i)-f(x_i,y_i)]^2=\min \tag{8-14}$$

式中:W_i 为拟合权,与 (x_i,y_i) 点处拟合误差的方差成反比;$z(x_i,y_i)$ 为采样值;n 为总采样数。

需要 9 个以上的采样点,可以通过特定的优化方法(最小二乘法、遗传算法、梯度下降法)来获取样条函数的系数(或称参数)。

8.2.7　核函数插值法

核函数插值法是本书作者提出的一种较简易的加权平均插值法。

$$Z(x,y)=\sum_{i=1}^{n} Z_i\overline{W}_i \tag{8-15}$$

其中权重 W_i 的计算是依据一种以采样点为中心的核函数。核函数需要满足随着待插点与采样点的距离增加时衰减,当增加至某一阈值半径时,函数值变为 0。

本书作者推荐使用的核函数为

$$w_i=\begin{cases}(R-d_i)/R & d<R\\ 0 & d\geqslant R\end{cases} \tag{8-16}$$

权重为

$$\overline{W}_i=w_i/\sum_{i=1}^{n} w_i \tag{8-17}$$

核函数权重随着距离 d 的增加而呈线性衰减,与 IDW 相比,其衰减较慢,因而可以获得较为自然的插值结果。

从严格意义来看,核函数插值法得到的曲面不能再现采样点处的值,仅是逼近采样点处的值。因此,核函数插值法类似于一种回归趋势面,适应于采样点处的数值存在误差的情况。很多自然现象的量化值具有这种随机测量误差特征,比如地面站点对降水量的观测值,由于其空间变异性极大,站点观测值并不能代表邻近区域的真实状况。

8.3　多面函数法

8.3.1　多面函数法的定义

多面函数法由美国 Hardy 教授 1977 年提出。它是从几何观点出发,使采样点形成一个平差的数学曲面问题。其理论依据是分段光滑曲线在三维空间域的扩展:“任何一个圆滑的数学表面总是可以用一系列规则的数学表面之和以任意的精度进行逼近”。也就是说:一个数学表面上某点 (x,y) 处的高程 z 的表达式为:

$$z = f(x, y) = \sum_{j=1}^{n} a_j q_j(x, y, x_j, y_j) \tag{8-18}$$

式中：a_j 为待定系数，相当于其他插值方法中的权重，其取值由已知采样点决定；n 为采样点个数；j 为样本点的序号；$q_j(x, y, x_j, y_j)$ 称为核函数（Kernel），它描述一个以采样点 (x_j, y_j) 为中心的一个曲面，函数的取值也与距离（指待估测点 (x, y) 与样本点 (x_j, y_j) 之间的距离）有关。由此可见，多面函数法的插值相当于是核函数的加权平均。

8.3.2 常见核函数

核函数可以任意选定。通常，可以假定各核函数是对称的圆锥面。其数学函数式为：

$$q(x, y, x_j, y_j) = \sqrt{(x - x_j)^2 + (y - y_j)^2} \tag{8-19}$$

也可以在上式中加入一个常数项 δ，成为一个双曲面，它在采样点处保证坡度的连续性。δ 可取值为 0.5。并令 $d_j = \sqrt{(x - x_j)^2 + (y - y_j)^2}$，则上式成为

$$q(x, y, x_j, y_j) = q(d_j) = \sqrt{d_j^2 + \delta} \tag{8-20}$$

其他可选的核函数还有：

$$q(d_j) = e^{kd_j^2} \tag{8-21}$$

$$q(d_j) = a^{d_j^2} = 0.995 d_j^2 \tag{8-22}$$

$$q(d_j) = \frac{1}{1 + \left(\frac{d_j}{k}\right)^2} \tag{8-23}$$

$$q(d_j) = d_j^3 + 1 \tag{8-24}$$

$$q(d_j) = \sum_{k=0}^{3} b_k d_j^k \tag{8-25}$$

$$q(d_j) = 1 - \frac{d_j^2}{[\max(d_j)]^2} \tag{8-26}$$

8.3.3 估计待定系数

待定系数 $a_{i,j}$ 需要根据样本点来求取。若有 $m \geqslant n$ 个采样点，则可以任意选择其中的 n 个为核函数的中心点 $P_j(x_j, y_j)$，并令第 i 个点在第 j 个采样点为中心的核函数的取值为

$$q_{ij} = q_{ij}(x_i, y_i, x_j, y_j) \tag{8-27}$$

则各数据点满足：

$$z_i = \sum_{j=1}^{n} a_j q_{ij} \quad (i = 1, 2, \cdots, m) \tag{8-28}$$

这里 z_i 是指第 i 个样本点上的观测量，比如高程或气温。

由此可以列出误差方程：

$$v = \begin{bmatrix} v_1 \\ v_2 \\ \vdots \\ v_n \end{bmatrix} = \begin{bmatrix} q_{11} & q_{12} & \cdots & q_{1n} \\ q_{21} & q_{22} & \cdots & q_{2n} \\ \vdots & \vdots & \vdots & \vdots \\ q_{m1} & q_{m2} & \cdots & q_{mn} \end{bmatrix} \times \begin{bmatrix} a_1 \\ a_2 \\ \vdots \\ a_n \end{bmatrix} - \begin{bmatrix} z_1 \\ z_2 \\ \vdots \\ z_m \end{bmatrix} \tag{8-29}$$

简写为

$$v = Qa - z$$

组成法方程求解出系数向量为

$$\boldsymbol{a} = (Q^T Q)^{-1} Q^T z \tag{8-30}$$

若将全部数据点取为核函数的中心，即 $n = m$，则系数向量计算为

$$\boldsymbol{a} = Q^{-1} z \tag{8-31}$$

8.3.4　待插点上的估值

对任意一点 $P_k(x_k, y_k)$，其待估量 $Z_k(k > n)$ 为：

$$z_k = \sum_{j=1}^{n} a_j q_{kj} (i = 1, 2, \cdots, m) \tag{8-32}$$

式中：$q_{k,j}$ 即为 P_k 点在第 j 个核函数曲面中的取值。

8.3.5　插值算法步骤

第一步，计算出第 i 个样本点在第 j 个样本点核函数中的取值

$$q_{i,j} = q(x, y, x_j, y_j)$$

$$q_{i,j} = q(x, y, x_j, y_j)$$

第二步，由 $q_{i,j}$ 组成矩阵 $\boldsymbol{Q}$，结合所有样本点上的观测量 z_i，组成向量 $\boldsymbol{z}$，求取系数向量 $\boldsymbol{a}$；

第三步，计算第 k 个待插点在各个核函数中的取值，采用(8-32)即加权平均出待插点上的估值。

需要注意的是，对于不同的待插位置，对其有影响的核函数是不同的。因此每内插一个位置，都要重复执行以上三步。

8.4　空间自协方差最佳插值法

法国地理数学家 Georges Matheron 和南非矿业工程师 D. G. Krige 提出了一种基于地质统计学的优化插值方法，常被称为 Kriging 法（克里格法）。与其他插值法（如 IDW 法）一样，该方法本质上也是一种加权平均法。不同的插值方法的差别在于待插值变量在空间上的变化理论假定不一样。Kriging 法是依赖于变量在空间上变化规律的理论分析的一种插值法，因而其插值效果能够更逼近真实变量的自然分布（图 8.5）。Kriging 法的这种理论基础是半变异函数（Semivariance ）。

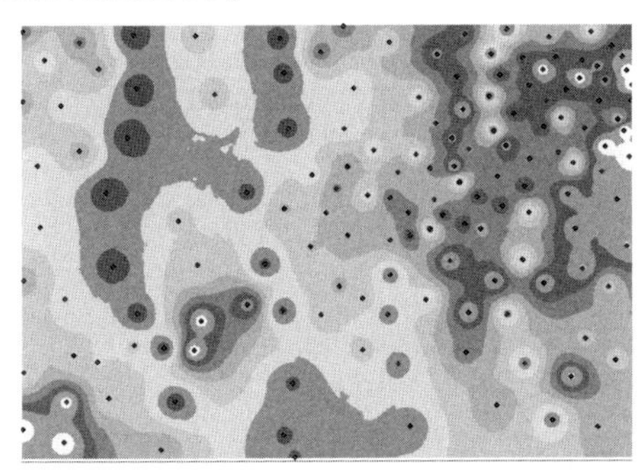
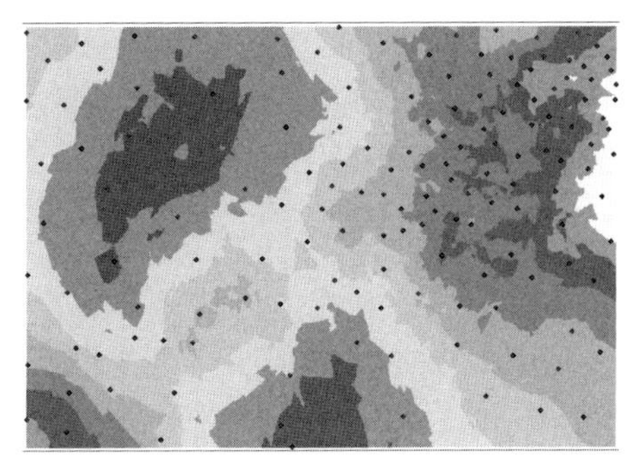

图 8.5　同一批样本点基础上 IDW 法（左）与 Kriging 法（右）的插值结果

8.4.1 半变异函数

地质统计学认为,通常情况下,空间上任意两点上变量值的变异量(即差别)是随着两点之间距离的增加而增加的,即相距越远,差别越大。因此,变量的方差 γ 是随着距离 h 变化的函数,半变异函数定义为

$$\gamma(h)=\frac{1}{2N(h)}\sum_{i=1}^{N(h)}[Z(x_i)-Z(x_i+h)]^2 \tag{8-33}$$

以 h 为横坐标,以 γ 为纵坐标,可绘制出的半变异函数曲线(Semivariogram)。当两点间的距离为 0 时,由于变量存在的某些干扰噪声或者测量误差,其变异量 γ 也不会是零,而是有一个基础值,该值叫作块金值,用 c_0 表示。当两点间距离 h 增加接近某个阈值 α 时,γ 将会逐渐趋于稳定,该稳定变异量叫作基台值,用 c_0+c_1 表示。$\gamma(h)$从 0 升至基台值的过程中,h 值的变化范围 α 即为变程。

8.4.2 半变异函数的理论模型

实际上,理论变异函数模型 $\gamma(h)$ 是未知的,往往要从有效的空间取样数据中去估计,对各种不同的 h 值可以计算出一系列 $\gamma(h)$值。因此,需要用一个理论模型去拟合这一系列的值。常用的模型包括:

① 纯块金效应模型

$$\gamma(h)=\begin{cases}0 & h=0\\ c_0 & h>0\end{cases} \tag{8-34}$$

式中:$c_0>0$ 为先验方差。

该模型相当于区域化变量为随机分布,样本点间的协方差函数对于所有距离 h 均等于 0,变量的空间相关不存在。

② 球状模型

该模型在单个样本点基础上生成的周围插值效果以二维灰度图绘制到平面上,会产生一个类似于球面漫反射的显示效果,故得名。

$$\gamma(h)=\begin{cases}0 & h=0\\ c_0+c\left(\frac{3h}{2a}-\frac{h^3}{2a^3}\right) & 0<h\leqslant a\\ c_0+c & h>a\end{cases} \tag{8-35}$$

式中:c_0 为块金常数;c_0+c 为基台值;a 为变程。

当 $c_0=0,c=1$ 时,称为标准球状模型。球状模型是地质统计学分析中应用最广泛的理论模型。

③ 指数模型

$$\gamma(h)=\begin{cases}0 & h=0\\ c_0+c(1-e^{-\frac{h}{a}}) & h>0\end{cases} \tag{8-36}$$

式中:c_0 和 c 意义与前相同,但 a 不是变程。

当 $h=3a$ 时,$1-e^{-\frac{h}{a}}=1-e^{-3}\approx 0.95\approx 1$,即 $\gamma(3a)\approx c_0+c$,从而指数模型的变程 a' 约为 $3a$ 。当 $c_0=0,c=1$ 时,称为标准指数模型。

④ 高斯模型

$$\gamma(h)=\begin{cases}0 & h=0\\ c_0+c(1-e^{-\frac{h^2}{a^2}}) & h>0\end{cases} \tag{8-37}$$

式中：c_0 和 c 意义与前相同，a 也不是变程。

当 $h=\sqrt{3}a$ 时，$1-e^{-\frac{h^2}{a^2}}=1-e^{-3}\approx 0.95\approx 1$，即 $\gamma(\sqrt{3}a)\approx c_0+c$，从而高斯模型的变程 a' 约为 $\sqrt{3}a$。当 $c_0=0,c=1$ 时，称为标准高斯函数模型。

⑤ 幂函数模型

$$\gamma(h)=Ah^{\theta}\quad 0<\theta<2 \tag{8-38}$$

式中：θ 为幂指数。

当 θ 变化时，这种模型可以反映原点附近的各种性状。但是 θ 必须小于 2。

⑥ 对数模型

$$\gamma(h)=A\lg h \tag{8-39}$$

显然，当 $h\to 0,\lg h\to-\infty$，这与变异函数的性质 $\gamma(h)\geqslant 0$ 不符。因此，对数模型不能描述点支撑上区域化变量的结构。

⑦ 线性基台值模型

$$\gamma(h)=\begin{cases}c_0 & h=0\\ Ah & h>0\end{cases} \tag{8-40}$$

该模型没有基台值和变程。

8.4.3　克里格插值法

克里格法的目标就是求一组权重系数 $\lambda_i(i=1,2,\cdots,n)$，使得加权平均值

$$Z_V*=\sum_{i=1}^{n}\lambda_i Z(x_i) \tag{8-41}$$

成为待估点位 V 上的平均值 $Z_V(x_0)$ 的线性、无偏最优估计量。其中要满足 $\sum_{i=1}^{n}\lambda_i=1$。

权重 λ 的选择应该使估计量 $Z_v*(x)$的方差达到最小，其最小方差为

$$\sigma_E^2=\sum_{i=1}^{n}\lambda_i\gamma(x_i,x_0)+\mu \tag{8-42}$$

只有下式成立时，才可获得最小方差

$$\sigma_E^2=\sum_{i=1}^{n}\lambda_i\gamma(x_i,x_0)+\mu=\gamma(x_j,x_0) \tag{8-43}$$

μ 为最小方差成立时的拉格朗日算子。方程组可写为

$$\begin{cases}\sum_{j=1}^{n}\lambda_j\gamma(x_i,x_j)+\mu=\gamma(x_i,x_0)\\ \sum_{i=1}^{n}\lambda_i=1\end{cases} \tag{8-44}$$

$$\sigma_K^2=\sum_{i=1}^{n}\lambda_i\gamma(x_i,V)-\gamma(x_0,x_0)+\mu \tag{8-45}$$

上述方程也用矩阵形式表示,令

$$\boldsymbol{K}=\begin{bmatrix}\overline{\gamma}_{11} & \overline{\gamma}_{12} & \cdots & \overline{\gamma}_{1n} & 1\\ \overline{\gamma}_{21} & \overline{\gamma}_{22} & \cdots & \overline{\gamma}_{2n} & 1\\ \vdots & \vdots & \vdots & \vdots & \vdots\\ \overline{\gamma}_{n1} & \overline{\gamma}_{n2} & \cdots & \overline{\gamma}_{nn} & 1\\ 1 & 1 & 1 & 1 & 0\end{bmatrix},\boldsymbol{\lambda}=\begin{bmatrix}\lambda_1\\ \lambda_2\\ \vdots\\ \lambda_n\\ \mu\end{bmatrix},\boldsymbol{D}=\begin{bmatrix}\overline{\gamma}(x_1,x_0)\\ \overline{\gamma}(x_2,x_0)\\ \vdots\\ \overline{\gamma}(x_n,x_0)\\ 1\end{bmatrix}$$

则普通克里格方程组为

$$\boldsymbol{K\lambda}=\boldsymbol{D} \tag{8-46}$$

$$\boldsymbol{\lambda}=\boldsymbol{K}^{-1}\boldsymbol{D} \tag{8-47}$$

$$\sigma_K{}^2=\boldsymbol{\lambda}^T\boldsymbol{D}-\overline{\gamma}(V,V) \tag{8-48}$$

在普通克里格方程组中,$\overline{\gamma}_{ij}(i,j=1,2,\cdots,n)$ 的解全部是由变异函数 $\gamma(h)$ 计算得到。

8.4.4 克里格插值的计算步骤

对待插点 P_0 处的 Z 值进行内插的步骤如下:

第一步,统计 $\gamma(h)$的变化曲线,选择某个半变异函数模型,通过最小二乘法拟合出系数模型中的未知参数(比如球状模型);

第二步,根据两两采样点之间的距离 $h_{i,j}$ 代入第一步拟合得到的半变异模型,算出其相应的半变异值 $\gamma_{i,j}$,组成矩阵 $\boldsymbol{K}$;

第三步,将待插值点与采样点之间的距离 $h_{0,i}(i=1,\cdots,n$,其中 n 为采样点个数)代入半变异模型,求出 $\gamma(0,i)$,组成矩阵 $\boldsymbol{D}$;

第四步,求出权重向量 $\boldsymbol{\lambda}=(\lambda_1,\lambda_2,\cdots,\lambda_\text{n})$。

第五步,根据公式(N),将采样点上的 Z_i 值以 λ_i 为权重进行加权平均,求出 Z_0 值,作为插值的最终结果,结束。

当内插某一位置上的值时,若参与计算的采样点很多,则方程中的矩阵会变得很大,相应的计算耗时就会很多。如果所有采样点都参与计算,则可以一次性算出所有两两样本点之间的 $\gamma_{i,j}$ 后,变换为不同待插值点时,这些 $\gamma_{i,j}$ 值可以重复使用,只需要计算 $\gamma(0,i)$即可。也可以只选取邻近的采样点来参与计算,每次针对不同的待插值点,上述 $\gamma_{i,j}$ 也需要重新计算。

8.5 Cressman 插值法

该插值法是由 Cressman 等在 1959 年提出的,是气象领域应用较广泛的方法,是专门用于用台站观测资料订正数值模拟场的方法之一。该插值法并非像其他插值法那样采用一个模型的一次计算就能一步到位完成,而是需要一个不断迭代的算法。

其基本步骤如下:

第一步,先给定一个任意假定的初始场 α_0;

第二步,先求台站上的观测值 α_k 与初始场 α_0 之差 $\Delta\alpha_k$,这里 k 表示台站的序号;

第三步,由 $\Delta\alpha_k$ 来通过一个加权平均法构造一个差值场 $\Delta\alpha_{\text{i,j}}$,

$$\Delta\alpha_{ij}=\frac{\sum_{k=1}^{K}W_{ijk}^{2}\Delta\alpha_{k}}{\sum_{k=1}^{K}W_{ijk}} \tag{8-49}$$

式中：$W_{i,j,k}$ 为权重，它是一个随着距离 d 的增加而衰减的函数，Cressman 给出的其计算公式为

$$W_{ijk}=\begin{cases}\dfrac{R^{2}-d_{ijk}^{2}}{R^{2}+d_{ijk}^{2}} & (d_{ijk}<R)\\ 0 & (d_{ijk}\geqslant R)\end{cases} \tag{8-50}$$

式中：R 为一个设定的阈值半径。

第四步，根据该差值场订正初始场，得到一个新场 α'，即令

$$\alpha'=\alpha_{0}+\Delta\alpha_{i,j} \tag{8-51}$$

第五步，将 α' 当作 α_0，回到第二步至第四步，订正新场若干次，直到订正后的场逼近观测记录为止。

Cressman 插值法唯一需要设定的参数是阈值半径 R，不同的 R 值会产生平滑程度不同的插值效果，即 R 值越大，插值后的曲面越平滑，样本点对邻近区域内的影响范围也就越大。

8.6　等值线的生成算法

等值线生成通常是数据经过插值后的进一步处理。等值线是由高程值相等的点构成的连续曲线，一般情况下要求是光滑的，但在计算机中是用折线来表示的。等值线的数据结构较为简单，即由高程值和等值点序列坐标两部分信息构成。

由采样得到的离散点生成等值线的方法可分成两步：第一步先用离散点构建不规则三角网或者用插值方法生成规则格网模型；第二步在网格中追踪等值点。利用不规则三角网和规则格网生成等值线的追踪方法略有不同，下面分别讲述。

8.6.1　不规则三角网基础上的等值线追踪

不规则三角网(TIN)数据结构一般含有较丰富的拓扑信息，如三角形某条边的邻接三角形，可以借助拓扑关系来追踪等值线。这里的等值线有如下性质：如果等值线通过某个三角形，则必通过三角形另外两条边中的一条；对于同一高程可能有多段等值线。在追踪时要先按照某种间隔确定多个等值线的高程值，并估算等值线的可能条数。下面是追踪某一高程值等值线的算法，该法以边为出发点进行追踪，判断等值线是否通过某边的方法是比较等值线高程是否介于边的两个顶点高程之间，如图 8.6。具体步骤为：

(1)设置 i 为 0；

(2)从索引 i 开始遍历 TIN 的有向边表，找到等值线通过且没有访问标记的一条边 L，若找到记录，则更新 i 的值为 L 在边表中的索引值，并执行第(3)步，若遍历完整个边表仍未找到则说明当前等值线已全部追踪完毕，执行第(6)步；

(3)为边 L 设置访问标记，按照比例计算等值线在 L 上的交点坐标并将其作为等值线上的一个顶点；

(4)判断 L 左侧是否有邻接三角形,若有执行第(5)步,否则,说明遇到边界,结束该段等值线追踪,并返回第(2)步执行(即开始下一段相同高程的等值线)。

(5)在 L 左侧的三角形 T 的另外两边中判断等值线通过哪条边(必有一条边是等值线通过的),将找到的边赋值给 L;返回(2)执行;

(6)将找到的多段等值线进行判断,将相互连接的多段等值线段合并为一段等值线,退出。

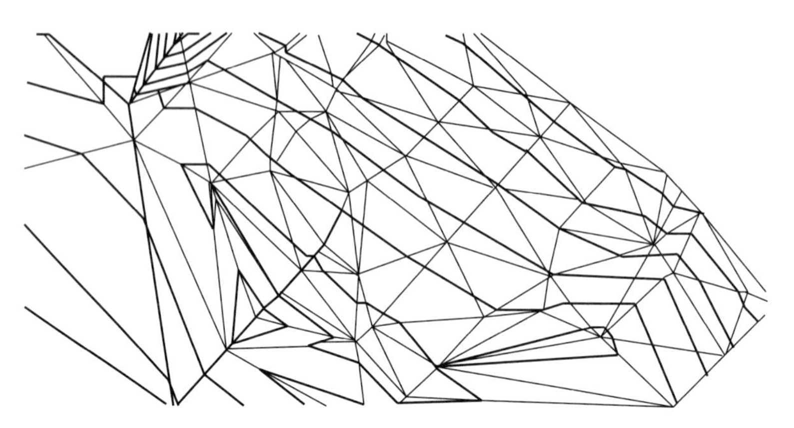

图 8.6 由三角网生成的等值线(细线为三角形,粗线为等值线)

8.6.2 规则格网生成等值线

用规则格网生成等值线是最常用的方法。在规则格网中搜索第一个等值点时,需要按照格网从左到右、从上到下的顺序进行。当规则格网的分辨率较高时,可以直接采用图像跟踪算法来追踪等值线,即直接寻找等值网格作为等值线上的点。当规则格网的分辨率较低时,精度不高,不能直接用图像跟踪算法,也需要采用类似于 TIN 方法中以边为出发点的追踪方法。所不同的是,规则格网中边与网格矩形之间的拓扑关系都是隐含的。如等值线通过某网格的边时,需要按照比例计算出等值线在该边上的交点,作为等值线上的点。

8.7 快速重采样算法

重采样本质上是在一个源网格基础上获得目标网格的过程。源网格与目标网格具有不同的坐标系和分辨率。重采样时,可能需要同时完成数据内插,同时还要完成坐标变换。从源网格坐标系到目标网格坐标系,有时有明确的函数来描述这种一一对应关系。

一般情况下,当待插值填充的目标网格以及源数据网格的分辨率都是恒定,或者都能快速定位时,需要按照目标网格实施一个二维循环实施扫描来完成对每个像元的填充。针对每一个待填充的目标网格,能够迅速计算出源网格中对应的像元行列号及其近邻像元,通过双线性插值后获得像元值。

```
destMatrix = [0,…0]
srcMatrix = 已知值
For row in 1:nRow
```

```
    For col in 1:nCol
        Lat,lon = CalLatLon(row,col)    //可根据分辨率和边界坐标来算出地理坐标
        //根据地理坐标计算目标网格行列号,该步可能还涉及地图投影等复杂变换
        rowSrc,colSrc = GetRowColSrc(lat,lon)
        //通过最近邻近、双线性插值、三次样条插值获得取样值
        destMatrix[row,col] = bilinear(srcMatrix,rowSrc,colSrc)
    Endfor
Endfor
```

这种坐标转换关系没有明确的函数关系,如像元的经纬度排列是不等距的且是非线性的,不能通过行列号快速计算出目标网格中的取样位置。这样的坐标转换需要通过辅助数据(一般也为网格化资料)用类似查表的方法来间接实现,如若需要通过遍历方式来完成转换,这个过程就可能会很低效。因此,在实际数据重采样应用中,应注意重采样执行的效率。

遥感资料常出现这种情况。由于遥感资料是通过斜向扫描地球表面获得的,矩阵中每一个像元的地理坐标则是存放在额外的矩阵中,即至少得有三个矩阵,即经度阵、纬度阵、观测值阵。这时,重采样时,可以通过目标网格的行列号立即算出对应的经纬度,但要根据此经纬度在源数据中检索出来对应的观测值,就需要在经度阵和纬度阵中搜索出最佳采样位置(即源阵的行列号),然后根据此行列号获得观测值。因此,重采样过程若是基于目标网格的一个扫描式填充,其效率就会非常低。

对于这种情况,可采用反向处理,即以源阵的行列号进行遍历扫描:

(1)对每一遍历到的源阵像元,获取其观测值、经度值和纬度值;

(2)根据经纬度推算出目标阵中的行列号,将观测值填充在目标阵的相应网格中。

这种处理会出现这样的情况,即多个源阵像元可能对应到目标阵中的一个像元,而某些目标像元却没有获得填充。解决方法是,为目标阵建立一个行列数相同的整型计数器矩阵,用于存放每个目标像元被填充的次数。当每次为目标像元中填充观测值时,不要直接赋值,而是改为累加赋值。当整个源阵全部遍历完时,将目标阵中的累加值除以其填充次数,获得平均值,作为最终填充值;对于目标阵中还没被填充的像元,这时需要通过其邻近像元上已填充的观测值来插值补全。

填充邻近像元时只需要遍历一次目标阵,补填某个像元时采用的方法是,先查看其周围8个邻域中是否有值,若有就用所有值的平均值来填充。若没有,就将查找范围再扩大一个像元的距离,用找到的所有值的平均值来填充。

```
destMatrix = [0,…,0]
srcMatrix = 已知值
Counter = [0,…,0]
For rowSrc in 1:nRowSrc
    For colSrc in 1:nColSrc
    Lat,lon =  CalLatLonSrc(row,col)
    //涉及地图投影或其他坐标变换
    rowDst,colDst = GetRowColDst(lat,lon)
```

```
    //双线性插值取样
    destMatrix[rowDst,colDst] + = bilinear(srcMatrix,rowSrc,colSrc)
    Counter[rowDst,colDst] + = 1
    Endfor
Endfor
destMatrix/ = Counter //矩阵运算
```

最近邻近填充补填未赋值像元。

8.8 小结

对于相同的采样点实施不同的空间插值算法会得到不同的效果。不少插值算法还涉及插值参数的选择，如反距离权重法的 n 值、核函数插值法中的半径 D 值，Cressman 插值法中的半径 R，克里格法中的模型参数等，也会影响插值结果。具体采用何种插值算法以及如何选择插值参数取决于具体的应用。例如反距离权重插值法有可能通过调整 n 值也会达到如克里格法类似的插值效果。用克里格法对地形高程资料进行插值时，可能会在山坡与山前平原的地形突变处出现不符合常理(如产生洼地和深坑)的插值结果。对地形资料进行插值，为保持不会出现异常数据，选用基于三角形的双线性插值法可能更为适合。

不同插值算法的效率会有较大差别，如克里格法、Cressman 插值法、多面函数法都是计算量较大的算法。如果算法中考虑的样本点较多，就需要限制一下样本点的范围，即尽可能使用处于待插点一定半径范围的样本点，避免使用较远的样本点，这样可有效地减少计算耗时。

在对格点化资料实施重采样的应用中，最常使用的插值法为双线性插值法或最近邻近法，既能保证插值时的执行效率，也能保证不出现明显的异常数据。

第 9 章　统计分析方法

地学中涉及大量的随机自然现象，比如云雾和山形状，树木、地物的大小、高度，以及矿产的分布，但这些分布都遵循特定的分布规律。科学家们已为这些随机分布提出了各种理论分布模型，在现代地学领域的数据分析中获得了广泛应用。

实际上，具体某一个自然现象遵循哪种分布，是根据抽样调查后推断出来的，理论分布只是对自然现象分布状况的一种假设概括，也就是说一个自然现象也并非只能遵循一种理论分布，但可以通过判断准则如最大似然法加以比较不同理论分布对样本的拟合程度。

9.1　概率密度函数及累积分布函数

由概率论可知，对现象进行定性描述时，其概率取值是离散的，比如某森林中树木是柏树的概率是 0.2，是松树的概率是 0.3，是落叶阔叶树的概率是 0.4，是常绿阔叶树的概率是 0.1，其概率取值只有这 4 个。然而对自然现象进行定量描述时其描述对象属性的值是连续的(即连续型随机变量)，而其概率取值也一般是连续的。比如逐日降水量，0.5mm 的降水对应一种概率，而 0.51mm、0.515mm 的降水也都分别对应各自的概率。

9.1.1　概率密度函数

分布函数为连续函数的随机变量称为连续型随机变量。连续型随机变量往往通过其概率密度函数(pdf)进行直观地描述。连续型随机变量 x 的概率密度函数 $f(x)$ 具有如下性质：

(1) $f(x)$ 不能为负值，即 $f(x) \geqslant 0$；

(2) $f(x)$ 的积分为 1，即 $\int_{-\infty}^{\infty} f(x)\mathrm{d}x = 1$；

(3)变量在区间(a,b)内存在的概率为概率密度函数在此区间上的积分值，即 $P(a<X<b)=\int_a^b p(x)dx$.

从频率直方图(图 9.1)来看，当试验次数无限增加，直方图趋近于光滑曲线，曲线下包围的面积表示概率。该曲线的形状就是概率密度函数。

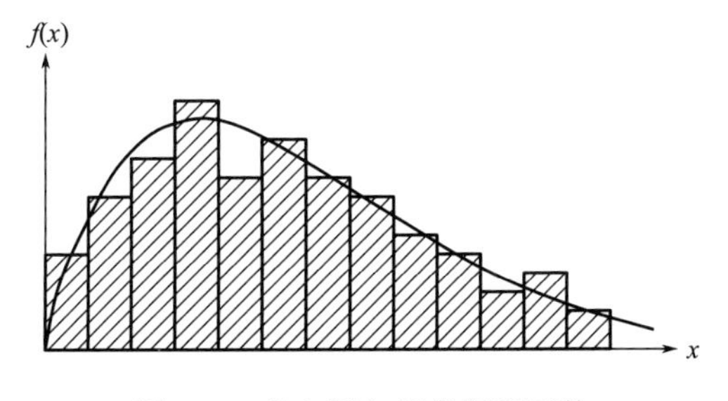

图 9.1　直方图与概率密度函数

9.1.2 累积分布函数

设 X 为一随机变量，称函数

$$F(x)=P(X\leqslant x) \quad (-\infty<x<\infty) \tag{9-1}$$

为 X 的累积分布函数(cdf)。它是概率密度函数 $f(x)$的积分：

$$F(x)=\int_{-\infty}^{x} f(t)\mathrm{d}t \quad (-\infty<x<\infty) \tag{9-2}$$

$F(x)$的性质是

(1)$0\leqslant F(x)\leqslant 1(-\infty<x<\infty)$；

(2)$F(x)$是非递减函数；

(3)$F(x)$在 x 的下限处为 0，上限处为 1。

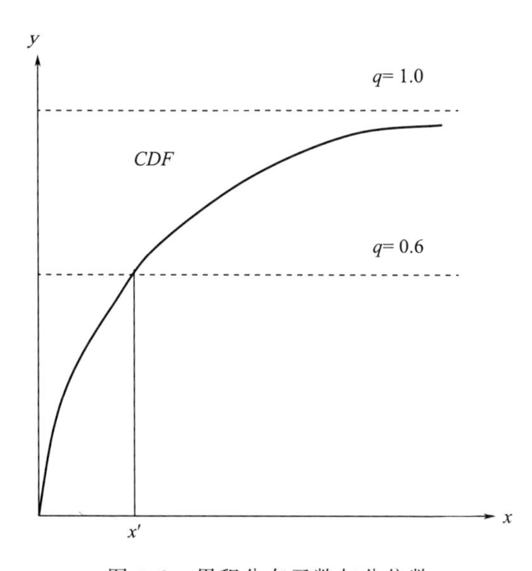

图 9.2 累积分布函数与分位数

9.1.3 分位数

有些随机变量 x 的上下限范围为正负无穷，若从整个值域范围来考察是十分困难的。其实当 x 接近下限或上限时，其概率密度函数值都很小，可以忽略，这时需要用累积分布函数(cdf)来截取一定的范围，使 x 的考察范围不至于太宽。比如可以取 $F(x)=0.01$ 作为考察的下界，取 $F(x)=0.99$ 作为考察上界。这时我们取的这两个值被称为分位数，或称百分位数。分位数不只限于只取上界或下界，任何 0～1 之间的数都可以作为分位数来考察。

只要设定了分位数就可以通过 $F(x)$的反函数来反求出对应该分位数的 x 值(图 9.2)，即

$$x=F^{-1}(q) \qquad (0\leqslant q\leqslant 1)$$

在计算机中生成任何随机数的基本方法就是使用分位数原理。因为几乎所有编程语言都提供了生成均等分布随机数的功能，可以把 0～1 之间的均等分布的随机数作为分位数 q，通过每种特定分布模型的反函数 $x=F^{-1}(q)$就可以得到遵循该分布的随机数。

9.2　常用理论分布模型

下面的分布中，高斯分布即正态分布，而其他分布均是偏态分布，自然界更多的现象呈现偏态分布，比如大气降雨的雨滴大小、气溶胶粒子的大小、日降水量都是偏态分布的。

9.2.1　高斯分布

(1)高斯分布的定义

高斯分布(Gaussian distribution)即正态分布(normal distribution)，是一种最为重要的分布模型。许多现象遵循高斯分布，如人的身高、体重、智力。

若随机变量 X 服从一个数学期望为 μ、标准方差为 σ^2 的高斯分布，记为 $N(\mu,\sigma^2)$，则其概率密度函数为正态分布，期望值 μ 决定了其位置，其标准差 σ 决定了分布的幅度。其曲线呈钟形，以 μ 为中心左右对称，中心处概率密度最大，随着与中心处之间距离的增大，概率密度逐渐减小，因此人们又经常称之为钟形曲线。当 $\mu=0,\sigma=1$ 时，这时的高斯分布被称作标准正态分布。

高斯分布的概率密度函数(图 9.3a)为

$$f_{\mu,\sigma}(x)=\frac{1}{\sigma\sqrt{2\pi}}\exp\left[-\frac{(x-\mu)^2}{2\sigma^2}\right] \tag{9-3}$$

对标准高斯分布，其概率密度函数为

$$f_{0,1}(x)=\frac{1}{\sqrt{2\pi}}\exp\left[-\frac{x^2}{2}\right] \tag{9-4}$$

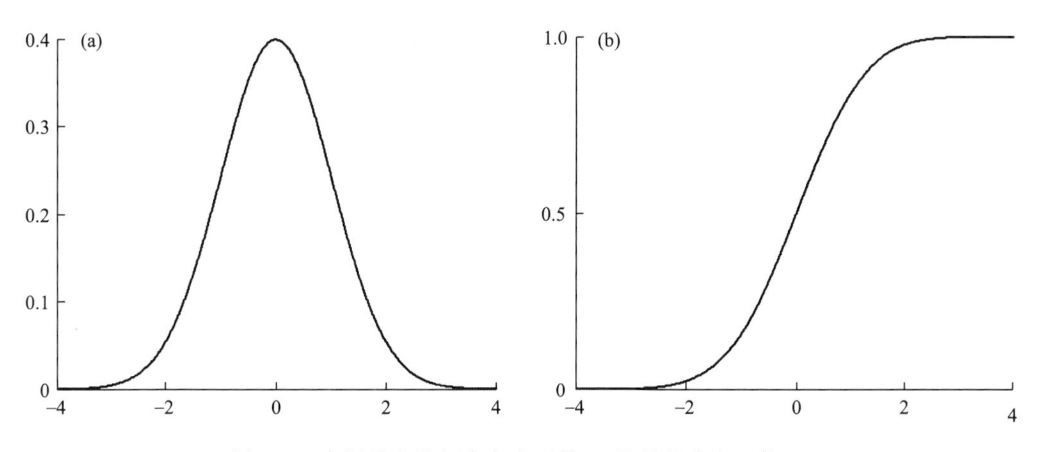

图 9.3　高斯分布的概率密度函数(a)及累积分布函数(b)

标准正态分布以 Y 轴(即 $x=0$)为中心，左右对称。

其累积分布函数(图 9.3b)为

$$F(x)=\frac{1}{2}\left[1+erf\left(\frac{x-\mu}{\sqrt{2\sigma^2}}\right)\right] \tag{9-5}$$

上式中 erf 为误差函数(也称之为高斯误差函数)，是一个非基本函数(即不是初等函数)，该函数在误差分析中被广泛应用，它的定义如下：

$$erf(x)=\frac{2}{\sqrt{\pi}}\int_0^x \exp(-t^2)\,\mathrm{d}t \tag{9-6}$$

该函数的右边可用泰勒级数展开：

$$erf(x)=\frac{2}{\sqrt{\pi}}\sum_{n=0}^{\infty}\frac{(-1)^n x^{2n+1}}{(2n+1)n!}=\frac{2}{\sqrt{\pi}}\left(x-\frac{x^3}{3}+\frac{x^5}{10}-\frac{x^7}{42}+\frac{x^9}{216}-\cdots\right) \tag{9-7}$$

通过忽略后面的项，可以获得该函数的近似数值。

(2)高斯分布的随机数模拟生成

正态分布随机数是经常使用的随机数。其生成方法为：设 v_1 与 v_2 为两个独立生成的均等分布随机数，则

$$u=\cos(2\pi v_1)\sqrt{-2\ln(v_2)} \tag{9-8}$$

为正态分布随机数。

9.2.2 Γ 分布

(1)Γ 分布的定义

Γ 分布，即伽马(gamma)分布，是一种基本的偏态分布，如图 9.4。其概率密度函数为

$$f_{k,\theta}(x)=x^{k-1}\frac{\exp(-x/\theta)}{\Gamma(k)\theta^k}\quad x>0,k>0,\theta>0; \tag{9-9}$$

式中：k 和 θ 是 Γ 分布的两个参数，k 为形状参数，θ 为尺度参数。其分布均值 μ 和方差与这两个参数存在如下关系：

$$\mu=k\theta \quad \sigma^2=k\theta^2 \tag{9-10}$$

其中 $\Gamma(\cdot)$ 为 gamma 函数，它是阶乘函数从整数域向分数域的推广，其定义为

$$\Gamma(x)=\int_0^{\infty} t^{z-1}e^{-t}\,\mathrm{d}t \tag{9-11}$$

Gamma 函数满足

$$\Gamma(z+1)=z\,\Gamma(z) \tag{9-12}$$

再结合 $\Gamma(1)=1$，可得

$$\Gamma(n)=1\cdot 2\cdot 3\cdots(n-1)=(n-1)!$$

其累积分布函数较为复杂，这里不作介绍。

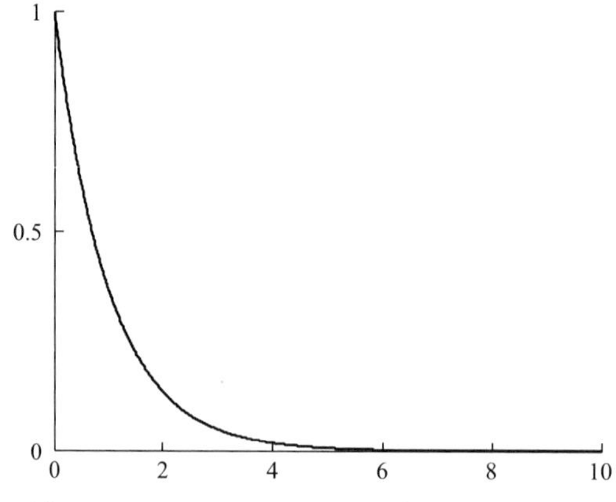

图 9.4 $k=1,\theta=1$ 时的 Γ 分布概率密度函数

(2)Γ 函数的数值

当对使用 gamma 分布进行参数拟合时，gamma 函数的快速数值逼近是一个十分关键的问题。Gamma 函数 $\Gamma(x)$ 实际上是阶乘函数 $f(n)=n!$ 向有理数域的扩展，即用有理数 x 代替整数 n 后的函数。

① 网页 http://www.rskey.org/gamma.htm 中给出了 gamma 函数计算器：

$$\Gamma(x)=\left(\frac{x}{e}\sqrt{x\sinh\frac{1}{x}+\frac{1}{810x^6}}\right)^x\sqrt{\frac{2\pi}{x}} \tag{9-13}$$

该公式为最常用的 gamma 计算器，计算精度较高，但效率较低。

② 网页 http://www.rskey.org/gamma.htm 中，Gergö Nemes 提出了下面的多个公式：

$$\Gamma(x)=e^{-x}\sqrt{2\pi x}\left(x+\frac{1}{12x}+\frac{1}{1440x^3}+\frac{239}{362880x^5}\right)^x \tag{9-14}$$

经作者研究测试，该公式运行效果比公式(9.13)略快，但计算精度稍低。其余公式为：

$$\Gamma(x)=x^x\sqrt{2\pi x}\exp\left[\frac{1}{12x+\frac{2}{5x}}-x\right][1+O(x^{-6})] \tag{9-15}$$

$$\Gamma(x)=x^x\sqrt{2\pi x}\exp\left[\frac{1}{12x+\frac{2}{5x+\frac{53}{42x}}}-x\right][1+O(x^{-6})] \tag{9-16}$$

$$\Gamma(x)\approx\sqrt{\frac{2\pi}{z}}\left[\frac{1}{e}\left(x+\frac{1}{12x-\frac{1}{10x}}\right)\right]^x \tag{9-17}$$

(3)Γ 分布随机数的生成

在互联网页中 Wiki 百科(http://en.wikipedia.org/wiki/Gamma_distribution)给出了如下的 gamma 分布随机数生成器算法：

先假定 I_k 是 k（k 为 gamma 分布中形状参数）的整数部分，δ 是 k 的小数部分。

① 令 $m=1$；

② 生成(0,1)范围内三个独立的均等分布随机数 v_1, v_2, v_3；

③ 如果 $v_1\leqslant v_0$，其中 $v_0=\frac{e}{e+\delta}$，则执行第 4 步，否则执行第 5 步；

④ 令 $\xi=v_2^{1/\delta}$，$\eta=v_3\xi^{\delta-1}$，执行第 6 步；

⑤ 令 $\xi=1-\ln v_2$，$\eta=v_3e^{-\xi m}$；

⑥ 如果 $\eta>\xi^{\delta-1}e^{-\xi m}$，则继续返回到第②步执行；

⑦ 令 $\Gamma(\delta,1)=\xi$，作为其随机数实现；

⑧ 计算 $\Gamma(k,\theta)\approx\theta\cdot(\xi-\sum_{i=1}^{I_k}\ln U_i)$。

9.2.3　指数分布

(1)指数分布的定义

指数分布是 Γ 分布在 $k=1$ 时的特例，其概率密度函数为

$$f_{\lambda}(x)=\lambda e^{-\lambda x} \tag{9-18}$$

式中:λ 相当于 Gamma 函数中 θ 的倒数,它是指数分布函数中唯一的待定参数。指数分布的均值 $\mu=1/\lambda$,方差 $\sigma=1/\lambda^2$。指数分布可以用来表示独立随机事件发生的时间间隔,比如旅客进机场的时间间隔。

指数分布的累积分布函数为

$$F(x)=1-e^{-\lambda x} \tag{9-19}$$

有时人们使用混合指数分布,其概率密度函数为

$$f_3(y)=\alpha\lambda_1 e^{-\lambda_1 x}+(1-\alpha)\lambda_2 e^{-\lambda_2 x} \tag{9-20}$$

其中 α 为混合比例,与 λ_1 和 λ_2 构成了该分布的三个参数。

(2)指数分布随机数的生成

由于指数分布的累积分布函数为

$$y=f(x)=1-e^{-\lambda x},\lambda>0 \tag{9-21}$$

则其反函数为

$$x=g(y)=-\frac{1}{\lambda}\ln(1-y) \tag{9-22}$$

由于 y 的值域范围为[0,1],且符合均等随机分布,因此可以取 v_t 为 y 的随机数实现(0~1 之间的均等分布),则 $g(v_t)=-\frac{1}{\lambda}\ln(1-v_t)$ 即为对应的指数分布随机数。由于与 $1-v_t$ 都是属于[0,1]范围内的随机数,且分布概率均等,因此二者意义相同,可用 v_t 来代替 $1-v_t$,即最终使用的指数分布随机数生成器的公式为

$$g(v_t)=-\frac{1}{\lambda}\ln v_t \tag{9-23}$$

混合指数分布可以看作是两个指数分布以参数 α 的混合,其随机数的生成可根据分配比例 α 来选择两个指数分布中的一个来生成随机数。可分两步来进行:

① 生成一个[0,1]范围内的均等分布随机数 r_α;

② 判断 $r_\alpha>\alpha$ 是否成立,若是则 $r_t=r_{\min}-\frac{1}{\lambda_1}\ln v_t$,若否则 $r_t=r_{\min}-\frac{1}{\lambda_2}\ln v_t$。

9.2.4 对数正态分布

对数正态分布是指对数化后的变量符合正态分布的一种偏态分布,其函数曲线形状类似于 Γ 分布,如图 9.5。其概率密度函数为

$$f_{\mu,\sigma}(y)=\frac{1}{y\sigma\sqrt{2\pi}}\exp\left[-\frac{(\ln y-\mu)^2}{2\sigma^2}\right] \tag{9-24}$$

这里的 μ,σ 分别指对数正态分布的变量在对数化后的均值和方差。

9.2.5 韦布尔分布

韦布尔分布(Weibull distribution)也是一种偏态分布,其概率密度函数为

$$f(x)=\frac{k}{\lambda}\left(\frac{x}{\lambda}\right)^{k-1}\exp[-(x/\lambda)^k],\ x>0 \tag{9-25}$$

$\lambda>0$ 是比例(或尺度)参数,$k>0$ 是形状参数。

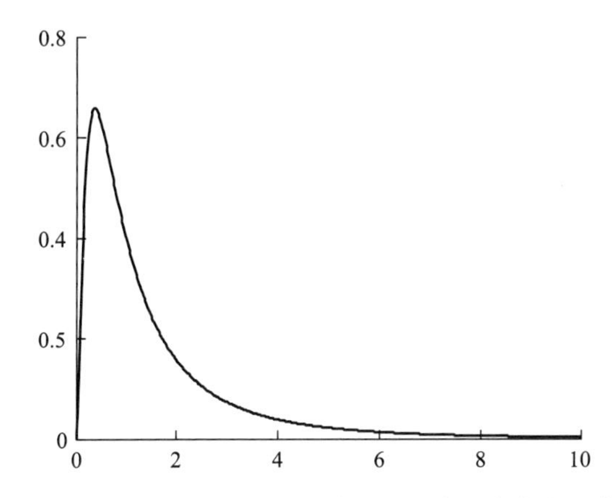

图 9.5 $\mu=0,\sigma=1$ 时的对数正态分布概率密度函数

其累积概率分布函数为

$$F(x)=1-\exp[-(x/\lambda)^k] \tag{9-26}$$

其均值为

$$\mu=\lambda\Gamma\left(1+\frac{1}{k}\right) \tag{9-27}$$

方差为

$$\sigma^2=\lambda^2\Gamma\left(1+\frac{2}{k}\right)-\mu^2 \tag{9-28}$$

其中 Γ(•)即为上述 gamma 函数。

9.3 分布参数的点估计方法

在许多地学统计问题中,我们通过绘制统计直方图大体能够感知某随机变量的分布形式,但还需要知道该分布的参数,才能算弄清该变量的状况。此外,必须知道分布参数的估计值才能进一步实现一些随机模拟应用。参数估计问题有两类,一类是点估计,一类是区间估计,地学模型中一般多涉及点估计问题。

点估计的一般问题是:设总体 X 的分布为已知,或者根据其分布直方图来直接指定一种分布,接下来就要求出该分布的参数集 Θ,使用总体中抽样调查得到的样本集合($X_1,X_2,\cdots,X_n$) 来构造合适的统计量,用这些统计量与参数之间的理论关系来估计的值。

对于正态分布而言,Θ 即为均值 μ 和标准差为 σ,对 Γ 分布而言,Θ 指 k(形状参数) 和 θ(尺度参数),对指数分布而言,其参数集 Θ 即为 λ。

下面我们主要学习矩法和最大似然法这两类点估计方法。

9.3.1 矩法

设 $X_1,X_2,\cdots,X_n$为总体 X 的样本,则由概率论可知,其 k 阶原点矩定义为

$$A_k=\frac{1}{n}\sum_{i=1}^{n}(X_i)^k \tag{9-29}$$

其 k 阶中心矩为

$$B_k = \frac{1}{n}\sum_{i=1}^{n}(X_i - \overline{X})^k \tag{9-30}$$

矩法就是使用这些样本矩来估计参数 Θ 的方法。显然，一阶原点矩即为样本的均值，二阶中心矩即为样本的方差。

设总体 X 的分布函数中包含 m 个未知参数 $\theta_1,\theta_2,\cdots,\theta_n$，总体 X 的 k 阶矩 v_k 存在（其中 $k=1,2,\cdots,m$），则以样本矩作为总体矩 v_k 的估计，即可根据 v_k 与 $\theta_1,\theta_2,\cdots,\theta_n$ 之间的理论关系得到方程组：

$$\begin{cases} v_1(\theta_1,\theta_2,\cdots,\theta_m) = \frac{1}{n}\sum_{i=1}^{n}X_i \\ v_2(\theta_1,\theta_2,\cdots,\theta_m) = \frac{1}{n}\sum_{i=1}^{n}X_i^2 \\ \quad\vdots \\ v_m(\theta_1,\theta_2,\cdots,\theta_m) = \frac{1}{n}\sum_{i=1}^{n}X_i^m \end{cases} \tag{9-31}$$

包含 m 个方程的方程组显然可以求出 m 个未知参数 $\theta_1,\theta_2,\cdots,\theta_n$ 的值，这就是矩估计的原理。问题的关键就在于找到 $\theta_1,\theta_2,\cdots,\theta_n$ 与各阶矩的理论关系。

假定某随机变量的样本统计直方图接近于正态分布，则很容易求出两个参数的矩估计值：μ 的估计量即为样本的均值（一阶原点矩），σ 的估计量即为样本的方差（二阶中心矩）。

如果我们认为某随机变量的样本统计直方图是偏态的，可定义其遵循指数分布、Γ 分布、混合指数分布以及韦布尔分布中的任何一种。

若假定为指数分布，求取其参数 λ 也很简单，因为前面已经学过，指数分布的均值即为 $1/\lambda$，因此只需要取样本均值的倒数即可作为 λ 的矩估计值。

若假定为 Γ 分布，显然可通过关系 $\mu=k\theta$ 且 $\sigma^2=k\theta^2$ 来获得 k 与 θ 两个参数的值，即 $\theta=\sigma^2/\mu$，$k=\mu/\theta$。

9.3.2 最大似然法

上面所讲的矩法主要用于对分布参数固定的情形，若分布参数同时又是其他因素的函数，这时分布的参数是变化的。比如某区域的逐日降水量或逐日气温（它们都属接近于指数分布的偏态分布），如果不考虑季节的影响，则它们的分布即为固定参数的分布，也就是说它们都各只有一个理论期望值（平均日气温、平均日降水量）和一个理论方差。但若考虑季节变化，则针对某月某日应该有一个单独的期望和方差，也就是说日降水量和日气温的均值和方差都受年内日期的影响，是日期的函数。而这时需要建立一个更复杂的模型才能求解均值、方差与日期的函数关系，这时矩方法就无能为力了，而最大似然法才是理想的选择。

（1）原理

设连续型总体 X 的概率密度函数为 $f(x;\theta)$，θ 是未知的参数，样本 $X_1,X_2,\cdots,X_n$ 的联合概率密度函数为 $f^*(x_1,x_2,\cdots,x_n;\theta)$，由于所有样本之间是独立的（即样本与样本之间不存在相互影响的函数关系），因此联合概率密度函数就是所有样本概率密度的乘积，即

$$f^*(x_1,x_2,\cdots,x_n;\theta)=f(x_1;\theta)f(x_2;\theta)\cdots f(x_n;\theta)$$
$$=\prod_{i=1}^{n}f(x_i;\theta) \tag{9-32}$$

对于特定观测样本 $x_1,x_2,\cdots,x_n$ 而言，把上式右侧表示为 θ 的函数，令

$$L(\theta)=L(x_1,x_2,\cdots,x_n;\theta)=\prod_{i=1}^{n}f(x_i;\theta) \tag{9-33}$$

称 $L(\theta)$为 θ 的似然函数。

最大似然法就是通过选取一个 θ 的估计值 $\widehat{\theta}$，使得似然函数 $L(\theta)$达到最大，也就是使实际已发生的所有样本的联合密度达到最大，即

$$L(\widehat{\theta})=\max_{\theta}L(x_1,x_2,\cdots,x_n;\theta)=\max_{\theta}\left[\prod_{i=1}^{n}f(x_i;\theta)\right] \tag{9-34}$$

显然上式是一个优化问题，可以通过求一阶导数并令其为 0 的方法求取，或者采用遗传算法(后面章节将有介绍)来优化逼近。当 n 很大时，上式右侧的连乘将会有很多项，而 $f(x_i;\theta)$又总是一个小于 1 的数，因此计算机很难表达如此之小的浮点数，且连乘形式也不利于求解。可以采用对数变换使上式右侧的连乘变为求和，则问题就简单了：

$$\ln L(\widehat{\theta})=\max_{\theta}\ln\left[\prod_{i=1}^{n}f(x_i;\theta)\right]=\max_{\theta}\left[\sum_{i=1}^{n}\ln f(x_i;\theta)\right] \tag{9-35}$$

(2)示例

示例 1:指数分布的最大似然估计

假定某地学随机变量(如逐日降水量)服从指数分布，现有观测样本 $x_i(i=1,2,\cdots,n)$，求分布参数 λ 的最大似然估计。

解:似然函数为 $L(x_1,x_2,\cdots,x_n;\lambda)=\prod_{i=1}^{n}\lambda\exp(-\lambda x_i)=\lambda^n\exp\left[-\lambda\sum_{i=1}^{n}x_i\right]$，

$\ln L=n\ln\lambda-\lambda\sum_{i=1}^{n}x_i$，

两边求对 λ 的导数，并令其为 0，得

$$\frac{\mathrm{d}\ln L}{\mathrm{d}\lambda}=\frac{n}{\lambda}-\sum_{i=1}^{n}x_i=0$$

解出 $\lambda=\dfrac{1}{\dfrac{1}{n}\sum_{i=1}^{n}x_i}=\dfrac{1}{\overline{x}}$。因此 λ 是均值的倒数，这与理论上一致。

示例 2:高斯分布的最大似然估计

假定某地学随机变量(如气温)服从指数分布，现有观测样本 $x_i(i=1,2,\cdots,n)$，求分布参数 μ,σ 的最大似然估计。

解:高斯分布的似然函数为 $L(\mu,\sigma)=\prod_{i=1}^{n}\dfrac{1}{\sigma\sqrt{2\pi}}\exp\left[-\dfrac{(x_i-\mu)^2}{2\sigma^2}\right]$，即

$$L(\mu,\sigma)=\frac{1}{(\sigma\sqrt{2\pi})^n}\exp\left[-\frac{1}{2\sigma^2}\sum_{i=1}^{n}(x_i-\mu)^2\right],$$

$$\ln L(\mu,\sigma)=-\frac{n}{2}\ln(2\pi\sigma^2)-\frac{1}{2\sigma^2}\sum_{i=1}^{n}(x_i-\mu)^2$$

分别对 μ,σ^2 求偏导数,并令其为 0 得

$$\begin{cases}\dfrac{\partial \ln L}{\partial \mu}=\dfrac{1}{\sigma^2}\sum_{i=1}^{n}(x_i-\mu)=0\\ \dfrac{\partial \ln L}{\partial \sigma^2}=-\dfrac{n}{2}\dfrac{1}{\sigma^2}+\dfrac{1}{2\sigma^4}\sum_{i=1}^{n}(x_i-\mu)^2=0\end{cases}$$

解得 $\mu=\dfrac{1}{n}\sum_{i=1}^{n}x_i=\bar{x}$, $\sigma^2=\dfrac{1}{n}\sum_{i=1}^{n}(x_i-\bar{x})^2$。

(3)优势

矩方法与最大似然法相比虽然相对简单些,但只能获得参数估计值,难以比较评价分布的适用性。而由最大似然法得到参数后还可以求出最终获得的似然值。当对已有的样本用多种理论分布来套用时,就需要比较哪些分布更适用于已有的样本,这时可以用最大化的似然值来评价。显然最大化似然值越大,表明该分布越适用于这些观测样本。此外,最大似然法对于求解广义线性模型发挥着重要作用,关于这类模型的求解问题我们将在后面的章节讲述。

9.4 Python 语言中的统计分布函数

Python 语言中有一个强大的伪随机数生成器模块 numpy,它可为很多分布类型生成随机数。支持的分布有均等分布、正态(高斯)分布、对数正态分布、指数分布、gamma 分布以及 beta 分布。由于其依赖于一个较为成熟的随机数生成程序库,因此其随机数生成的质量要好于 C、C#等语言生成的随机数。下面给出 Python 的支持库中常用的几个分布的随机数发生器函数:

random()返回下一个介于 0～1 之间的均等分布随机数。

choice(seq)函数:返回从非空的序列中均等随机选取的一个元素值。

shuffle(x,[random])函数:对序列 x 中的元素洗牌,即随机乱序。参数 random 指洗牌时所用的随机数函数,默认为 random()函数。

sample(population,k)函数:从群体序列中返回长度为 k 的元素列表。

uniform(a,b)函数:返回一个介于 a～b 之间的均等分布实数。

Betavariate(alpha,beta)函数:Beta 分布随机数,要求 alpha 和 beta 为非负。返回值介于 0～1。

Expovariate(lambd)函数:指数分布随机数。返回值介于 0 至正无穷大。Lambd 即指数分布参数 λ。

Gammavariate(alpha,beta)函数:gamma 分布随机数,要求 alpha 和 beta 为非负。Alpha 和 beta 相当于前述理论分布中的 k(形状参数)和 θ(尺度参数)。

Gauss(mu,sigma)函数:正态分布随机数,mu 指均值 μ,sigma 即标准差。

Random 模块中还提供了 Perto 分布和 Weibull 分布的随机数生成。

举例 1:

```
>>> import random        #导入 random 模块
>>> a=[random.randrange(100) for i in range(10)]    #生成具有 10 个元素的随机数
```

列表

```
>>> a
[8,71,94,24,4,64,32,69,47,58]
>>> a.sort()      #对列表元素排序
>>> a
[4,8,24,32,47,58,64,69,71,94]          #排序后的结果
>>> random.shuffle(a)            #对列表乱序
>>> a
[58,64,94,24,4,71,69,32,8,47]
>>> random.choice(a)      #从序列中随机返会一个元素
```

除 random 模块外，numpy.random 模块的功能则提供了更多种分布的随机数生成能力，如卡方分布、瑞利分布、三角分布和柯西分布。当然在实际的地学研究中所用的各种分布可能远远超出了这些给定分布的范围，比如 Kappa 分布、稳定分布、极值分布、Levy 分布，生成特定分布的随机数显然需要编写专门的程序。

举例 2：绘制某种分布随机数的统计直方图。目的是通过图形方式查看所设计的随机数生成器功能是否正确，这类问题在实际地学计算中经常遇到。

生成 10000 个均值为 20、方差为 10 的随机数，将这些随机数按间隔为 1 来分别统计，即 19.3 要放在 19 所对应的栏里统计，而 24.1 应放在 24 所对应的栏里统计，结果见图 9.6。计算统计直方图时可采用字典类型结构。

```
>>> import pylab
>>> import numpy.random as rand
>>> a=[rand.normal(20,10) for i in range
(10000)]
>>> dict1={}
>>> for x in a:
    key=int(x)
    if dict1.has_key(key):
      dict1[key]+=1
    else:
      dict1[key]=0

>>> x=dict1.keys()
>>> x.sort()
>>> y=[dict1[k] for k in x]
>>> pylab.plot(x,y)
>>> pylab.show()
```

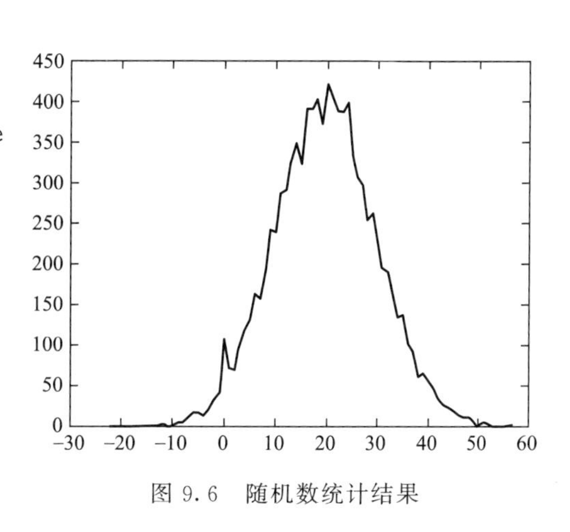

图 9.6　随机数统计结果

9.5 统计分布的应用

9.5.1 重现期的计算

为了便于理解和参考，在暴雨和洪水的风险评估中，人们有时用术语“重现期”代替“频率”。重现期表示在许多次试验中某一事件重复出现的时间间隔的平均数。该时间间隔的单位是“年”。重现期 P 与频率 P_a 成反比：

$$P=1/P_a \tag{9-36}$$

这里所说的频率 P_a，也就是单位时间内的发生概率，通常是指平均一年内超过特定标准的事件发生次数，如每 50 年发生 1 次“单日超过 100 mm 的暴雨”，那么该事件的 P_a 值就是 1/50=0.02。在实际统计应用中，由于历史观测数据非常有限，实际上无法统计到超过 100 年甚至 1000 年的历史记录，因此所谓的“千年一遇”“百年一遇”代表频率为“平均每年发生 0.001 次和 0.01 次”。

遇到从未观测到的特大事件时，先要以历史记录数据拟合得到一个概率密度函数 $f(x)$，如 Γ 分布，指数分布等；将该特大事件的值 x 代入 $f(x)$，即估算出该事件发生的概率。需要说明的是日概率和年概率是不同的，由于一年的时长是一日的 365 倍左右，年概率值是日概率的 365 倍。

以日雨量为例，说明重现期的计算过程：

(1)收集历史观测日值数据，使用矩法或者最大似然法拟合某一种或多种分布模型，即计算出分布模型的参数(如 Γ 分布的 k 和 θ，正态分布的 μ 和 σ，指数分布的 λ 等)，选出拟合最优的一种分布 $f(x)$。

(2)将任意日雨量值 x_0 代入概率密度函数 $f(x)$，得到相应的每日发生的概率值 p。

$$p=f(x_0)$$

年概率为 $p_a=365p$.

(3)计算重现期：$P=1/p_a$。

9.5.2 分位数映射校正

以气候学领域的降水(或风速)预测为例，通过气候模拟可获得降水模拟序列，但模拟序列与观测值序列之间通常存在一定偏差，导致二者的统计分布不一致，如模拟出的微量降水发生概率偏高，强降水概率偏低。在最终应用模拟结果时需要对模拟序列进行校正，使其统计分布接近于观测序列的分布。

若对应相同分位的模拟值与观测值之间存在线性关系，则可以通过线性转换实施校正，如

$$x_o=ax_f+b$$

x_o 为观测序列，x_f 为模拟序列。a 和 b 为两个线性校正所用的参数，需要通过最小二乘法拟合得到。

若相同分位上的模拟值与观测值之间为非线性对应关系，无法使用特定的转换公式，可以选择使用分位数匹配方法，如图 9.7。这是一种经验性校正方法。

$$x_c=F_o^{-1}[F_f(x_f)] \tag{9-37}$$

实施分位数校正有两种方法，一种需要假定理论分布模型，为观测值和模拟值分别拟合出累积分布函数，得到 $F_o(x)$ 和 $F_f(x)$。这是一种有参方法。

另一种则直接采用经验性的无参处理方法，需要对模拟值和观测值分别升序排序。假定某序列的总长度为 N，则排序后第 n 个数即为 $q=n/N$ 位置上的分位数。如果两个序列的长度完全相同，将该位置上的模拟值用处于相同位置上的观测值替换即可。当两个序列的长度不等时，将该分位上的模拟值用处于相近分位处的观测值替换。

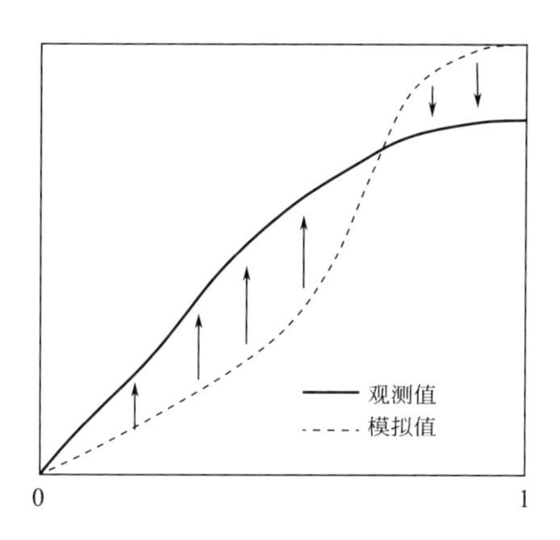

图 9.7　分位数映射校正

第 10 章　主成分变换

地球系统的各种自然现象都表现为多种属性构成,每种属性体现了该现象的一个方面。因此在地学研究中,分析一种自然现象时就要同时从多变量入手来分析,换句话说就是要在多维空间里去研究现象,每一个变量构成了一个维。然而变量太多可能会存在以下问题:一是会增加分析问题的复杂性,不便于抓住主要属性;二是变量太多就会增加问题分析时的计算量,影响科学研究的效率;三是变量太多导致数据量太大,影响资料的存储与传输。事实上,许多实际问题中多个变量之间总是存在一定的相关关系。这就需要借助一种利用这种相关关系的方法,来达到使用较少变量来表达原来较多变量所表达的现象。当然这种数据压缩必然会带来原有信息在一定程度上的损失,希望这种损失能够尽可能地少。而主成分分析方法正是这样一种合适的数据分析方法。主成分分析方法在地学研究中获得了广泛应用,它为揭示地学规律发挥了重要作用,同时它也是地学数据压缩尤其是遥感图像数据压缩的重要手段。在遥感数字图像处理中,K-L 变换,或称 Hotelling 变换实际上就是主成分变换。

10.1　主成分变换的基本原理

主成分变换(也称主成分分析,Principal component analysis,简称 PCA)是把原来多个变量用线性变换归结为少数新变量的一种方法,这些新变量之间彼此正交(或称线性无关),达到了数据量减少的同时尽可能保留了原有的信息量。显然主成分变换是一种特殊的降维技术,也就是说它实际上就是从原有多维空间向低维空间中投影的过程。与一般投影方法不同,它最重要的特点是能够尽最大可能地保留原有信息量。

假定对某现象有 n 个观测样本,每个样本共有 p 个属性。这里所说的 n 次样本,有可能是对同一位置不同时间观测到的。如对气象观测资料而言,每次的例行观测就能得到一个样本。对遥感图像而言,卫星对同一个地点的不同时间扫描就构成了不同的样本。也可能是对不同位置上的采样,比如同一幅遥感图像上的每个像元都算作一个样本,或者对不同地理位置上的不同观测采样都可以当作不同的样本。

若将所有 n 个样本数据列成表格,每个样本占用一行,而每行中列举了 p 个不同的属性,则构成了 n 行 p 列的矩阵

$$\boldsymbol{X} = \begin{bmatrix} x_{11} & x_{12} & \cdots & x_{1p} \\ x_{21} & x_{22} & \cdots & x_{2p} \\ \vdots & \vdots & \vdots & \vdots \\ x_{n1} & x_{n2} & \cdots & x_{np} \end{bmatrix} \tag{10-1}$$

如果记原来的一个变量指标为 $x_1, x_2, \cdots, x_p$,由主成分变换得到的新变量为 $y_1, y_2, \cdots, y_m (m \leqslant p)$,则

$$\begin{cases} y_1 = v_{11}x_1 + v_{12}x_2 + \cdots v_{1p}x_p \\ y_2 = v_{21}x_1 + v_{22}x_2 + \cdots v_{2p}x_p \\ \qquad\cdots \\ y_m = v_{m1}x_1 + v_{m2}x_2 + \cdots v_{mp}x_p \end{cases} \tag{10-2}$$

改写为矩阵形式为：

$$\begin{bmatrix} y_1 \\ y_2 \\ \vdots \\ y_m \end{bmatrix} = \begin{bmatrix} v_{11} & v_{12} & \cdots & v_{1p} \\ v_{21} & v_{22} & \cdots & v_{2p} \\ \vdots & \vdots & \vdots & \vdots \\ v_{m1} & v_{m2} & \cdots & v_{mp} \end{bmatrix} \begin{bmatrix} x_1 \\ x_2 \\ \vdots \\ x_p \end{bmatrix} \tag{10-3}$$

即

$$\boldsymbol{Y}_{m\times 1} = \boldsymbol{V}_{m\times p}\boldsymbol{X}_{p\times 1}$$

在上式中，矩阵 $\boldsymbol{V}_{m\times p}$ 要能保证以下要求：

(1)新变量两两之间要线性无关。

(2) y_1 是 $x_1, x_2, \cdots, x_p$ 方差最大的线性组合属性，被称为原变量的第一主成分；y_2 是与 y_1 不相关且仅次于 y_1 的方差最大的线性组合属性，被称为第二主成分…… y_m 是与 y_1，$y_2, \cdots, y_{m-1}$ 都不相关的所有线性组合中方差最大的属性，被称为第 m 主成分。

实际上 $y_1 \sim y_m$ 是从 p 个主成分(即新变量)中截取的前 m 个。由上面的介绍可知，实现主成分变换的前提是要找出变换矩阵 $\boldsymbol{V}_{m\times p}$。前人的数学推导表明，$\boldsymbol{V}_{m\times p}$ 实际上是原变量 $x_1, x_2, \cdots, x_p$ 的相关系数矩阵的前 m 个特征值所对应的特征向量，而且各主分量的方差分别为原 p 个变量的相关系数阵的特征值。有关证明可以参考其他文献。

10.2　主成分变换步骤

主成分变换的计算步骤归纳如下：

① 计算相关系数矩阵。相关系数指不同变量(即属性)之间的相关系数，即矩阵 $\boldsymbol{X}$ 的列与列之间计算相关系数，公式如下：

$$\boldsymbol{R} = \begin{bmatrix} 1 & r_{12} & \cdots & r_{1p} \\ r_{21} & 1 & \cdots & r_{2p} \\ \vdots & \vdots & \vdots & \vdots \\ r_{p1} & r_{p2} & \cdots & 1 \end{bmatrix} \tag{10-4}$$

在上式中，$r_{ij}(i, j = 1, 2, \cdots, p)$ 为原变量的 x_i 与 x_j 之间的相关系数，其计算公式为

$$r_{ij} = \frac{\sum (x_{ki} - \overline{x}_i)(x_{kj} - \overline{x}_j)}{\sqrt{\sum_{k=1}^{n}(x_{ki} - \overline{x}_i)^2 \sum_{k=1}^{n}(x_{kj} - \overline{x}_j)^2}} \tag{10-5}$$

$\boldsymbol{R}$ 是实对称矩阵(既 $r_{ij} = r_{ji}$)，上三角和下三角的元素相等。

在一些文献中，相关矩阵的计算也可以采用如下的式子：

$$\boldsymbol{R} = \frac{1}{n}\dot{X}\dot{X}^T$$

式中：$\dot{X}$ 为原变量标准化(减均值后再除以标准差)后的变量，即 $\dot{X}$ 中的每个元素为

$$\widehat{x}_{ki}=\frac{x_{ki}-\overline{x}_i}{\sigma}=\frac{x_{ki}-\overline{x}_i}{\sqrt{\frac{1}{n}(x_{ki}-\overline{x}_i)^2}}$$

可见 $\boldsymbol{R}$ 矩阵实际上就是协方差矩阵，而标准化变量的协方差即为相关系数。

② 计算特征值与特征向量。根据特征方程 $|\lambda I-\boldsymbol{R}|=0$，对相关矩阵 $\boldsymbol{R}$ 进行特征值分解，可一次性求出所有特征值和特征向量。特征值 $\lambda_i(i=1,2,\cdots,p)$ 按大小顺序排列，即 $\lambda_1\geqslant\lambda_2\geqslant\cdots\geqslant\lambda_p\geqslant 0$；对应于每个特征值 λ_i 的特征向量 $\boldsymbol{V}_i(i=1,2,\cdots,p)$，为列向量，组成 $p\times p$ 的特征向量阵。

③ 计算主成分贡献率及累计贡献率。第 i 个主成分的方差贡献率为

$$R_i=\frac{\lambda_i}{\sum_{k=1}^{p}\lambda_k}(i=1,2,\cdots,p) \tag{10-6}$$

前 i 个主成分的累计方差贡献率为

$$G(i)=\frac{\sum_{k=1}^{i}\lambda_k}{\sum_{k=1}^{p}\lambda_k}(i=1,2,\cdots,p) \tag{10-7}$$

一般取累积贡献率达85%～95%的特征值 $\lambda_1,\lambda_2,\cdots,\lambda_m$ 所对应的第一、第二，直到第 m $(m\leqslant p)$个主成分。

比如特征值如下：

3.3058,2.1428,1.6152,0.90572,0.60932,0.51084,0.30276,0.25879,0.10936,0.031049。

则累计贡献率如下：

0.33761,0.55645,0.72141,0.81391,0.87614,0.92831,0.95923,…

④ 特征向量阵。特征向量是实现从原有变量空间到新特征空间的投影系数。

原始特征向量阵为一个 $p\times p$ 的方阵：

$$\boldsymbol{V}=\begin{bmatrix} v_{11} & v_{12} & \cdots & v_{1p} \\ v_{21} & v_{22} & \cdots & v_{2p} \\ \vdots & \vdots & \vdots & \vdots \\ v_{p1} & v_{p2} & \cdots & v_{pp} \end{bmatrix} \tag{10-8}$$

其每一行为一个特征向量，每行对应一个主成分，若截取前 m 个$(m<p)$主成分后变成 m 行，构成的 $m\times p$ 特征向量阵为

$$\boldsymbol{V}_m=\begin{bmatrix} v_{11} & v_{12} & \cdots & v_{1p} \\ v_{21} & v_{22} & \cdots & v_{2p} \\ \vdots & \vdots & \vdots & \vdots \\ v_{m1} & v_{m2} & \cdots & v_{mp} \end{bmatrix} \tag{10-9}$$

⑤ 主成分变换。得到特征向量阵以后，利用公式(10-3)的关系计算原有向量空间在主成分空间的投影(即新变量的值)：

$$\begin{bmatrix} y_1 \\ y_2 \\ \vdots \\ y_m \end{bmatrix} = \begin{bmatrix} v_{11} & v_{12} & \cdots & v_{1p} \\ v_{21} & v_{22} & \cdots & v_{2p} \\ \vdots & \vdots & \vdots & \vdots \\ v_{m1} & v_{m2} & \cdots & v_{mp} \end{bmatrix} \begin{bmatrix} x_1 \\ x_2 \\ \vdots \\ x_p \end{bmatrix} \tag{10-10}$$

即 $\boldsymbol{Y}_m = \boldsymbol{V}_m \boldsymbol{X}$

即对于任何一个新的多属性的观测样本，只需要按照顺序把所有属性值排成一列，即 $\boldsymbol{X}=[x_1,x_2,\cdots,x_p]^T$，用 $\boldsymbol{V}_m$ 矩阵相乘就能得到其对应的主成分向量 $\boldsymbol{Y}_m=[y_1,y_2,\cdots,y_m]$。由于 $m<p$，因而 $\boldsymbol{Y}_m$ 向量要比原来的 $\boldsymbol{X}$ 向量更短，达到了数据压缩的效果，也便于进一步进行统计分析，或用作回归模型的因子。

特征向量 $\boldsymbol{V}$ 或 $\boldsymbol{V}_m$ 里面的元素是原始属性在主成分上的载荷。$\boldsymbol{V}$ 或 $\boldsymbol{V}_m$ 的第一行元素（p 个）反映了原来的 p 个属性对第一主成分的贡献权重，第二行元素反映了 p 个属性在第二主成分上的贡献权重，以此类推。

⑥ 主成分逆变换。当然，对于给定的一个主成分空间的向量 $\widehat{\boldsymbol{Y}}=(\widehat{y}_1,\widehat{y}_2,\cdots,\widehat{y}_m)$，也可以采用主成分变换的逆变换回到原变量空间，这时只需将主成分向量在后面补 0 后成为

$$\widehat{\boldsymbol{Y}}_r = \underbrace{(\widehat{y}_1,\widehat{y}_2,\cdots,\widehat{y}_m,0,\cdots,0)}_{p\text{个元素}}$$

再与 $\boldsymbol{V}$ 的逆矩阵相乘：

$$\widehat{\boldsymbol{X}} = \boldsymbol{V}^{-1} Y_r \tag{10-11}$$

由于 $\boldsymbol{V}$ 为实数正交阵，因此其转置矩阵与其逆矩阵相同，即 $\boldsymbol{V}^{-1}=\boldsymbol{V}'$，上式改写为

$$\widehat{\boldsymbol{X}} = \boldsymbol{V}'\boldsymbol{Y}_r \tag{10-12}$$

在有些应用中，只需完成主成分变换就可以了。但对于多维数据压缩而言，主成分逆变换就是数据解压过程。

10.3 主成分变换举例

在一些天气预报的业务应用中，可以借助数值模式模拟得到的反映大气状况的变量作为因子，与待预报量（如气温、降水、风速）进行统计建模。由于可用的因子变量较多，且这些因子变量之间存在较高的相关性，即具有多重共线性。使用主成分变换在多个变量基础上提取出相互直交的少数主成分来代替原有变量，即可以消除这种相关性的影响，又可以减少因子个数，达到数据压缩的目的。

这里给出一个简易的主成分变换。我们从欧洲中期天气预报中心发布的 ERA-Interim 全球再分析资料中提取了与北京市降水量相关度最高的格点（不一定在北京市界内）上的一些夏季 6—9 月（为方便，每年都按 121 日提取数值）逐日数值序列（1979—2010），包括 850 hPa 的位势高度（1 个格点）、850 hPa 的相对湿度（1 个格点）、850 hPa 的气温（1 个负相关格点和 1 个正相关格点）、700 hPa 的风场（共 4 个格点值，东西向风速各有 1 个负相关和 1 个正相关格点，南北向风速也有 1 个负相关格点和 1 个正相关格点），得到总共 8 个变量因子。将这 8 个变量的 3872 个样本按每个变量占一列，每个样本占一行，形成一个有 7872 行 8 列的文本文件。对每个变量的序列单独进行规范化处理，即转化为均值为 0，方差为 1 的序列。在规范化处理的基础上，进行主成分变换，计算得到的特征值以及其贡献率序列为

11697.94 5411.51 3554.87 2352.86 1689.48 …

47% 22% 14% 10% 7% …

可见，前三个特征值的累计贡献率分别为83%。因此，最终选择前三个主成分（即三列）来代替原有的8列数值作为下一步进行统计建模的因子。

10.4 正交经验函数

正交经验函数（Empirical Orthogonal Function，EOF）分解是气象研究中经常使用的分析方法，它与主成分分析是相同的方法。经验正交函数分解是针对气象要素场进行的，其基本原理是把包含 p 个空间点的场随时间变化进行分解。

弄清EOF与主成分变换所分析的问题的逻辑关系对于理解这两种分析是十分重要的。这里所述的气象要素场是指同一种气象要素（比如日最高气温）在空间上的分布，该要素在空间上的每个点相当于前面主成分分析对象的同一种属性变量，比如若 $p=1000$，则相当于有1000个属性。即EOF分析的气象变量场中每个场相当于主成分变换所涉及的一个样本，EOF分析所涉及的每个场有多个观测点，而主成分变换涉及的是每个样本有多个属性值。二者在本质上是类似的。

10.4.1 EOF分解原理

设抽取样本时次数为 n 的资料。则场中任一空间点 i 和任一时间点 j 的距平观测值 x_{ij} 可看成由 p 个空间函数 v_{ik} 和时间函数 y_{ki}（$k=1,2,\cdots,p$）的线性组合，表示成

$$\boldsymbol{x}_{ij}=\sum_{k=1}^{p}v_{ik}y_{kj}=v_{i1}y_{1j}+v_{i2}y_{2j}+\cdots+v_{ip}y_{pj}\ (j=1,2,\cdots,n) \tag{10-13}$$

上述分解写成矩阵乘（或称向量内积）的形式为

$$\boldsymbol{x}_{ij}=\underbrace{[v_{i1}\quad v_{i2}\quad \cdots\quad v_{ip}]}_{\text{空间函数}}\cdot\underbrace{[y_{1j}\quad y_{2j}\quad \cdots\quad y_{pj}]^{T}}_{\text{时间函数}}\ (j=1,2,\cdots,n)$$

若将所有空间点及所有时间点的场放在一起，即用矩阵表示为

$$\begin{bmatrix} x_{11} & x_{12} & \cdots & x_{1n} \\ x_{21} & x_{22} & \cdots & x_{2n} \\ \vdots & \vdots & \ddots & \vdots \\ x_{p1} & x_{p2} & \cdots & x_{pn} \end{bmatrix}=\begin{bmatrix} v_{11} & v_{12} & \cdots & v_{1p} \\ v_{21} & v_{22} & \cdots & v_{2p} \\ \vdots & \vdots & \ddots & \vdots \\ v_{p1} & v_{p2} & \cdots & v_{pp} \end{bmatrix}\begin{bmatrix} y_{11} & y_{12} & \cdots & y_{1n} \\ y_{21} & y_{22} & \cdots & y_{2n} \\ \vdots & \vdots & \vdots & \vdots \\ y_{p1} & y_{p2} & \cdots & y_{pn} \end{bmatrix} \tag{10-14}$$

即 $\boldsymbol{X}=\boldsymbol{VY}$

$\boldsymbol{X}$ 为 p 行 n 列的资料阵，即与 $\boldsymbol{Y}$ 矩阵具有完全相同的行列数。$\boldsymbol{X}$ 的元素要求是距平值，它是原有观测资料的一阶中心矩，因此其元素的均值为0。$\boldsymbol{V}$ 被称作空间函数矩阵，或称空间模态，其元素反映的是 p 个点上空间信息，与时间无关，相当于是主成分分析中的载荷矩阵；而 $\boldsymbol{Y}$ 被称作时间函数矩阵，因为它含有 n 个时间点的信息，相当于是主成分分析中的主成分的时间序列。由于它们是根据场的资料阵分解得到，得到的两个函数均没有固定的函数形式，因而具有“经验性”。这种分解是希望得到的经验函数之间是彼此正交的，即 $\boldsymbol{V}$ 阵的两两列向量之间的向量内积都为0，$\boldsymbol{Y}$ 矩阵的两两行向量之间的向量内积都为0。

对 $\boldsymbol{X}=\boldsymbol{VY}$ 的右侧乘 $\boldsymbol{X}'$ 有

$$\boldsymbol{XX}' = \boldsymbol{VYY}'\boldsymbol{V}' \tag{10-15}$$

这时 $\boldsymbol{XX}'$ 为 $p \times p$ 的对称阵，阵中元素为 $\boldsymbol{X}$ 阵中行向量之间的内积，根据实对称阵分解定理有

$$\boldsymbol{XX}' = \boldsymbol{V\Lambda V}' \tag{10-16}$$

式中：$\boldsymbol{\Lambda}$ 为 $\boldsymbol{XX}'$ 矩阵的特征值组成的对角阵，$\boldsymbol{V}$ 为对应的特征向量为列向量组成的矩阵。

比较上面两式可知

$$\boldsymbol{YY}' = \boldsymbol{\Lambda} \tag{10-17}$$

又据特征向量性质有

$$\boldsymbol{V}'\boldsymbol{V} = \boldsymbol{VV}' = I \tag{10-18}$$

上面两式满足正交的要求。由此可知空间函数矩阵可从 $\boldsymbol{XX}'$ 矩阵的特征向量求得，而时间函数则可利用式(10-14)左乘 $\boldsymbol{V}'$（对实数正交阵而言它等价于 V^{-1}）得到，即

$$\boldsymbol{Y} = \boldsymbol{V}'\boldsymbol{X} \tag{10-19}$$

即

$$\begin{bmatrix} y_{11} & y_{12} & \cdots & y_{1n} \\ y_{21} & y_{22} & \cdots & y_{2n} \\ \vdots & \vdots & \vdots & \vdots \\ y_{p1} & y_{p2} & \cdots & y_{pn} \end{bmatrix} = \begin{bmatrix} v_{11} & v_{12} & \cdots & v_{1p} \\ v_{21} & v_{22} & \cdots & v_{2p} \\ \vdots & \vdots & \ddots & \vdots \\ v_{p1} & v_{p2} & \cdots & v_{pp} \end{bmatrix}^T \begin{bmatrix} x_{11} & x_{12} & \cdots & x_{1n} \\ x_{21} & x_{22} & \cdots & x_{2n} \\ \vdots & \vdots & \ddots & \vdots \\ x_{p1} & x_{p2} & \cdots & x_{pn} \end{bmatrix}$$

由此可见，$\boldsymbol{V}'$ 中每一行（即 V 中的每一列）的 p 个元素相当于 p 个空间点上的对应权重。假如只截取前 3 个主分量，则上式写为

$$\begin{bmatrix} y_{11} & y_{12} & \cdots & y_{1n} \\ y_{21} & y_{22} & \cdots & y_{2n} \\ y_{31} & y_{32} & \cdots & y_{3n} \end{bmatrix} = \begin{bmatrix} v_{11} & v_{12} & \cdots & v_{1p} \\ v_{21} & v_{22} & \cdots & v_{2p} \\ v_{31} & v_{32} & \cdots & v_{3p} \end{bmatrix}^T \begin{bmatrix} x_{11} & x_{12} & \cdots & x_{1n} \\ x_{21} & x_{22} & \cdots & x_{2n} \\ \vdots & \vdots & \ddots & \vdots \\ x_{p1} & x_{p2} & \cdots & x_{pn} \end{bmatrix}$$

10.4.2　EOF 分析与主成分分析的关系

比较式(10-19)与式(10-3)，可知 EOF 分解和主成分分析过程十分相像，二者都依靠特征向量阵来做变换，在式(10-19)中特征向量阵 $\boldsymbol{V}$ 为行向量组成的阵，而式(10-3)中特征向量阵 $\boldsymbol{V}'$ 也是行向量阵，二者其实是等同的，之所以分别写成 $\boldsymbol{V}$ 和 $\boldsymbol{V}'$ 只是在开始介绍时引起的差别。

EOF 中的空间函数就是主分量的特征向量，而时间函数就是主分量。但主分量与这里时间函数在数值上有一个因子的差别，下面来给出分析。

EOF 分析中要求所有 $\boldsymbol{X}$ 的要素值为距平值（即均值为零），但没限制标准差的大小，而主成分分析则采用了计算相关系数的方法，而相关系数在本质上是对变量同时做标准化和协方差。注意标准化后的变量的标准差 $\sigma = 1$，均值为 0。我们分别用 X 和 $\dot{X}$ 来表示距平和标准差，显然 $X = \sigma \cdot \dot{X}$。

前面主成分分析在计算相关矩阵时采用的公式为

$$R = \frac{1}{n}\dot{X}\dot{X}' = \frac{1}{n\sigma^2}XX' \tag{10-20}$$

即

$$n\sigma^2 R = XX'$$

主成分分析中是对 $\boldsymbol{R}$ 阵直接进行特征值分解，而 EOF 则是对 $\boldsymbol{XX}'$ 直接进行特征值分解，显然这会造成 EOF 分解得到的特征值是主成分分析的特征值的 $n\sigma^2$ 倍，而特征向量是完全相同的。如果 EOF 分解前气象要素的值也经过了标准化处理，即 $\sigma^2=1$，则这时它的特征值将是主成分特征值的 n 倍。因此主成分分析与 EOF 分析在本质上是相同的，二者的名称可以通用。

此外，EOF 分析要求源数据是距平值或原始资料就可以了，这是因为要分析的要素场属于同一变量，拥有相同的量纲。而主成分分析则就不同了，它分析的各维变量不属于同一要素，具有完全不同的量纲，因此必须先规范化后才能实施变换。

10.4.3 EOF 分析的数据处理

EOF 分析的数据处理流程如下。

(1) 将属于同一时间的多个空间站点或网格上的变量值，按照顺序排列，形成一列数字；再根据时间先后顺序，将连续时间序列的样本组成多列矩阵，赋值给 $\boldsymbol{X}$。

(2) 对 $\boldsymbol{XX}'$ 进行特征值分解，得到特征值对角阵 $\boldsymbol{\Lambda}$ 和特征向量阵 $\boldsymbol{V}$，进而算出 $\boldsymbol{Y}=\boldsymbol{V}'\boldsymbol{X}$；根据最大的 m 个特征值，确定出前 m 个主分量，即特征向量阵 $\boldsymbol{V}$ 中的前 m 列和 $\boldsymbol{Y}$ 阵的前 m 行。

(3) $\boldsymbol{V}$ 阵中的第 1 列反映的是第 1 个主成分的空间函数，第 2 列反映的是第 2 个主成分的空间函数，以此类推。$\boldsymbol{Y}$ 阵中第 1 行反映的是第 1 个主成分随时间的变化，第 2 行反映的是第 2 个主成分随时间的变化，以此类推。如果需要查看第一主成分对应的空间分布特征，那就需要将 $\boldsymbol{V}$ 阵的第一列的数落实在地图上形成等值线。

需要说明的是，在对二维阵列（如温度场、风场，M 行 N 列）进行处理时，也需要将同一样本（即属于同一时段）上的二维网格数据拼接成一列数字（1 行，$M\times N$ 列，可以借助 matlab 和 numpy 中名为 reshape 的函数来完成）。以此类推，也可以对多个变量场的数值进行类似的处理。如对东西向（U 向）和南北向（V 向）的风场进行处理，先将 U 向和 V 向的网格分别转化为一列数，再把 V 向的这一列数拼接在一起（1 行，$M\times N\times 2$ 列）。若总共有 T 个时段（样本）的 UV 风速数据，则最终处理得到一个 T 行，$M\times N\times 2$ 列的矩阵，作为 EOF 分析的输入数据。EOF 分析输出得到的每一主成分的空间函数（特征向量）也会是一个 $M\times N\times 2$ 列的向量，需要逆向分解为 U 风速场和 V 风速场才可以绘图。

实现 EOF 分解或主成分变换的 python 函数的代码如下：

```
def CalEOF(stddata):
    data = stddata
    X = data.T
    XT = data
    XXT = numpy.dot(X,XT)
    D,V = lina.eig(XXT)
    sum0 = 0
    for i in range(len(D)):
        sum0 + = D[i]
    Y = numpy.dot(V.T,X)
```

```
return Y.T,D,V
```

对主成分变换而言，其中的 stddata 是指经过规范化处理后的数值。若所有数值为同一变量场且要执行 EOF 分解，则 stddata 是原有数据即可，无须规范化处理。

第11章　机器学习方法

11.1　遗传算法

遗传算法、基因编程和进化计算都属于机器学习的范畴。遗传算法(Genetic Algorithm，GA)是一种计算密集型的全局启发式搜索，在不同的专业领域均能很好地发挥作用。遗传算法最早是由美国的 John Holland 于 20 世纪 70 年代提出，该算法是根据大自然中生物体进化规律设计提出的，是模拟达尔文生物进化论的自然选择和遗传学机理的生物进化过程的计算模型，是一种通过模拟自然进化过程搜索最优解的方法。

11.1.1　遗传算法简介

GA 的核心思想是模仿达尔文进化论观点：在一给定的环境中，通过适者生存法获得较优的个体。为此，GA 要求对问题的解当作个体，看作是一种染色体或基因。每个染色体用一串特定顺序的基因编码来模拟，如图 11.1。GA 使用一种适应度函数来决定群体中哪些个体留下来，哪些被淘汰掉。通过杂交操作和变异操作，适应能力最好的成员被选择留下，产生了新一代个体。两个后代即解空间中两个潜在的解，其适应度要被重新估算。最差适应度的成员会被适应度较好的后代所代替，这个过程一直迭代至很多次，直至满足某种条件时迭代结束。

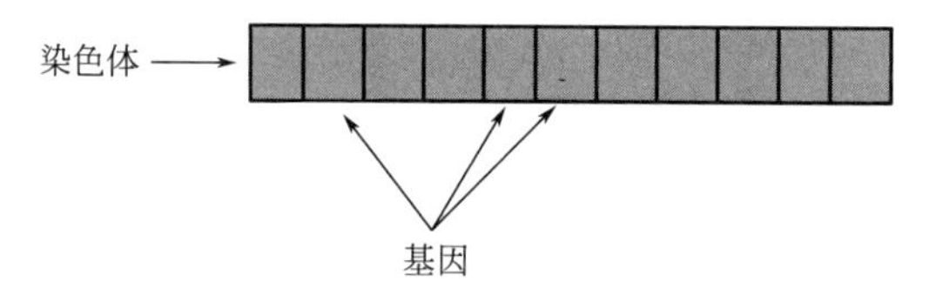

图 11.1　遗传算法中的染色体

GA 经常使用二进制串来代表解，其串中每一个位对应一个解的特定元素，因而一个基因串可以代表很多可能。对旅行商问题，有 n 个城市，用一个串来代表，串中每个元素代表每座城市(注意这可能会导致非常长的串码，不是很高效)：

103	12	33	90	67	201	11	…	…

$P \leqslant n!$ 个随机排列的串群体可以作为群体的起始点，作为潜在的解。每个串有一个交通代价或者说是路线长度 d，其适应度可按 $1/d$ 计算，因此最优的串(具有最高的适应度)应该具有最短的道路长度或行驶距离。接下来的任务就是运行算法直至满足了结束条件。

旅行商问题，即 TSP(Traveling Salesman Problem)问题是数学领域中著名问题之一。假设有一个旅行商人要拜访 N 个城市，他必须选择所要走的路径，路径的限制是每个城市只能拜访一次，而且最后要回到原来出发的城市。路径的选择目标是要求得的路径路程为所有路

径之中的最小值。一个邮递员从邮局出发，到所辖街道投邮件，最后返回邮局，如果他必须走遍所辖的每条街道至少一次，那么他应该如何选择投递路线，使所走的路程最短呢？

使用遗传算法解决 TSP 问题的基本框架如下：

(1)创建 P 个编码随机排列的码串，每个串代表一条候选的旅行路径。P 必须足够大，以保证在这些码串一开始就能代表解空间。

(2)计算每条旅行线的适应度(比如 $1/d$)，并且按照适应度对所有串进行排序。

(3)基于由串的适应度确定的概率，来随机选择整个(或部分)群体中的串对(即每次选择两个串)；对每对串执行杂交操作。不过对 TSP 问题而言，这个杂交操作比较复杂。执行杂交操作后，使用一个较低的概率来对后代中的基因进行变异。

(4)计算后代的适应度。

(5)将新一代个体(m 个)加入到群体中，对群体按适应度重新排序，删除 m 个适应度最差(即排在最末)的个体。

迭代以上各步，直至达到一个特定的结束规则。

上述算法执行过程的结果是逐渐提高了群体的适应度，以使最优的个体接近全局最优解。但是 GA 也会常常收敛于局部最优后就不再跳出该解空间区域，使优化过程停止。从计算资源的角度来看，GA 不是很高效。但它们确实具有相当灵活的优势，考虑它们的总体表现，GA 非常有吸引力。

通过系统修改算法的参数(比如群体大小、变异率、交叉率、交叉类型以及适应度函数)，可以使算法表现获得显著提升。GA 在地学分析中的应用越来越多，尤其是关于难解决的问题，包括聚类、重分区、建模、地图标注、地图图元简化、限制性优化定位问题。

11.1.2　遗传算法的基本步骤

(1)编码

遗传算法需要对可能的解以染色体(或称基因)的形式编码表示。最常用的表现形式是二进制串、浮点数序列，但也可以采用树状结构或多维数组。单一的染色体或包含多个元素或基因，每个基因用一个二进制、整数、实数来表示。一个典型的基因编码串如下面的形式：

A	B	C	D	E	F	G	…	…
1	0	0	1	1	1	0	…	…

其中 A，B，C 表示问题的各个属性要素，而 0 和 1 表示这些要素的存在与否。例如 Fischer 和 Leung (Manfred et al.，1998)使用一个 68 位串对多层神经网络空间相关模型进行了编码，其中每个位赋予以下的意义：第 1、8、15 位分别表示 1、2、3 个隐层是否存在，第 2～7 位表示第一隐层中节点的个数，以此类推。

典型的序列表示如下形式：

1	5	3	3	11	2	7	…	…

其每个基因对应一个属性(整数编码)，其值代表各个属性的类别；或者

103	12	33	90	67	201	11	…	…

其中每个基因对应一个属性值，102、12、33…代表这些属性的索引值（比如它表示一套离散的位置，城市或候选服务设施）。

（2）适应度函数

GA 中适应度函数的设计是求解问题的关键。对于许多地学空间分析问题，其适应度函数也就是问题的目标函数，或者是便于定量比较且能够快速计算的简化版本。适应度是一个实数值，效果较好的个体应该具有较大的适应度。适应度要对种群中所有的个体成员进行计算，在每一代，所有成员的适应度都要进行从大到小排序，以便为适应度高的个体分配较高概率来繁殖后代。可以采用在群体中随机选择前 N 个个体，但更常用的做法是为每个个体根据其名次来计算适应度得分。典型的适应度得分通过以下方法计算：基于染色体的排序名次为其分配得分 r，以便较好地排序获得较高的得分值。

（3）群体的初始化

大多数 GA 通过创建大量代表问题的候选解的染色体来初始化。群体的大小 P 一般要根据问题的本质和解空间的大小，设为 100～1000 之间，至少需要对解空间有一个较大的覆盖面。显然，群体越大，需要的数据计算时就越大。对多变量优化问题，群体的大小应该显著大于问题中变量的个数。比如有 100 个待估变量，则只有 100 个染色体显然是不够的。

群体码串的初始化可以采用随机数。

（4）选择

GA 在当前代中选择个体以作为下一代的父母。选择概率是根据父母的适应度确定的，但对用于创建下一代个体对的选择仍需进一步确定。选择的方法在一定程度上与适应度的量化有关。注意，同一个父个体可能被选择多次，但同一对父母却只允许选择一次。通常有几种选择步骤：

轮盘赌法：该选择法将个体按适应度得分列于一个轮盘上，轮盘转动停止后指针所落区间代表的个体就是最后的选择。适应度大的个体所占的辐角大，则选择落在该个体上的概率就大（图 11.2）。

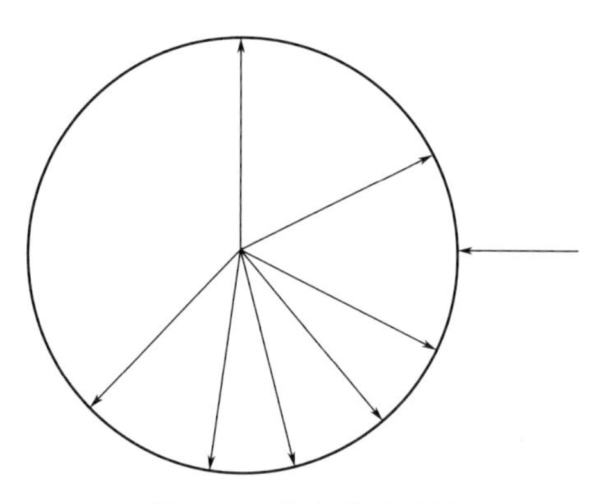

图 11.2　轮盘赌法示例

假定适应度排序为：

1　2　3　4　5　6　7　8　9　10　11　12　13　14　15　16　17　18　19　20

适应度得分为：

3.1　2.2　1.8　1.5　1.4　1.3　1.2　1.1　1　1　0.9　0.9　0.9　0.8　0.8　0.8　0.7　0.7　0.7　0.7

累积适应度得分为：

3.1　5.3　7　8.6　10　11　12　13　15　15　16　17　18　19　20　21　21　22　23　23

以上每个值对应一个轮盘间隔，比如 0～3.1 为一个区，3.1～5.3 为一个区，轮盘上最大值为 23。用均等随机数来选择各区。

锦标赛法：从父辈中随机选取 $m>2$ 个染色体，在 m 个中找出适应度最大的两个作为父母。

（5）再生

再生是基于父辈个体杂交或者变异产生新个体的过程。新个体诞生后要与所有父个体进

行同等竞争。为了保障种群大小不变,可以在完成一轮再生操作,对整个种群按照适应度排序后,实施一次清除掉较差个体的操作。

(6)杂交

① 串杂交法

串杂交操作是由父辈个体通过基因成分的结合而产生子代的过程。最简单的杂交操作叫作单点杂交。如果染色体长度为 n,产生一个 $2\sim n$ 之间的随机数后,原染色体在这一随机位置上分成两串。比如若 A 和 B 是父辈:

$$A = [a\ b\ c\ d\ e\ f\ g\ h] \qquad B = [1\ 2\ 3\ 4\ 5\ 6\ 7\ 8]$$

由随机数生成杂交点为 3,则会生成下面的子代个体:

子个体 1=[a b c 4 5 6 7 8]

还可以生成第二个子代个体:

子个体 2=[1 2 3 d e f g h]

若进行两点杂交,则需要生成两个随机数,并用类似的方法实现杂交。使用同一个例子,对 3 和 6 处的两点杂交而言,我们得到

子个体 1=[a b c 4 5 6 g h]

第二个子代个体:

子个体 2=[1 2 3 d e f 7 8]

一种叫作均等杂交的方法利用一个杂交模板,它是一个与父辈染色体长度相等的二进制向量。该模板用于从父辈里选择哪一个基因。比如模板的 1 位上值为 1,则父母 1 的第 1 位被创建子个体。如果模板的位 2 为 0,则父母 2 的第 2 个基因被选择。第二个子代的生成则正好与第一个相反。使用模板串[1 1 0 0 1 0 0 0],则下面的子代被生成:

子个体 1=[a b 3 4 e 6 7 8]

子个体 2=[1 2 c d 5 f g h]

② 浮点数杂交法

染色体采用浮点数编码时,两个父辈个体的杂交则按照随机的权重比例对父辈基因实施加权求和,作为子个体的基因。

$$C_i = A_i * k + (1-k)B_i,\ 0<k<1$$

这里 i 表示染色体中第 i 个位置上的基因。C_i 是子个体的第 i 个基因,A_i 和 B_i 表示两个父辈个体的第 i 个基因。K 为分配权重,可以采用随机数生成该权重。

杂交操作可以对染色体中的所有基因都进行,也可以只对染色体中的部分基因,且对所有基因的杂交操作都采用相同的随机权重,也可以每一个基因采用一个不同的随机权重。对于这四种不同的情形,可以各自给于一定的概率。

(7)变异

变异是一个随机改变群体染色体的过程,其目的在于保持基因的多样性,以便能在更大的搜索空间里寻找优秀染色体。如同杂交操作,变异操作可以通过许多方式达到。最简单的变异形式应用于向量方式,其随机基因在每个向量内被选择,以一个 1%左右的变异概率。对二进制编码,变异的方式可以是将二进制位上的值置反;对于浮点数编码,则可以直接用一个随机数替换原有基因。

变异过程并不需要直接删除母体,而是直接生成一个新个体。

(8)局部搜索

GA 找出的最终问题的解是群体演化后的一个最优个体或多个最优个体。然而 GA 并不能保证最终找出最优解,也不能给出所得出的解与理论最优解的接近程度。这些解一般来说是次优的,甚至有时得到较差的解。为了显著提高这个方面的能力,还可以将 GA 算法与一种其他的局部优化算法相结合。这可能应用于全部或部分解(大多数情况下),修改后代以产生使适应度显著改善,以代替群体中的部分适应度较差的后代。

(9)终止条件

在 GA 的许多实现中,当一个预设的迭代次数(即循环次数、或演化代数)达到时,算法会终止。其他准则包括收敛性(比如当群体的平均适应度和最优个体适应度相差不多时即收敛了),或者算法不再有优化突破。

(10)适应度函数的设计

由于遗传算法要求个体的适应度越大越有利于个体生存,因此若原有问题是要求最大化目标函数,则直接使用目标函数作为适应度函数。若原有问题是要求最小化目标函数,则只需将原有目标函数乘以-1,转化为最大化目标函数作为适应度函数。

当设计的问题中存在其他限制性约束条件时,则可以根据约束条件设计为惩罚函数,即当某方面的值越过约束边界时,使适应度函数值迅速变小。例如要获得 $f(x)$在约束条件 $g(x)<=0$ 下的最大值,即

$$\max: f(x)$$
$$g(x)\leqslant 0$$

一种最简单的方法是当 $g(x)>0$ 时,直接令 $f(x)$取为一个极小值(比如-10^{36})。但是这个惩罚函数使得目标函数 $f(x)$变得不连续,反而不利于优化收敛。应该尽量用一个可以使目标函数保持连续的惩罚函数。

比如,可以构造一个新函数 $p(x)=f(x)-h(x)g(x)$作为新的目标函数。$h(x)g(x)$就是惩罚函数。其中,$h(x)$为惩罚项系数函数,可以是函数,也可以是简单的系数。一般情况下,可以取 $h(x)$为正的常数 c。它将约束条件和原有目标函数合并在同一个函数中。当 x 取值使得 $g(x)>0$ 时,$p(x)<f(x)$,无法达到原目标函数原有最大值。$-c\cdot g(x)$就是惩罚项,当 x 取值不满足约束条件时,使得目标函数的值远离最优值。但惩罚函数应该只是在约束条件被越过时起作用,当约束条件满足时,惩罚项不应该起作用。

11.1.3 GA 应用实例

下面给出近年来成功应用于大量地学空间分析的模型。这些示例作为对应用范围的说明以及模型应用的一般形式。

(1)GA 示例一:TSP

前面介绍时我们已经给出了一个简化的 TSP 应用,用以描述 GA 用于地学空间分析问题的基本思想。

编码:旅行商的行程作为编码,比如有 52 个城市,那个染色体长度就应该是 52 个,编码类型为符号编码,如

1 焦作　2 新乡　3 郑州　4 安阳　5 洛阳,……

适应度:行程路径总长度的倒数。

变异算子:交换一条染色体串中两个城市的先后顺序,比如将洛阳和新乡交换一下位置。

杂交算子:交换两条母代染色体的部分基因串。该问题中的杂交算子较为复杂,即要求交换后生成的子代中不能有重复出现的城市,比如串中出现了两次郑州就是非法的,为避免该问题,则在杂交前一定要做出判断。可以采用:对 A、B 两条母代染色体中要交换的子串必须满足要求:两个子串中必须含有相同城市,但其排列顺序不同。

A 串 1:焦作　2 新乡　3 郑州　4 安阳　5 洛阳 ,…

B 串 1:焦作　2 许昌　5 洛阳　3 郑州　4 安阳,…

子串 1:1 焦作　2 新乡　5 洛阳　3 郑州　4 安阳,…

子串 2:1 焦作　2 许昌　3 郑州　4 安阳　5 洛阳 ,…

(2)GA 示例二:聚类

聚类分析,也称为群分析或点群分析,它是研究多要素事物分类问题的数量方法。其基本原理是,根据样本自身的属性,用数学方法按照某种相似性或差异性指标,定量地确定样本之间的亲疏关系,并按这种亲疏关系程度对样本进行聚类。

在聚类分析中,被聚类的对象一般是多个属性(要素)构成的。不同属性往往具有不同的单位和量纲,方差大的变量会在聚类中占据主导作用。为了消除这种不同量纲的影响,在进行聚类分析以前,先要对聚类要素进行归一化或标准化处理(图 11.3)。

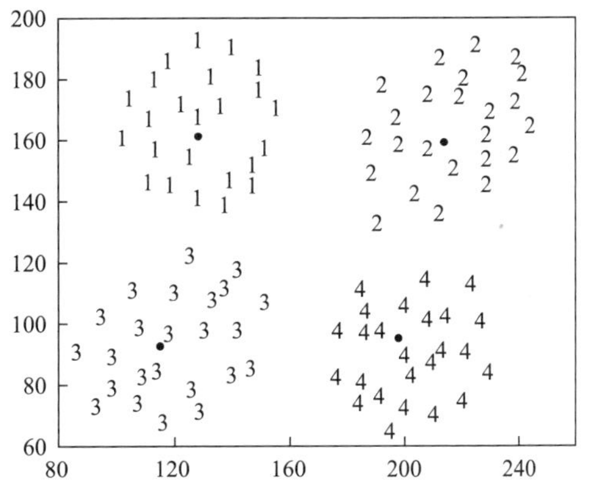

图 11.3　二维数据聚类示例

假设有 m 个聚类的对象,每个聚类对象都有 $x_1, x_2, \cdots, x_n$ 要素(属性)构成,n 即问题空间的维数。多维空间分类和二、三维空间聚类是采用完全相同的做法。比如

二维空间聚类:x,y 总共 2 个属性。

三维空间聚类:x,y,z,总共 3 个属性。

气候聚类:气温、气压、湿度、降水、风速、日较差、云量、日照、辐射(9 维空间);

岩石分类:硬度、比重、长石含量(%)、石英含量、角闪石含量、导电率(6 维空间);

多波段遥感图像分类:每个波段就是一个属性,那么 200 个波段就是 200 个属性,也就是 200 维。

多维空间距离公式:

$$d_{ij} = \sqrt{\sum_{k=1}^{n} (x_{ik} - x_{jk})^2} \qquad (i, j = 1, 2, \cdots, m) \tag{11-1}$$

聚类有最短距离聚类、最远距离聚类和 K 均值聚类等。我们主要进行 K 均值聚类,即聚类是只看每个对象与已有类别中心之间的距离来聚类,类别中心相当于我们前面学过的重心,即属于该类别的所有个体的平均位置,也就是说当类别中有新加入的个体,或者个体被剔出该类别时,类别中心都要重新计算。每个个体的类别都要划入与它距离最近的类别。

对气候分类而言,可用表 11.1 给出。

表 11.1 气候资料聚类样本信息示例

聚类对象		要素				
(气象站点)	x_1(气温)	x_2(降水)	…	x_j(气压)	…	x_n(湿度)
站点 1	x_{11}	x_{12}	…	x_{1j}	…	x_{1n}
站点 2	x_{21}	x_{22}	…	x_{2j}	…	x_{2n}
…	…	…	…	…	…	…
站点 i	x_{i1}	x_{i2}	…	x_{ij}	…	x_{in}
…	…	…	…	…	…	…
站点 m	x_{m1}	x_{m2}	…	x_{mj}	…	x_{mn}

我们以对二维空间内的物体(实际上就是点)进行聚类为例说明。

问题:将二维空间中的点群聚为 K 类。我们设定类别数为 $K=3$。

思路:将聚类归结为求聚类中心的问题。只要聚类中心已知,则所有个体就只需根据它与中心的远近就可确定其归属。三个类别的聚类中心分别用(x_1,y_1)、(x_2,y_2)和(x_3,y_3)表示,其最终的坐标值要由遗传算法来求解。

染色体编码:上述三个聚类中心的坐标值即可作为编码。我们将它们排列为 6 个基因:x_1,y_1,x_2,y_2,x_3,y_3,用 6 个实数表示(程序中就用长度为 6 的浮点数组表示)。

初始化:创建 $P=100$ 个染色体串(每个串中的 6 个数都是由随机生成,或人为指定);

遗传操作:与常规的实数编码遗传操作相同,调整染色体串中的 6 个值。

适应度计算:以所有个体与其类别中心之间距离的总和作为参照,因此以总距离的倒数作为适应度值。注意,每个染色体串都要有一个适应度,用来对每个染色体的能力进行考评。总距离的计算如下:

```
Function Fitness ()
   (1) Sum = 0
   (2) for 每个个体 a {
   (3)计算当前个体与三个聚类中心的距离:d1 = dist(a,1),d2 = dist(a,2),d3 = dist(a,3);
   (4)通过比较找出 d1、d2、d3 中最短的距离赋值给 d;并且 sum + = d;
}
Fitness = 1.0/sum;(此句相当于 C 语言中的 return)
End Function
```

确定归类:当经过大量迭代后,遗传算法已收敛或者满足结束条件,这时将其 100 个中最优秀的那个染色体作为最终的解,即类别中心的坐标已定好。接下来就是确定每个个体到底属于哪一类:个体距离哪个中心最近它就属于哪个类。

(3)GA 示例 3:地图标注

Dijk 等(Steven et al.,2002) 使用 GA 来解地图标注问题:在 2D 地图上为点对象放置文字标注,通过灵活改变每个点坐标的标注位置,尽可能让标注重叠在一起的情况少出现。为了简化,将标注位置只限定为每个点左上、左下、右上和右下四个位置。

基因编码:每个点的标注位置即为基因,只能取 1、2、3 和 4 这四种情况。染色体的长度取图中总点数,即染色体中每个基因代表一个点对象(图 11.4)。

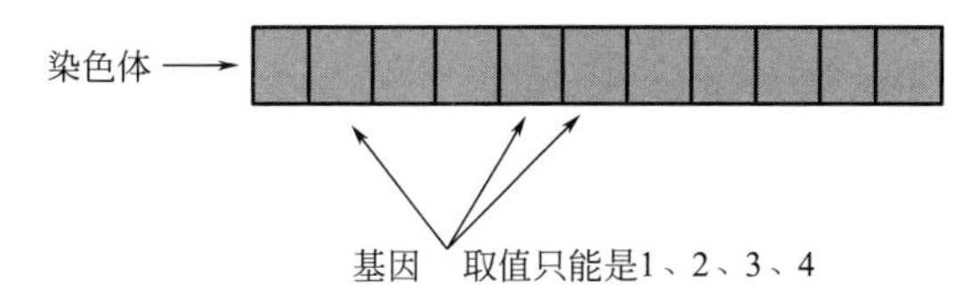

图 11.4　地图标注应用中的基因编码

适应度：将没有发生重叠标注(点)的总数作为适应度。

(4)GA 示例 4：最优选址

Correa (2001)应用 GA 解决一个从 43 个候选地址中选出 26 个，而且每个候选地址的容量是有限制的。显然这是一个组合问题 43！/(26！ *17!)，其解空间是很大的(43！/(26！*17!)≈4*10^{11})。选址时要考虑的问题是为 19710 个学生提供考试场所，要求在保证考点能容纳所有学生的前提下(即容量限制问题)，使学生到达考点的总穿行距离最小。

基因编码：每个染色体赋 $p=26$ 个基因，基因的值为候选地址的索引(即范围在 1～43 之内)。

适应度：尽管基本上通过计算所有旅程长度之和作为适应度，但还需要考虑额外的学生在考点的分配问题。即有的考点虽然距离某学生最近，但由于考点已被占满，需要分配到第二、第三……最近的考点上。显然这是一个计算密集型问题：计算每个染色体的适应度时，都要将 19710 个考生到其相应考点的距离计算出来并求和，同时要考虑学生在考点的分配问题。

11.1.4　遗传算法求解模型参数

遗传算法常被用来优化一些复杂数学模型的参数。我们以广义线性模型的求解为例。已知观测值序列 p，以及因子序列 $x_1,x_2,\cdots,x_m$，模型的表达式为

$$\log(p)=\beta_0+\beta_1x_1+\beta_2x_2+\cdots+\beta_mx_m \tag{11-2}$$

$\beta_0\sim\beta_m$ 为待求解的参数，使用最大似然法来求解。那么遗传算法中所需要的染色体由这 m 个参数以及观测序列的分布参数(n 个值，如 Γ 分布中的 φ 和 θ)构成的码串，似然公式作为目标函数。

用类似的方法，遗传算法也可以用来求解线性回归或神经网络的参数。

11.1.5　演化计算和基因编程

如前所述，基因算法领域属于一个更广阔的主题：演化计算。这个领域具有许多分支，结合了遗传算法(GA)、基因编程(GP)、智能体(agent)建模、人工生命以及元胞自动机等技术或理念。已有许多领域应用了演化计算的概念。

与 GA 类似，GP 涉及了相似的选择及演化思想，但与 GA 使用二进制或简单的数值编码染色体来代表解空间不同，GP 使用符号化的表达或操作符。基因编程的基本思想是演化计算机程序或模型，而不是优化求解模型的参数，即不仅优化模型参数，而且优化模型本身。然而，将 GA 用于 GP 问题时会遇到两个限制：(1)有限的位串或编码串不适合于用来演化结构，因此树结构是广泛应用的编码方式而非普通的列表串；(2)仅特定的操作产生有效的程序或模型，因此大多数 GA 类型的再生和变异机制产生出无效的解，即适应度为 0。尤其是在 GP 中一般不支持变异操作。含有良好定义的树结构可被用来生成非零适应度的新解。

比如，在一个空间交互模型中，初始操作符可能包括：(1)一套基本函数，比如加、减、乘、除、指数、三角函数等；(2)初始变量，比如初始总和和目标总和，这些总和的倒数等。其目的是使用这些成分，结合一个已知的训练数据集，来训练模型以便尽可能地拟合数据。其拟合度可以分别针对训练数据集和不参与训练的数据集，通过与传统的模型按照均方根误差来比较。

演化计算可以用于选择最优的人工神经网络模型，其中神经网络可以从训练数据中寻求拟合，并能应用于未观测到的数据(比如预报问题)。GP 在其他地学空间分析中的应用非常有限，这可能与缺少支持该方法的建模工具有关，一些在相关领域(比如经济、土地利用变化的预报等)的应用表明，它仍然是一个值得进一步探索的广阔领域。

11.2 梯度下降法

11.2.1 一维梯度下降

对某一优化问题的最小化目标函数 $y=f(x)$，输入 x 和输出 y 的值都是标量。根据泰勒展开公式，可得

$$f(x+\varepsilon)\approx f(x)+f'(x)\varepsilon \tag{11-3}$$

假设 η 是一个常数，将 ε 用 $-\eta f'(x)$ 代替，得

$$f(x-\eta f'(x))\approx f(x)-\eta f'(x)^2 \tag{11-4}$$

如果 η 很小，且为正，则

$$f(x-\eta f'(x))\leqslant f(x) \tag{11-5}$$

也就是说，如果当前导数 $f'(x)$ 为正，则当 x 更新为 $x-\eta f'(x)$ 的值后，x 值变小，$f(x)$ 函数值也会变小；反之，若当前导数 $f'(x)$ 为负，当 x 更新为 $x-\eta f'(x)$ 的值后，x 变大，则 $f(x)$ 的函数值也会变小。因此，只要每次用 $x-\eta f'(x)$ 更新 x，就能保证 $f(x)$ 的值变小。

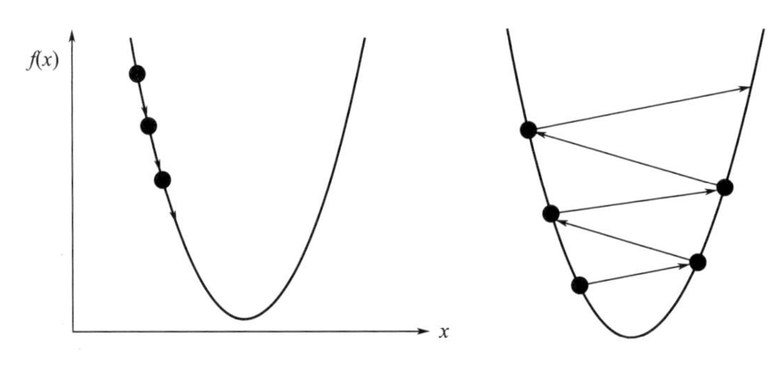

图 11.5　梯度下降法中的学习率

上述梯度下降算法中的 η(取正数)叫作学习率或步长。需要注意的是，学习率过大可能会造成 x 迈过(overshoot)最优解，甚至不断发散而无法收敛，如图 11.5 所示。然而，如果学习率过小，优化算法收敛速度会过慢。

11.2.2 多维梯度下降

现在考虑一个更广义的情况，即目标函数的输入为一组数组成的向量，输出为标量。即

$$y=f(X)=f(x_1,x_2,\cdots,x_n)^T \tag{11-6}$$

目标函数 $f(X)$有关 X 的梯度是一个由偏导数组成的向量：

$$\nabla f(X)=\left[\frac{\partial f(x)}{\partial x_1},\frac{\partial f(x)}{\partial x_1},\cdots,\frac{\partial f(x)}{\partial x_n}\right]^T \tag{11-7}$$

梯度中每个偏导数$\partial f(x)/\partial x_i$ 代表 $f(x)$随第 i 个输入值 x_i 变化时的变化率。为了测量 f 沿着单位向量 $\boldsymbol{u}$ 方向上的变化率，定义 f 在 x 上沿着 $\boldsymbol{u}$ 方向的方向导数为

$$D_u f(X)=\lim_{n\to 0}\frac{f(x+hu)-f(x)}{h} \tag{11-8}$$

由链式法则，该方向导数可以改写为

$$D_u f(X)=\nabla f(x)\cdot \boldsymbol{u} \tag{11-9}$$

它给出了 $f(x)$在 x 的各个方向上的变化率。为了最小化 $f(x)$，希望找到能使 $f(x)$下降最快的方向。因此，可以通过 $\boldsymbol{u}$ 来最小化该方向导数的值。

由于 $D_u f(X)=\nabla f(x)\cdot \boldsymbol{u}=|\nabla f(x)|\cdot|\boldsymbol{u}|\cos\theta$，这里 θ 为$\nabla f(x)$和 $\boldsymbol{u}$ 之间的夹角。当 $\theta=\pi$ 时，$\cos\theta=-1$。即当 $\boldsymbol{u}$ 的增加值与$\nabla f(x)$方向相反时，方向导数会减小。因此，可以通过使 x 每次增加$-\eta\nabla f(x)$来更新时，目标函数 $f(x)$的值会减小。η（取正数）称作学习率或步长。

11.2.3 算法实现

由前面的多维梯度下降的原理可知，当参数 x_i 的微小增加量与第 i 个方向导数（梯度）的变化方向相反时，即可实现减小目标函数的值。这是一个非常简单的规则。当模型具有多个输入时，比如 x_i 和 $x_j(i\neq j)$，$\nabla f(x_i)$与$\nabla f(x_j)$的方向可能相同（都为正，或都为负），也可能不同（一个为正，一个为负）。这时，第 i 个输入 x_i 的变动方向就按增$-\eta\nabla f(x_i)$来更新，第 j 个输入 x_j 的变动方向就按增加$-\eta\nabla f(x_i)$来更新。

（1）初始化：使用随机数初始化 DF 数组，用于存放梯度值；用随机数或者 0 值初始化 x 数组，用于存放当前参数的状态值；η 的值设为一个很小的恒定值，如 0.001。申请一个临时变量 F_0，用于存放目标函数 $f(x_i)$的值，初始时赋值为 0。

（2）向前优化一步：

```
For i = 1～N //N 为参数总个数
    dx = - ηDF[i];
    x[i] + = dx;//更新第 i 个 x 值
     F1 = f(x) //计算新函数值，注意 x 数组中，x[i]是更新过的
     dF[i] = (F1-F0)/dx;
     F0 = F1     //用新函数值更新老函数值，存起来
End for
```

（3）返回第（2）步，进入新一轮优化，直至 F_0 的变化更小时为止。

11.2.4 遗传算法与梯度下降法的比较

遗传算法是一种全局优化搜索算法，因而其具有跳出局部极值点的能力。在一些特定的问题中，用遗传算法代替可用的最小二乘法、迭代法等，最终解可能精度略差些，但大都基本能够满足应用需要。求解精度受染色体的长度（即待定参数的个数）影响较大，染色体长度越长，

精度会越差,收敛速度也越慢。遗传算法依赖于一个庞大的染色体种群,因而其计算耗时会很大。

最小二乘法、迭代法等是针对特定方程求解的方法,需要根据方程本身来设计解法。对于高度复杂的基于计算模型(比如水文模型、人工神经网络等)的参数优化问题,无法设计出专门的解法,就可以使用遗传算法这种“万能”的求解方法。当然遗传算法本身计算耗时太大,其适用性仍然有限。

梯度下降法是一种局部优化算法,基本不具有跳出局部极值点的能力,但是其优化的最终结果会受到所给初始解的影响,即它会从初始解出发在距离初始解一定范围内找出一个局部极值点。因此,可以通过对初始解采用不同的随机数初始化,也有可能接近最优解。通常,在大多数应用问题中,局部极值点并不是密集分布的,因此使用梯度下降法不会产生太大的问题。梯度下降法也属于“万能”解法,其原理也十分简单,并且它的计算耗时比遗传算法少得多,因而可以用于对人工神经网络模型的求解。

在一些地学研究中,遗传算法和梯度下降法被广泛地应用于一些计算量较小的模型参数优化中,比如用于单空间点的水文模型(即集总式水文模型)。通常,现今的大多数专业模型计算量较大,比如分布式水文模型涉及很多空间点上的计算,这很难应用优化法来实现参数优化,因此,仍然以手工试参为主,即参数率定。

第12章　统计建模方法

自然界很多现象之间存在一些内在的联系，有的联系确定性较强，联系强度较大，但也有的联系因受到的干扰较多，关联强度不明显。非常明显的联系可以表达为一些物理定律，比如海拔高度与地表气温之间的关系。但地学领域存在很多变量之间的联系机理十分复杂，影响因素很多，因而难以通过简单的物理定律表达，只能采用纯数学和经验统计的方法加以推断和建模。当然也有一些现象之间可能存在着必然的物理联系，但限于当前的科技水平人们尚无法弄清它，而采用经验方法来建立数学模型是揭示这类规律的一种必要手段。这样的经验模型可能有助于建立现象之间的物理联系，或者即使它对建立物理联系没有帮助，但也能够解决一些对未知现象的估计和预报问题，具有一定的实用意义。回归分析就是一种依靠对观测样本进行统计建模的基本工具，在很多学科领域得到了广泛的应用。尤其是地学领域的研究对象是一个复杂的巨系统，其内部各种因素具有复杂的相互影响作用，很难用确切的物理模型来表述，而统计模型则可以发挥重要作用。

统计建模方法，都属于机器学习的范畴。统计建模包括预测问题和分类问题。任何统计建模的前提是找到适合于建模的变量因子。

12.1　一元线性回归模型

12.1.1　模型的定义形式

一元线性回归模型描述的是两个要素之间的线性相关关系。假设有两个地理要素 x 和 y，x 为自变量，y 为因变量。则一元线性回归模型的基本结构形式为

$$y_\alpha = a + bx_\alpha + \varepsilon_\alpha \tag{12-1}$$

式中：a 和 b 为待定参数；下标 $\alpha=1,2,\cdots,n$ 为各组观察数据的下标；上式中 $a+bx_\alpha$ 表达了现象中的结构性成分，它是当前回归模型重点揭示的主要规律，而 ε_α 为随机性成分，相当于高频信号，是回归模型中自变量 x 所不能解释的部分。线性回归问题实际上就是求解上述模型的系数 a 和 b 的问题。

如果记 $\widehat{a}$ 和 $\widehat{b}$ 分别为参数 a 与 b 的拟合值，则得到一元线性回归模型

$$\widehat{y} = \widehat{a} + \widehat{b}x \tag{12-2}$$

此式代表 x 与 y 之间相关关系的拟合直线，称为回归直线，$\widehat{y}$ 称为回归值。

12.1.2　参数的最小二乘估计

实际观测值 y_i 与回归值 $\widehat{y}_i$ 之差 $e_i = y_i - \widehat{y}_i$ 表示了实际观测值与回归估计值之间的误差大小。参数 a 与 b 的最小二乘拟合原则要求 $e_i = y_i - \widehat{y}_i$ 的平方和达到最小，即

$$Q=\sum_{i=1}^{n}e_i^{\ 2}=\sum_{i=1}^{n}(y_i-\widehat{y}_i)^2=\sum_{i=1}^{n}(y_i-a-bx_i)^2\rightarrow \min \tag{12-3}$$

根据取极值的必要条件,有

$$\begin{cases}\dfrac{\partial Q}{\partial a}=-2\sum_{i=1}^{n}(y_i-a-bx_i)=0\\ \dfrac{\partial Q}{\partial b}=-2\sum_{i=1}^{n}(y_i-a-bx_i)x_i=0\end{cases}$$

即

$$\begin{cases}\sum_{i=1}^{n}(y_i-a-bx_i)=0\\ \sum_{i=1}^{n}(y_i-a-bx_i)x_i=0\end{cases}$$

进一步写成:

$$\begin{cases}na+(\sum_{i=1}^{n}x_i)b=\sum_{i=1}^{n}y_i\\ (\sum_{i=1}^{n}x_i)a+(\sum_{i=1}^{n}x_i^{\ 2})b=\sum_{i=1}^{n}x_iy_i\end{cases} \tag{12-4}$$

方程组称为正规方程组,它又可被写成矩阵形式

$$\begin{bmatrix}n & \sum_{i=1}^{n}x_i\\ \sum_{i=1}^{n}x_i & \sum_{i=1}^{n}x_i^{\ 2}\end{bmatrix}\begin{bmatrix}a\\ b\end{bmatrix}=\begin{bmatrix}\sum_{i=1}^{n}y_i\\ \sum_{i=1}^{n}x_iy_i\end{bmatrix} \tag{12-4$'$}$$

解上述正规方程组,就可以得到参数 a 与 b 的拟合值

$$\widehat{a}=\overline{y}-\widehat{b}\overline{x},\quad \widehat{b}=\frac{L_{xy}}{L_{xx}}=\frac{\sum_{i=1}^{n}(x_i-\overline{x})(y_i-\overline{y})}{\sum_{i=1}^{n}(x_i-\overline{x})^2} \tag{12-5}$$

建立一元线性回归模型的过程,就是用变量 x_i 和 y_i 的实际观察数据确定 $\widehat{a}$ 和 $\widehat{b}$ 的过程。

12.1.3　一元线性回归模型的显著性检验

回归模型建立之后,需要对模型的可信度进行检验,以鉴定模型是否能反映规律的存在。线性回归方程的显著性检验可借助于 F 检验来完成。

在回归分析中,y 的 n 次观测值 $y_1,y_2,\cdots,y_n$ 之间的差异,可以用观测值 y 与其平均值 $\overline{y}$ 的离差平方和来表示,它称为总离差平方和,记为

$$S_{\text{total}}=L_{yy}=\sum_{i=1}^{n}(y_i-\overline{y})^2 \tag{12-6}$$

可以证明

$$S_{\text{total}}=L_{yy}=\sum_{i=1}^{n}(y_i-\overline{y})^2=\sum_{i=1}^{n}(y_i-\widehat{y}_i)^2+\sum_{i=1}^{n}(\widehat{y}_i-\overline{y})^2=Q+U \tag{12-7}$$

式中:$Q=\sum_{i=1}^{n}(y_i-\widehat{y}_i)^2$ 称为误差平方和,或剩余平方和,而

$$U=\sum_{i=1}^{n}(\widehat{y}_i-\overline{y})^2=\sum_{i=1}^{n}(a+bx_i-a-b\overline{x})^2=b^2\sum_{i=1}^{n}(x_i-\overline{x})^2=b^2L_{xx}=bL_{xy}$$

称为回归平方和。

由公式(12-7)可以看出，当 U 对 S_{total} 的贡献越大时，Q 的影响就越小，回归模型的效果就越好。这样，就可以由统计量

$$F = \frac{U}{Q/(n-2)} \tag{12-8}$$

衡量回归模型的效果。显然 F 越大，就意味着模型的效果越佳。事实上，统计量 F 服从于自由度 $f_1 = 1$ 和 $f_2 = n-2$ 的 F 分布，即 $F \sim F(1, n-2)$。在显著水平 α 下，若 $F > F_\alpha(1, n-2)$，就认为回归方程效果在此水平下显著。一般地，当 $F < F_{0.10}(1, n-2)$ 时，则认为方程效果不明显。如对于某回归方程式

$$F = U / \frac{Q}{n-2} = 4951.098 \tag{12-9}$$

在置信水平 $\alpha = 0.01$ 下查 F 分布表得：$F_{0.01}(1,46) = 7.22$。由于 $F = 4951.098 >> F_{0.01}(1,46) = 7.22$，所以此回归方程式中置信水平 $\alpha = 0.01$ 下是显著的。

需要说明的是，置信水平的选取具有一定的主观性，即模型分析者可以选用 0.01 的置信水平，也可以选 0.005、0.001 这样更苛刻的置信水平。对于现代地学研究而言，进行显著性检验虽然不难，但也需要查表和计算 F 值。一般而言，研究所用的样本量 n 可能在数百个以上，现今地学领域中依靠现代观测技术大都能够获得很多样本，比如达到数万个之上，这时模型的可靠性是较高的，已无须再进行显著性检验。如若样本量比较少，则这时实际上也不需要使用回归分析了。也可以通过使用 Excel 和 Matlab 等软件绘制因变量与每个自变量的散点图，如果所有回归曲线都不够理想，则认为该模型不够显著。

12.1.4　编程计算一元线性回归

假定自变量放置在数组 x 中，因变量放置在数组 y 中，且 x 和 y 都是 numpy.array 类型。则求解这个线性回归模型的代码如下：

```
import numpy
def regress(x,y):
    xmean,ymean = x.mean(),y.mean()
    xdist = x-xmean
    ydist = y-ymean
    b = (xdist * ydist).sum()/(xdist ** 2).sum()
    a =  ymean-b * xmean
    ye = a + x * b
    Q = ((y-ye) ** 2).sum()
    U = ((ye-ymean) ** 2).sum()
    n = len(x)
    F = U/Q * (n-2)
    return a,b,U,Q,F
```

12.2 多元线性回归模型

12.2.1 多元线性回归模型

假设某一因变量 y 受 k 个自变量 $x_1, x_2, \cdots, x_k$ 的影响，其 n 组观测值为 $y_a, x_{1a}, x_{2a}, \cdots, x_{ka}, a=1,2,\cdots,n$。那么线性回归模型的结构形式为

$$y_a = \beta_0 + \beta_1 x_{1a} + \beta_2 x_{2a} + \cdots + \beta_k x_{ka} + \varepsilon_a \tag{12-10}$$

式中：$\beta_0, \beta_1, \cdots, \beta_k$ 为待定系数，ε_a 为随机变量。如果 $b_0, b_1, \cdots, b_k$ 分别为 $\beta_0, \beta_1, \cdots, \beta_k$ 的拟合值，则回归方程为

$$\widehat{y} = b_0 + b_1 x_1 + b_2 x_2 + \cdots + b_k x_k \tag{12-11}$$

式中：b_0 为常数，$b_1, b_2, \cdots, b_k$ 称为偏回归系数。偏回归系数 $b_i (i=1,2,3,\cdots,k)$ 的意义是，当其他自变量都固定时，自变量 x_i 每变化一个单位而使因变量 y 平均改变的数值。

12.2.2 参数求解

多元线性回归模型可以通过最大似然法或最小二乘法原理并利用梯度下降法等优化算法来获得参数。下面给出基于最小二乘法的矩阵解法。

根据最小二乘法原理，$b_i (i=1,2,3,\cdots,k)$ 应该使

$$Q = \sum_{a=1}^{n} (y_a - \widehat{y}_a)^2 = \sum_{a=1}^{n} [y_a - (b_0 + b_1 x_{1a} + b_2 x_{2a} + \cdots + b_k x_{ka})]^2 \rightarrow \min \tag{12-12}$$

由求极值的必要条件得

$$\begin{cases} \dfrac{\partial Q}{\partial b_0} = -2\sum_{a=1}^{n}(y_a - \widehat{y}_a) = 0 \\ \dfrac{\partial Q}{\partial b_j} = -2\sum_{a=1}^{n}(y_a - \widehat{y}_a)x_{ja} = 0 \quad (j=1,2,\cdots,k) \end{cases}$$

方程组经展开并整理，得到的正规方程组的矩阵表示为

$$\boldsymbol{Ab} = \boldsymbol{B} \tag{12-13}$$

其中

$$\boldsymbol{X} = \begin{bmatrix} 1 & x_{11} & x_{21} & \cdots & x_{k1} \\ 1 & x_{12} & x_{22} & \cdots & x_{k2} \\ 1 & x_{13} & x_{23} & \cdots & x_{k3} \\ 1 & \vdots & \vdots & \vdots & \vdots \\ 1 & x_{1n} & x_{2n} & \cdots & x_{k4} \end{bmatrix}$$

$$\boldsymbol{A} = \boldsymbol{X}^{\mathrm{T}}\boldsymbol{X}$$

$$\boldsymbol{Y} = \begin{bmatrix} y_1 \\ y_2 \\ \vdots \\ y_n \end{bmatrix} \qquad \boldsymbol{b} = \begin{bmatrix} b_0 \\ b_1 \\ b_2 \\ \vdots \\ b_k \end{bmatrix}$$

$$B = X^T Y$$

求解式(12-13)可得：

$$b = A^{-1} B = (X^T Y)^{-1} X^T Y \tag{12-14}$$

12.2.3 多元线性回归的显著性检验

使用 F 检验法，与一元线性回归相似，计算回归平方和 U 和剩余平方和 Q，所不同的是 U 的自由度为自变量个数 k，而 Q 的自由度为 $n-k-1$，n 为样本个数，统计量

$$F = \frac{U/k}{Q/(n-k-1)} \tag{12-15}$$

算出 F 值后，并给定置信度 a，如 $a=0.01$ 或 0.001，从 F 分布表中查 $F_a(k, n-k-1)$ 的值，判断若 $F > F_a(k, n-k-1)$，则表明回归模型在当前置信度下效果显著。

12.3 非线性回归模型的建立方法

在复杂的地理系统中，除了线性关系以外，要素之间的非线性关系也是大量存在的。因此，对非线性回归分析也有必要作一些介绍。

非线性关系的线性化。对于要素之间的非线性关系，若能找到某种途径将其转化为线性关系，则可以运用建立线性回归模型的方法，建立要素之间的非线性回归模型。

① 对于指数曲线 $y = de^{bx}$，令 $y' = \ln y$，$x' = x$，就可以将其转化为直线的形式：$y' = a + bx'$，其中，$a = \ln d$。

② 对于对数曲线 $y = a + b\ln x$，令 $y' = y$，$x' = \ln x$，就可以将其转化为直线形式：$y' = a + bx'$。

③ 对于幂函数曲线 $y = dx^b$，令 $y' = \ln y$，$x' = \ln x$，就可以将其转化为直线形式：

$y' = a + bx'$，其中 $a = \ln d$。

④ 对于双曲线 $\frac{1}{y} = a + \frac{b}{x}$，令 $y' = \frac{1}{y}$，$x' = \frac{1}{x}$，就可以将其转化为直线形式：$y' = a + bx'$。

⑤ 对于 S 形曲线 $y = \frac{1}{a + be^{-x}}$，令 $y' = \frac{1}{y}$，$x' = e^{-x}$ 就可以将其转化为直线形式：

$y' = a + bx'$。

⑥ 对于幂函数乘积：$y = dx_1^{\beta 1} \cdot x_2^{\beta 2} \cdot \cdots x_k^{\beta k}$，只要令 $y' = \ln y$，$x_1' = \ln x_1$，$x_2' = \ln x_2$，…，$x_k' = \ln x_k$，就可以将其转化为直线形式：$y' = \beta_0 + \beta_1 x'_1 + \beta_2 x'_2 + \cdots + \beta_k x'_k$，其中 $\beta_0 = \ln d$；

⑦ 对于对数函数和：$y = \beta_0 + \beta_1 \ln x_1 + \beta_2 \ln x_2 + \cdots + \beta_k \ln x_k$，只要令 $y' = y$，$x_1' = \ln x_1$，$x_2' = \ln x_2$，…，$x_k' = \ln x_k$，就可以将其转化为线性形式：

$y' = \beta_0 + \beta_1 x'_1 + \beta_2 x'_2 + \cdots + \beta_k x'_k$。

12.4 广义线性模型

12.4.1 模型定义

广义线性模型(Generalized Linear models)是由 Nelder 等(1972)首先提出，是普通线性

模型的推广,它使因变量的总体均值通过一个非线性连接函数而受自变量线性组合的影响。同时还允许因变量的分布可以是指数分布族中的任何一员。其中高斯分布、指数分布、Γ 分布等都属于指数分布族。

设要分析的 $n \times 1$ 随机因变量向量为 $\boldsymbol{Y}=(Y_1, Y_2, \cdots, Y_n)^T$,所有因变量都受到 p 个自变量的影响,这些自变量用 $n \times p$ 的矩阵 $\boldsymbol{X}$ 来表示(其每个元素用 x_{ij} 表示相应于 Y_i 的第 j 个自变量值),$\boldsymbol{Y}$ 的均值向量为 $\boldsymbol{\mu}=(\mu_1, \mu_2, \cdots, \mu_n)^T$,则自变量 $\boldsymbol{X}$ 与因变量 $\boldsymbol{Y}$ 之间的关系用广义线性模型表示为

$$g(\boldsymbol{\mu})=\boldsymbol{X\beta} \tag{12-16}$$

或写成 $\boldsymbol{\mu}=g^{-1}(\boldsymbol{X\beta})$

式中:$\boldsymbol{g}(\cdot)$ 为一个单调函数,被称作 GLM 模型的连接函数,$\boldsymbol{\beta}$ 为 $p \times 1$ 的系数向量。

广义线性模型的两个组成部分为

① 线性预测子

自变量的线性组合作为线性预测子:

$$\eta_i=\beta_0+\beta_1 x_{1i}+\beta_2 x_{2i}+\cdots+\beta_m x_{mi} \tag{12-17}$$

或写为

$$\eta=\boldsymbol{X\beta}$$

② 连接函数

$g(\cdot)$为连接函数,它可以是线性的,但多数为非线性的。它具体采用何种形式要视情形而定。但一般情况下,对正态分布的因变量,取恒等连接函数 $g(\boldsymbol{\mu})=\boldsymbol{\mu}$,这时 $\boldsymbol{\mu}=\boldsymbol{X\beta}$,等同于普通线性回归的情况;对指数分布和 Γ 分布,取倒数连接函数 $g(\boldsymbol{\mu})=1/\boldsymbol{\mu}$,这时 $\boldsymbol{\mu}=(\boldsymbol{X\beta})^{-1}$;对二项分布,取倒数连接函数 $g(\boldsymbol{\mu})=\ln\left(\frac{\boldsymbol{\mu}}{1-\boldsymbol{\mu}}\right)$,这时 $\boldsymbol{\mu}=\frac{\exp(\boldsymbol{X\beta})}{1+\exp(\boldsymbol{X\beta})}$;对 Poisson 分布,取 $g(\boldsymbol{\mu})=\ln(\mu)$,这时 $\boldsymbol{\mu}=\exp(\boldsymbol{X\beta})$。

③ 属指数分布族的因变量

指数分布族(常见的指数分布形式如表 12.1)的概率密度函数可以表示为

$$f(x)=\exp\left(\frac{x\theta-b(\theta)}{a(\varphi)}+c(x,\varphi)\right) \tag{12-18}$$

式中:θ 和 φ 为两个分布参数,其中 θ 与期望值有关,而 φ 与离散程度有关,a,b,c 为三个函数。随机变量的期望 $E(x)$与方差 $D(x)$与这些参数的关系为

$$E(x)=b'(\theta),$$
$$D(x)=\varphi \cdot b''(\theta)$$

表 12.1　常见指数型分布及其主要参数

分布	θ	$b(\theta)$	φ	$E(x)=b'(\theta)$	$D(x)=\varphi \cdot b''(\theta)$
高斯分布	μ	$\theta^2/2$	σ^2	$\mu=\theta$	σ^2
Γ 分布	$1/\mu$	$-\ln(\theta)$	$1/\gamma$	$\mu=1/\theta$	$\mu^2\gamma$
二项分布	$\ln\frac{p}{1-p}$	$\ln(1+e^\theta)$	1	$p=\frac{e^\theta}{1+e^\theta}$	$p(1-p)$
Poisson 分布	$\ln\lambda$	e^θ	k	$\lambda=e^\theta$	λ

传统的线性回归模型实际上是广义线性模型的特例,当因变量的分布取高斯分布以及连接函数取恒等函数时,广义线性模型就等同于线性回归模型。可见,广义线性模型把因变量的

分布泛化为任意指数分布族，而且用一个非线性连接函数将因变量与自变量的预测算子相连接，使它具有了一定的非线性性质，这使它对现象之间关系的表达能力大大增强了。

12.4.2　最大似然法参数估计

广义线性模型一般不能像普通线性回归模型那样使用最小二乘法实现简单的参数估计，而一般采用基于最大似然法的原理来估计。广义线性模型中要求因变量用指数分布族来描述就是为了便于参数的估计，当然，若能采用一种特定的方法来估计模型参数，则可以突破因变量只能用指数分布族描述的限制。

假定某随机变量的观测样本为 $y_1, y_2, \cdots, y_n$，与它们对应的是 p 个自变量 X $(x_1, x_2, \cdots, x_p)$ 的 n 组观测值 $X_1, X_2, \cdots, X_n$，如果假定当自变量 X 为固定值时，因变量 Y 服从概率密度函数为 $f(y)$ 的分布。而当自变量取不同值时，使 Y 的期望 μ 发生了变化，但 Y 的离散参数 φ 仍保持不变，因此 Y 的概率密度函数可以表达为 $f(y_i, \mu_i, \varphi)$，即

$$f[y_i, g^{-1}(X_i\beta), \varphi]$$

而所有观测样本构成的联合概率密度为

$$f(y_1, y_2, \cdots, y_n, \mu, \varphi) = \prod_{i=1}^{n} f[y_i, g^{-1}(X_i\beta), \varphi] \tag{12-19}$$

即似然函数为

$$\ln L(\beta, \varphi) = \sum_{i=1}^{n} \ln f[y_i, g^{-1}(X_i\beta), \varphi] \rightarrow \max \tag{12-20}$$

通过选取一组所有 β 及 φ 的估计值，使似然函数达到最大。

12.5　分位数回归

对一个连续随机变量 y，如果 $y \leqslant q_x$ 的概率（或者称 y 的累积概率分布）是 τ，则我们说 y 的 τ 分位数是 q_x，或者说 q_x 就是 y 的第 τ 分位数，如图 12.1。类似地，如果将因变量 y 表示为一系列自变量 X 的线性拟合值 $q(X)$，并使得该拟合值 $q(X) \leqslant q_x$ 的概率是 τ，就称为分位数回归。

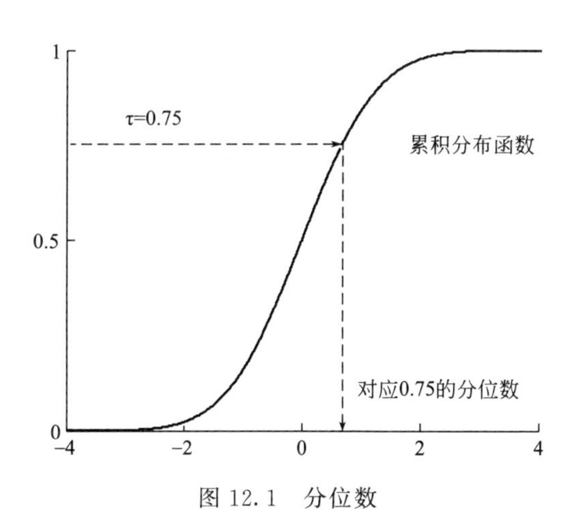

图 12.1　分位数

分位数回归是对以古典条件均值模型为基础的最小二乘法的延伸，用多个分位函数来估计整体模型(图 12.2)。传统线性回归模型即分位数回归的特例，即中位数回归，或者说是分位数 $\tau=0.5$ 时的回归，它用对称权重解决残差最小化问题，而其他分位数下的回归则用非对称权重解决残差最小化。

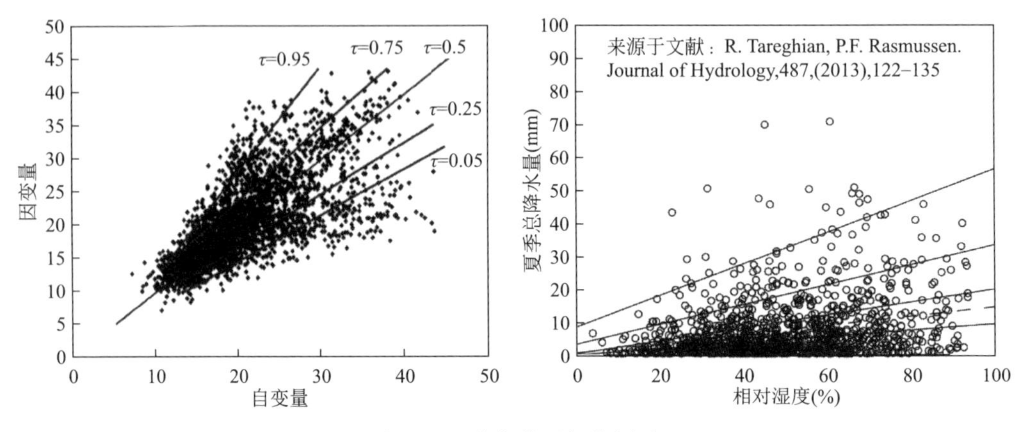

图 12.2　分位数回归的例子

传统回归模型一般习惯用如下形式表达：

$$y=b_0+b_1x_1+b_2x_2+\cdots+b_kx_k \tag{12-21}$$

$b_0\sim b_k$ 是模型系数。由于上式中的 y 其实针对的只是 y 变量分布的期望，即中位数，因此它可表达为

$$E(y\mid x)=b_0+b_1x_1+b_2x_2+\cdots+b_kx_k \tag{12-22}$$

或者

$$Q_{\tau=0.5}(y\mid x)=b_0+b_1x_1+b_2x_2+\cdots+b_kx_k \tag{12-23}$$

而分位数模型则是针对分位值 τ 取[0～1]之间时的任意值泛化模型，比如 τ 取 0.3、0.7、0.9 时的分位数回归：

$$Q_{\tau}(y\mid x)=b_0+b_1x_1+b_2x_2+\cdots+b_kx_k \tag{12-24}$$

为拟合模型参数 $b_0\sim b_k$，分位数回归利用下面的对称且倾斜的权重调节函数来调整拟合误差的值，以便获取最终的模型参数 $b_0\sim b_k$：

$$f_{\tau}(u)=\begin{cases}\tau\cdot u & u\geqslant 0\\ -(1-\tau)u & u<0\end{cases} \tag{12-25}$$

式中：u 为模型的误差，分位值 τ 及 $1-\tau$ 分别是 u 在正负两种不同情形下所取的权重，可见 $f_{\tau}(u)$恒为正。使用这样一个权重处理函数的目的在于，概率值 τ 越小，就越应该让低分位样本权重大些，反之概率值 τ 越大，就越应该使高分位上的样本取较大的权重，假定 $\tau>0.5$，使回归直线以上的样本取权重为 τ，这是一个相对较大的权重，而回归直线以下的样本取权重为 1-τ，它是一个较小的权重。换句话说，$f_{\tau}(u)$能够使位于 τ 附近的样本权重较大，而与 τ 离得越远，权重就越小。

传统的回归模型中所有样本是等权重参与优化的，其损失函数为

$$\min_{b_i}E_{\tau}=\sum_i^n[y_i-\widehat{y}_i]^2=\sum_i^n[y_i-(b_0+b_1x_i+\cdots)]^2 \tag{12-26}$$

即最小二乘原理来实现参数优化；而分位数回归则通过最小化

$$\min_b E_\tau = \sum_i^n f(\varepsilon) = \sum_i^n f(y_i - \hat{y}_i) = \sum_i^n f(y_i - (b_0 + b_1 x_i + \cdots)) \tag{12-27}$$

来获取第 τ 分位数下的回归系数。

在实际应用中，有些自然变量的值不能为负，但模型的估计值 $\hat{y}_i$ 可能出现负值不能为负值，这就需要对上述模型的优化规则做限定，变成监督分位数回归：

$$\min_b E_\tau = \sum_i^n f(\varepsilon) = \sum_i^n f(y_i - \max(l, \hat{y}_i)) \tag{12-28}$$

常量 l 被用作实际 y 值的最低可能取值，比如 0。对于降水而言，常用的最小值是 $l=0.1$。

分位数回归基于这样一种思想：因变量随自变量的变化率（即斜率）并非像传统的回归模型那样是固定的一个，而是随着分位数的变化斜率会变化，一个现象中的不同成分随自变量的变化率是不同的。因而分位数回归能够全面地揭示现象之间的共变关系。正是由于这个特点，使分位数回归不需要使用参数化的分布形式（如高斯分布、gamma 分布、指数分布）来表达模型的随机剩余部分，只是在确定性部分使用了系数参数，因此分位数回归被认为是半参数化的模型。值得注意的是，在气候、生态学等研究中，其实人们最关注的不是随机变量的均值，而是极值（具有较大的分位数）随自变量的变化率，这刚好符合分位数回归特有的优势。

显然当因变量的均值随着自变量的变化而变化、而方差不变时，对应不同分位数的回归直线之间保持平行。但当因变量的方差和均值都随着自变量的变化而变化时，对应不同分位数的回归直线之间呈辐射发散状。

与分位数回归类似，广义线性模型也能通过假定一些特定的分布而将方差随均值的变化表达出来，但其目的仍然是体现均值随自变量的变化率，而不考虑其他分位数。与之类似，分位数回归在对异质方差的变量进行建模时，不需要指出方差如何随着均值而变化，也不需要限定为指数分布族。

12.6　核回归（Kernel regression）

核回归是一种非参数回归方法，它是一种基于观测数据内在结构的建模手段。这里所述的“非参数”是指这种建模方法并不依赖于预设的数学模型，也就没有特定的模型参数。

12.6.1　核回归模型

非参数回归本质上就是一种邻近空间点上对观测值的加权平均（图 12.3）。权重是由权函数给出，观测样本点离待估点越近，权重越大，超过一定距离半径后，权重值将接近于 0。

给定随机样本 (x_i, y_i)（其中 $i=1,\cdots,n$，n 为样本点总个数）来自模型

$$y_i = s(x_i) + \varepsilon_i, \tag{12-29}$$

我们的目的是要获得 $s(x)$ 的估计函数，使用光滑函数来模拟：

$$\hat{s}(x) = \sum_{i=1}^n w(x, x_i) \cdot y_i \tag{12-30}$$

式中：$w(x, x_i)$ 是预选的权重函数。权重的确定需要借助核函数 $K(x)$，核函数的定义需要符合

$$\int K(x)\mathrm{d}x = 1 \text{ 且 } K(x) = K(-x) \tag{12-31}$$

其中最常用的可选核函数为高斯核：

$$K(x) = \frac{1}{\sqrt{2\pi}}\exp\left(-\frac{x^2}{2}\right) \tag{12-32}$$

给定一个核函数 $K(x)$以及一个窗宽值 h，单个样本对应的权重为

$$w(x, x_i) = \frac{K\left(\frac{x_i - x}{h}\right)}{\sum_{j=1}^{n} K\left(\frac{x_j - x}{h}\right)} \tag{12-33}$$

因此，核回归估计的公式为

$$\widehat{s}(x) = \frac{\sum_{j=1}^{n} y_j \cdot K\left(\frac{x_j - x}{h}\right)}{\sum_{j=1}^{n} K\left(\frac{x_j - x}{h}\right)} \tag{12-34}$$

核回归方法是无参方法，但这种无参数是相对的，事实上，使用核回归时仍有一些“参数”需要去优化或估计。这个参数就是窗宽值 h。不同的窗宽 h 会得到不同的回归曲线，h 越大，最终的曲线越平滑，h 越小，曲线波动性越大。

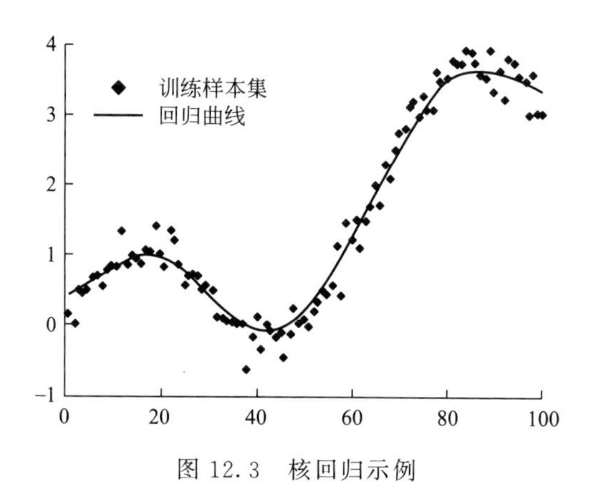

图 12.3　核回归示例

12.6.2　多维变量下的核回归

上述公式明确给出了一维自变量时的核回归建模方法。在多维自变量下，即

$$X = (X_1, X_2, \cdots, X_d)^T$$

一种简单的处理方案是用多维空间中的距离 $\| x_i - x \|$ 代替 $x_i - x$ 即可，则式(12-34)变为

$$\widehat{s}(x) = \frac{\sum_{j=1}^{n} y_j \cdot K\left(\frac{\| x_j - x \|}{h}\right)}{\sum_{j=1}^{n} K\left(\frac{\| x_j - x \|}{h}\right)} \tag{12-35}$$

$\| x_i - x \|$ 可以采用欧氏距离。需要注意的是，为使这个欧氏距离具有实用性，需要让所有变量具有同一量纲，即预先进行归一化处理。

12.7　广义加性模型(Generalized Additive Models)

12.7.1　加性模型

经典的线性回归模型假定因变量 Y 与自变量 $X_1, X_2, \cdots, X_p$ 是线性形式：

$$E(Y \mid X_1, X_2, \cdots, X_p) = \beta_0 + \beta_1 X_1 + \beta_2 X_2 + \cdots + \beta_p X_p \tag{12-36}$$

系数可通过最小二乘法获得。

加性模型扩展了线性模型：

$$E(Y \mid X_1, X_2, \cdots, X_p) = s_0 + f_1(X_1) + f_2(X_2) + \cdots + f_p(X_p) \tag{12-37}$$

式中：$f(X)$是光滑函数，其均值为 0。

这里加性模型的回归值是通过一种叫 Backfitting 的迭代法来拟合样本点处的 $\boldsymbol{f}_i$ 值，用拟合好的 $\boldsymbol{f}_i$ 值来充当 $\boldsymbol{f}_i(X_i)$。需要说明的是，与核回归不同，$\boldsymbol{f}_i(X_i)$ 函数并不需要任何实际形式的数学函数。因此，加性模型与核回归一样，也属于无参模型。

Backfitting 算法步骤：

(1)初始化 $\alpha = \frac{1}{N}\sum_{i=1}^{N} y_i$，$\boldsymbol{f}_i \equiv 0$

(2)循环：$j = 1, 2, \cdots, p, 1, 2, \cdots, p \cdots$

$$\boldsymbol{f}_j = S_j\left[\{y_i - \alpha - \sum\nolimits_{k=1, k \neq j}^{k} f_k(x_{ik})\}_1^N\right]$$

直至 $\boldsymbol{f}_j$ 不再变化时停止。

这里的 $\boldsymbol{f}_j$ 表示第 j 个向量而非单个值，代表不同的变量成分，向量的长度是样本个数 N。

$S_j(y)$是一个三次样条光滑函数，它实际上是第 j 个变量成分在邻近样本上的核函数(即类似于某种加权平均)。

12.7.2　广义加性模型

广义加性模型是广义线性模型的扩展：

$$g(\mu) = s_0 + f_1(X_1) + f_2(X_2) + \cdots + f_p(X_p) = s_0 + \sum_{i=1}^{p} f_i(X_i) \tag{12-38}$$

$$\mu = E(Y \mid X_1, X_2, \cdots, X_p)$$

12.8　岭回归与 LASSO 回归

12.8.1　过拟合问题

在使用统计模型时，人们往往更加倾向于使用参数较多的复杂模型，但这容易产生过拟合问题，如图 12.4。过拟合问题的产生通常源于两个原因：

(1)模型参数太多，而样本不足，致使模型的优化不是有唯一解，而是有多解，甚至有无数解。也就是说随便找一组解都能把训练样本值再现得很好，但在这种情况下获得的模型解在

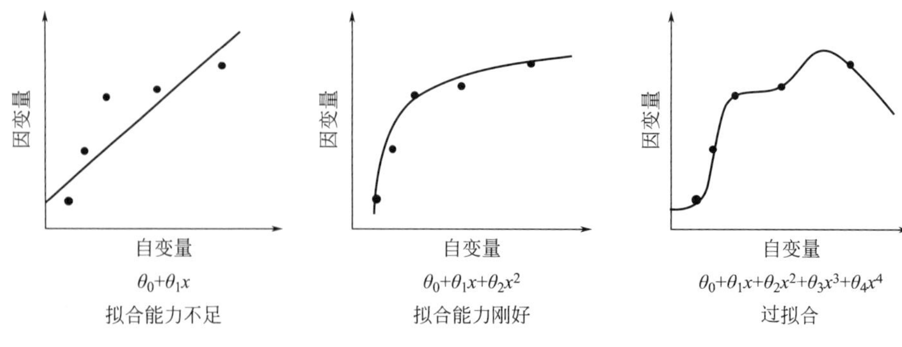

图 12.4　不同情形的回归拟合

应用于未参加模型训练的样本时就没有实用意义，即在模型训练阶段似乎表现很好，但在模型应用时却不能发挥预测作用。

(2)预测因子具有多重共线性。即因子之间有较高的相关性，不少因子之间具有相互替代性，造成单个因子对模型失去理论解释能力。比如用气压因子 P 和湿度因子 H 来预估降水量 R 时（一般来说低气压和高湿度的情况下易发生降水），假定采用的是多元线性回归。

$$R=a_0+a_1P+a_2H$$

式中：a_0 为截距，a_1，a_2 为系数。

由于气压 P 和湿度 H 之间具有高度相关性，最终获得的线性回归系数 a_1 和 a_2 将不再是确定的，最终可能由气压项 a_1P 解释 R 方差的 50%，由湿度 a_2H 解释 R 方差的 30%，也可能分别解释 R 方差的 35%和 45%，总之这两项之和（即 P 和 H 的线性组合）大致共解释 80%的方差。在这种情况下，最终拟合出的气压和湿度的系数到底取何值，则主要取决于二者训练中各自的噪声误差，因此系数值失去了物理意义。此时，模型虽然没有物理意义，但它仍可以用于新样本下的预测。

但是还有可能出现更严重的情形，使得模型甚至不能用于新样本下的预测。当得到的某一预测因子的系数使这一因子与预测量完全不具有正确的响应关系时，这种情况就会发生。比如湿度本应与降水呈正相关关系，但模型中有可能得到的湿度项系数反而是负值，这使模型在训练样本上表现很好，但用于新样本时产生了较大错误。这是因为，气压解释了全部降水的方差，但观测湿度因子的作用被气压所代替，观测湿度中存在的噪声项刚好与观测降水的噪声项具有一定相关性，从而产生了研究者所不期望得到的系数。

如何避免过拟合问题，可以采用以下方案：一是使用尽可能多的样本训练模型，使噪声对模型参数的估计不产生显著影响；二是使用一些经过维度压缩后的代表性的因子，可以采用主成分分析后的主分量作因子，也可以直接去掉一些因子。比如气压和湿度因子中，只取一个就够了。

12.8.2　岭回归

对多元线性回归

$$y_\alpha=\beta_0+\beta_1x_{1\alpha}+\beta_2x_{2\alpha}+\cdots+\beta_kx_{k\alpha}+\varepsilon_\alpha \tag{12-39}$$

以往采用的代价函数为

$$l=\frac{1}{2m}\sum\nolimits_{i=1}^{m}(y_i-\beta_0-\sum\nolimits_j\beta_jx_j)^2\quad（m\ 为样本个数） \tag{12-40}$$

为了使回归预测的方差不至于过大，需要进行一些限制，增加一个惩罚项 $\frac{\lambda}{2}\sum_j \beta_j{}^2$，

$$l=\frac{1}{2m}\sum_{i=1}^{m}(y_i-\beta_0-\sum_j\beta_j x_j)^2+\frac{\lambda}{2}\sum_j\beta_j{}^2 \tag{12-41}$$

式中：λ 的值用于调整模型误差和系数方差之间的相对大小，使二者取得一个平衡，这时的回归即为岭回归。岭回归的目标在于尽可能地减少回归模型的方差。

12.8.3　LASSO 回归

在岭回归中，若将惩罚项改为 $\frac{\lambda}{2}\sum_j|\beta_j|$，即代价函数变为

$$l=\frac{1}{2m}\sum_{i=1}^{m}(y_i-\beta_0-\sum_j\beta_j x_j)^2+\frac{\lambda}{2}\sum_j|\beta_j| \tag{12-42}$$

这时叫作 LASSO 回归。LASSO 回归与岭回归不同，它在优化过程中会使一些不够显著的系数直接变为 0，而相应的预测因子的功能会被其他变量所代替。因而 LASSO 回归具有变量压缩的作用（Hammami et al.，2012），而岭回归则没有这个功能。但 LASSO 回归有一个缺点，即由于惩罚项 $\frac{\lambda}{2}\sum_j|\beta_j|$ 的变化具有不连续性，因此无法使用梯度下降法来优化，但采用遗传算法来优化则是可行的。

参数 λ 是一个人为调节的值，λ 越大，被替换为 0 的系数就越多。因此，要想获得满意的因子压缩目的，用户需要多次调整 λ 值并重新训练模型，并比对其因子压缩效果。

12.9　人工神经网络

人工神经网络（ANN）是现代人工智能的核心。从本质上来看，它可以被看作是一种结构复杂的非线性回归模型。已有很多种不同结构的人工神经网络，如常用的 ANN 模型为深度卷积神经网络。

12.9.1　一个简单的神经网络

人工神经网络是基于一组相互联结的节点（即神经元）来解决输入与输出之间的非线性映射问题。每个神经元为如下形式

$$y=L\left(\sum_{i=1}^{m}x_i w_i+b\right) \tag{12-43}$$

式中：y 是神经元的输出，$L(x)$ 是非线性传递函数；x_i 是输入向量中的第 i 个元素，w_i 是 x_i 的权重，b 是一个表示偏差的常数值。

连接在一起的神经元可以分为多个层次：一个输入层（对应于输入向量），多个隐含层（中间层次）和一个输出层次。一层中神经元的输出可以被再次用作下一个层次的输入向量。权值就是 ANN 的参数，它是需要从输入-输出样本中训练获得。由于中间层的节点通常多于一个，这会使 ANN 产生较多的参数，如图 12.5b。训练集如果不够充足，ANN 就容易过拟合。因此，在一些样本较少的应用中，应该尽可能地使用参数较少的 ANN，即结构简单的 ANN。

当中间层中仅有一个结点（图 12.5a）时，神经网络可以表示为

$$g(y)=\beta_0+\beta_1\cdot l\left(\sum_{i=1}^{m}(x_iw_i+b_1)\right) \tag{12-44}$$

式中：$g(y)$为预测值的期望值。β_0是输出层中的常量偏差，β_1是输出层中的结点权重，b_1是隐含层中的常量偏差，w_i是隐含层中的权重。函数l(x)是非线性连接函数。最常用的连接函数是 sigmoid 函数和 tansig 函数：

$$\text{Sigmoid: } l(x)=\frac{1}{1+e^{-x}}$$

$$\text{Tansig: } l(x)=\frac{2}{1+e^{-2x}}-1$$

上述简化的神经网络可以看作是广义线性模型的变体。

当中间层有多个结点时，三层 ANN 的公式变为

$$g(y)=\beta_0+\sum_{j=1}^{n}\left[\beta_j\cdot l\left(\sum_{i=1}^{m}(w_{j,i}x_i+\gamma_{j,1})\right)\right] \tag{12-45}$$

写成矩阵形式为

$$g(y)=\beta_0+\sum_{m=1}^{M}[\beta_j\cdot l(w_m^Tx+\gamma_m)] \tag{12-46}$$

人工神经网络的参数优化所需的目标函数可以是

$$\min_{\theta}J(\theta)=\sum(y-y')^2 \tag{12-47}$$

可以采用梯度下降法优化权重。

这个简易的 ANN 具有参数少、非“黑箱”的优势(Liu et al.,2019)。

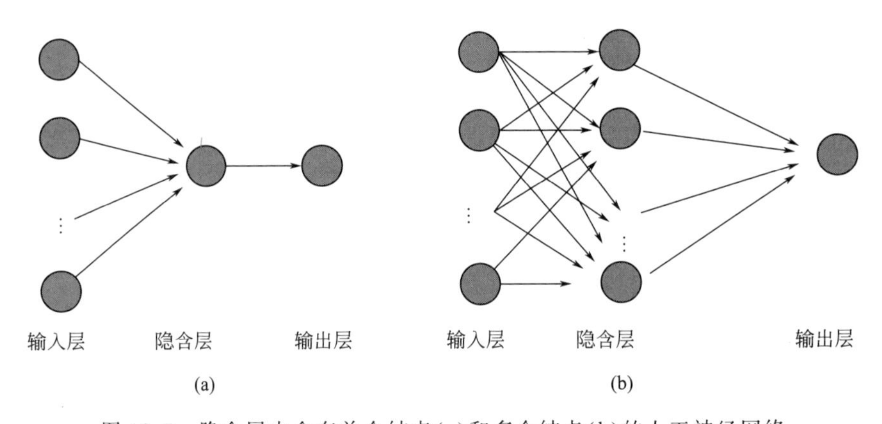

图 12.5　隐含层中含有单个结点(a)和多个结点(b)的人工神经网络

12.9.2　简易人工神经网络的程序

下面以伪代码的形式给出上面介绍的简易神经网络程序。

```
//计算神经网络的输出,注意所有数组的下标约定是从 0 起始
//param 数组的长度为 N(K+1)+N+1
Function output(param,nVar,samples)
    count = 0;K = nVar;N = nHiddenNodes;X = samples
  result = double[N] //用于存放 n 个中间结点的输出
```

```
  for i = 0:N-1  //处理逐个中间结点
    for j = 0:K-1
      result[i] + = X[j] * param[j + count]   //加上 K 项
    end for K
    result[i] + = param[K + count] //加上 1 个常量项
    count + = K + 1  //本次计数至 K + 1
  end for N
  sumv = param[count] //从常量项开始将中间结点输出加在一起
  for i = 1:N-1
    sumv + = tansig(result[i]) * param[count + i]
    end for
    return sumv
end function
```

12.9.3　人工神经网络的应用价值

人工神经网络的特点是参数较多,因此有两个方面的缺陷:一是当训练样本不足时,与回归模型一样,也会产生过拟合问题;二是模型训练过程耗时较长,但一经训练完毕,应用 ANN 时的运行时间会比较短。近年来,一些 ANN 手段被大量应用于气候预测中,获得了良好的效果。ANN 有很多方面的应用,比如使用 ANN 代替气候模型中的部分数值计算功能,可大量节省气候模型的运行时间;使用 ANN 直接代替气候模型预测实现气候的年代际预测,可以获得比气候模型更好的预测效果;使用 ANN 技术完成温度和降水等变量的降尺度处理,提升气候预测结果的空间分辨率。

12.10　K 均值聚类法

K 均值聚类法算法是以距离作为相似度的评价指标,用样本点到类别中心的距离平方和作为聚类好坏的评价指标,通过迭代的方法使总体分类的误差平方和函数达到最小的聚类方法。

假定一个数据集合$(x_1,x_2,\cdots,x_n)$,并且每个 x_i 都是一个 d 维的特征向量。现在,我们需要把这个数据集合分成 k 个不同的类别 $S=\{s_1,s_2,\cdots,s_k\}$,其中,类别 S_i 里面的所有元素到类别中心 U_i 的距离平方和为

$$\mathrm{Sum}_i=\sum_{x_j\in s_i}(x_j-u_i)^2$$

最后分类的目的是要使得到的这 k 个类别的距离平方和的总和最小,即

$$\min\sum_{i=1}^{k}\sum_{x_j\in s_i}(x_j-u_i)^2$$

K 值需要用户根据实际需要去主观设定。

其算法步骤如下:

(1)从集合$(x_1,x_2,\cdots,x_n)$中随机取 k 个元素,作为 k 个类别的各自的中心。

(2)聚类。分别计算集合中每一个元素到 k 个类别中心的距离,将这些元素分别划归到距

离最小的那一个类别中去,这个过程其实是一个重新聚类的过程。

(3)更新类别中心。将每一新的类别集合中所有元素的值求取重心,作为类别的中心。

(4)重复第2,3步,直到聚类结果不再发生变化,这样得到的类别中心,基本上就是我们最后想要找的类别中心。$k=3$ 聚类的例子如图12.6。

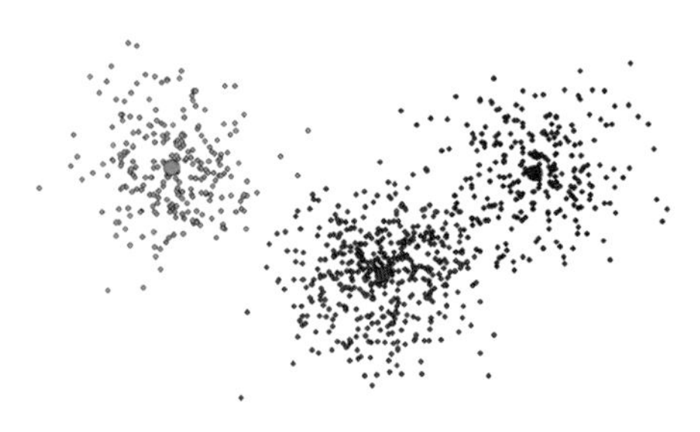

图12.6 二维点群聚类($k=3$ 时效果较佳)

值得注意的是 K 均值聚类的结果是不唯一的,即会因初始时每个类别中样本的不同,会造成最终得到的聚类中心有所不同。如果将"某个样本与类别中心的欧氏距离"用"某个样本属于某类别的似然值(概率值)"代替,则 K 均值聚类的算法就是EM算法(Expectation-Maximization algorithm),后者是用于解决Bayes分类问题的方法。

12.11 Bayes分类与EM算法

12.11.1 Bayes分类法

设有样本数据集 $D=\{d_1,d_2,\cdots,d_n\}$,对应样本数据的特征属性集为 $X=\{x_1,x_2,\cdots,x_d\}$,类别集合为 $Y=\{y_1,y_2,\cdots,y_m\}$,即 D 中的样本可以归类到某个 y_m 中。其中 X 中的各属性相互独立且随机,则 Y 的先验概率为 $P(Y)$,后验概率为 $P(Y|X)$。

由Bayes算法可知

$$Pr(Y\mid X)=\frac{Pr(Y)Pr(X\mid Y)}{Pr(X)} \tag{12-48}$$

朴素贝叶斯基于各特征之间相互独立,在给定类别为 y 的情况下,上式可以进一步表示为下式:

$$P(X\mid Y=y)=\prod_{i=1}^{d}P(x_i\mid Y=y) \tag{12-49}$$

式中:$P(x_i|y_i)$ 即为 x_i 在 y_i 类别(即分布)中的概率密度值。

因此,由以上两式计算出的后验概率为

$$P_{\text{post}}=P(Y\mid X)=\frac{P(Y)\prod_{i=1}^{d}P(x_i\mid Y)}{P(X)} \tag{12-50}$$

由于分母 $P(X)$ 的大小是固定不变的,因此在比较后验概率时,只比较上式的分子即可。可以得到一个样本数据属于类别 y_i 的概率为

$$P(y_i|x_1,x_2,\cdots,x_d)=\frac{P(y_i)\prod_{j=1}^{d}P(x_j|y_i)}{\prod_{j=1}^{d}P(x_j)} \tag{12-51}$$

Bayes 分类法就是先假定有 m 个类别，通过给定的观测值样本集 X，求取各个类别的分布参数 θ(如均值和方差)。在一些文献中，各类别的分布参数称“隐变量”(hidden variable)，这里隐的意思是这些变量不是预先观测到的，需要去猜测。

由于类别 Y 的后验概率值会受到分布参数 θ 的影响，因此它可以通过人为调整 θ 来改变。当某组 θ 值使得 Y 的后验概率达到最大时，这时的 θ 就是最适合的类别参数。

12.11.2　EM 算法

考虑所有的 K 个类别，那么所有样本 x_j 在所有类别的联合后验概率可以表示为

$$\begin{aligned} L(\theta) &= \prod_{j=1}^{N} Pr(x_j) \\ &= \prod_{j=1}^{N} \sum_{i=1}^{K} Pr_{\theta}(x_j, y_i) \\ &= \prod_{j=1}^{N} \sum_{i=1}^{K} Pr_{\theta}(y_i) \mathrm{Pr}_{\theta}(x_j \mid y_i) \end{aligned} \tag{12-52}$$

当假定所有类别中的 x 分布为高斯分布时，该模型常被称作为混合高斯模型。

取对数后

$$\log L(\theta) = \sum_{j=1}^{N} \log\left(\sum_{i=1}^{K} Pr_{\theta}(Y) \mathrm{Pr}_{\theta}(x_j \mid y_i)\right) \tag{12-53}$$

需要注意的是，当 X 是多维样本时，在每个类别中的概率密度是各维度上概率密度的乘积：

$$Pr_{\theta j}(x_j \mid y_i) = \prod_{k=1}^{d} Pr_{\theta}(x_{j,k} \mid y_i) \tag{12-54}$$

通过最大化目标函数 $\ln L(\theta)$ 就可以获得 θ 的值。

因为 y 通常观测不到，无法直接求 $L(\theta)$ 的最大值。可以采用 EM 算法来构建 $L(\theta)$ 的下界(E-step)，再优化下界(M-step)，并不断重复这一过程。

$$\begin{aligned} L(\theta) &= \sum_{i} \log Pr_{\theta}(x) \\ &= \sum_{x} \log \sum_{y} Pr_{\theta}(x_i, y_i) \\ &= \sum_{x} \log \sum_{y} \left[Q(y_i) \frac{Pr_{\theta}(x_i, y_i)}{Q(y_i)}\right] \\ &\geqslant \sum_{x} \sum_{y} \left[Q(y_i) \log \frac{Pr_{\theta}(x_i, y_i)}{Q(y_i)}\right] \end{aligned} \tag{12-55}$$

注意，上式进入第三行时引入了一项 $Q(y_i)$，它是一种分布，$\sum_{i} Q(y_i) = 1$。上面不等式成立是依据 Jensen 不等式原理(请查阅英文原文)。

式(12-55)中当且仅当 $\frac{Pr_{\theta}(x_i, y_i)}{Q(y_i)}$ 为常数时，式中的所有等号才能成立，也就是说，对于任意 y_i，$\frac{Pr_{\theta}(x_i, y_i)}{Q(y_i)}$ 是一个与 y_i 无关的量，对任意 y_i，$\frac{Pr_{\theta}(x_i, y_i)}{Q(y_i)} \equiv k$，因此

$$Pr_{\theta}(x_i, y_i) = kQ(y_i)$$

$$\sum_{y} Pr_{\theta}(x_i, y_i) = k \sum_{y} Q(y_i) = k$$

而 $\sum_{y} Pr_{\theta}(x_i, y_i) = Pr_{\theta}(x_i)$，因此

$$k = Pr_{\theta}(x_i) \tag{12-56}$$

$$Q(y_i) = \frac{Pr_{\theta}(x_i, y_i)}{k} = \frac{Pr_{\theta}(x_i, y_i)}{Pr_{\theta}(x_i)} = Pr_{\theta}(y_i \mid x_i) \tag{12-57}$$

$\sum_{x} \sum_{y} \left[Q(y_i) \log \frac{Pr_{\theta}(x_i, y_i)}{Q(y_i)} \right]$ 形成了 $L(\theta)$的下界，因此最大化它就被当作是 M 步的任务。而 E 步的任务则是估计 $Q(y_i)$。

在上面式子 $L(\theta)$ 中，样本第 $y_k(k=1,2,3,\cdots,K)$ 类别的出现概率 $\mathrm{Pr}_{\theta}(Y)$ 用符号 α_k 代替。

EM 算法，在一组假定的 θ 参数基础上，轮番 E 步和 M 步。

E 步，在 θ 已知的情况下计算 $X=x$ 时 $Y=y$ 的后验概率：

$$Q(y_i) = \frac{Pr(x, y; \theta)}{\sum_{y'} Pr(x, y'; \theta)} = \frac{Pr(x, y; \theta)}{Pr(x; \theta)} = \frac{Pr(y)\mathrm{Pr}(x \mid y; \theta)}{\sum_{y'} Pr(y')\mathrm{Pr}(x \mid y'; \theta)} = Pr(y \mid x; \theta) \tag{12-58}$$

M 步：

$$\theta = \arg\max_{\theta} \sum_{i} \sum_{z} Q_i(y) \log \frac{Pr(x, y; \theta)}{Q_i(y)} \tag{12-59}$$

下面给出混合高斯模型的 EM 算法：

E 步：在 θ 已知的情况下，计算第 k 组类别对观测数据 x_j 的后验概率：

$$p_{\theta}(y_k \mid x_j) = \widehat{\gamma}_{jk} = \frac{\alpha_k Pr_{\theta}(x_j \mid y_k)}{\sum_{k=1}^{K} \alpha_k Pr_{\theta}(x_j \mid y_k)}, \tag{12-60}$$

$$j=1,2,\cdots,N(\text{样本总数}); k=1,2,\cdots,K(\text{类别总数})$$

式中：$Pr_{\theta}(x_j \mid y_k)$ 即为以 $\theta(\mu,\sigma)$为参数的高斯分布密度函数。

M 步：通过最小二乘法的推导并令导数为零，可导出每个类别的高斯模型参数为

$$\mu_k = \frac{\sum_{j=1}^{N} \widehat{\gamma}_{jk} y_i}{\sum_{j=1}^{N} \widehat{\gamma}_{jk}}, \sigma_k^2 = \frac{\sum_{j=1}^{N} \widehat{\gamma}_{jk} (y_i - \mu_k)^2}{\sum_{j=1}^{N} \widehat{\gamma}_{jk}}, \alpha_k = \frac{\sum_{j=1}^{N} \widehat{\gamma}_{jk}}{N}, k=1,2,\cdots,K \tag{12-61}$$

第13章　地学信号分析技术

对地学信息而言，人们主要从两个方面去分析问题，一是根据现象发生的时间演化关系去分析现象存在的时间演变规律，属于一维信息分析，即时间序列分析；二是根据分析地学现象在地球表面的空间分异现象，包括某个指定方向或某条具体路径上的一维空间分异，以及分析整个二维或更高维区域上分布状况的二维信息分析。无论是哪种分析，都涉及各种滤波和傅里叶变换、小波变换等频谱分析技术。

13.1　信号分析的数学基础

13.1.1　线性系统与移位不变系统

(1)线性系统

设对某一特定系统，输入 $f_i(t)$ 产生输出 $g_i(t)$，即 $f_i(t) \rightarrow g_i(t)$，当且仅当它具有如下的性质：

$$a_1 f_1(t) + a_2 f_2(t) \rightarrow a_1 g_1(t) + a_2 g_2(t)$$

则此系统是线性的，也就是说线性系统应该满足叠加性和齐次性(可加性和比例性)。

(2)移位不变系统

假设对某线性系统，有：$f(t) \rightarrow g(t)$，将输入信号变量 t 沿坐标轴平移 T，若 $f(t-T) \rightarrow g(t-T)$，即输出信号变量也平移同样长度，则系统具有移位不变性或称为移位不变系统。

13.1.2　调谐信号与复信号分析

物理量一般都是实值的，然而，如果将输入和输出值推广到复值函数，线性系统的性质将更容易导出。

(1)调谐信号

考察如下形式的复值信号：$f(t) = \cos(wt) + j\sin(wt) = e^{jwt}$

式中：$j^2 = -1$，$f(t)$ 称为调谐信号，余弦或正弦信号只是调谐信号的实部或虚部而已。

(2)对调谐信号的响应

设有线性移位不变系统，输入信号为调谐信号，即 $f_1(t) = e^{jwt}$，则系统响应为：$g_1(t) = H(w,t)e^{jwt}$。

另一输入信号为：

$$f_2(t) = e^{jw(t-T)} = e^{-jwT} f_1(t),$$

系统响应为：

$$g_2(t) = H(w, t-T) e^{jw(t-T)} \tag{13-1}$$

由于 $f_2(t) = e^{-jwT} f_1(t)$，则

$$e^{-jwT}g_1(t)=e^{-jwT}H(w,t)e^{jwt}$$

即

$$g_2(t)=H(w,t)e^{jw(t-T)} \tag{13-2}$$

比较(13-1)和(13-2)两式,得到:

$$\begin{aligned}&H(w,t-T)e^{jw(t-T)}=H(w,t)e^{jw(t-T)}\\&\Rightarrow H(w,t-T)=H(w,t)\end{aligned} \tag{13-3}$$

由于 T 的任意性,所以,只有在 $H(w,t)$ 与 t 无关($H(w,t)=H(w)$)时,等式(3-12)才有可能成立,由此可得到式(3-14)。

$$g(t)=H(w)f(t) \tag{13-4}$$

等式(3-4)表明了如下重要性质,即线性移位不变系统对于调谐信号的响应等于输入信号乘上一个依赖于频率的复数。调谐信号输入总产生同样频率的调谐信号输出。

(3)系统传递函数

对于线性移位不变系统,传递函数 $H(w)$ 包含了系统的全部信息,

$$H(w)=\frac{g(t)}{f(t)} \tag{13-5}$$

写成极坐标形式为

$$H(w)=A(w)e^{j\varphi(w)} \tag{13-6}$$

该式第一项 $A(w)$ 是频率的实值函数,第二项则是复平面内的单位向量。

假设输入为一余弦函数,令其为某调谐信号的实部,即

$$f(t)=\cos(wt)=\mathrm{Re}\{e^{jwt}\} \tag{13-7}$$

系统对此调谐输入的响应为

$$\begin{aligned}g(t)&=H(w)e^{jwt}\\&=A(w)e^{j\varphi(w)}e^{jwt}\\&=A(\omega)e^{j(wt+\varphi)}\end{aligned} \tag{13-8}$$

最后的实际输出为:

$$g(t)=\mathrm{Re}\{A(w)e^{j(wt+\varphi)}\}=A(w)\cos(wt+\varphi) \tag{13-9}$$

$A(w)$ 为增益因子,代表系统对输入信号的缩放比例。φ 为相移角,其作用是将调谐输入信号的时间原点加以平移。

至此,已导出线性移位不变系统的三个重要性质:

(1)调谐输入总产生同频率的调谐输出。

(2)系统的传递函数是一个仅依赖于频率的复值函数,它包含了系统的全部信息。

(3)传递函数对调谐输入信号只产生两种影响——幅度的缩放和相位的平移。

13.1.3 卷积与滤波

(1)连续卷积

数学上,卷积的定义很简明,可用下式表示:

$$g(t)=f(t)\cdot h(t)=\int_{-\infty}^{\infty}f(\tau)h(t-\tau)\mathrm{d}\tau \tag{13-10}$$

这里的点号(·)指的是卷积,并不指乘法。

卷积运算具有如下重要性质：

- 交换律：$f \cdot g = g \cdot f$
- 结合律：$(f \cdot g) \cdot h = f \cdot (g \cdot h)$
- 分配律：$f \cdot (g + h) = f \cdot g + f \cdot h$
- 求导：$\frac{\mathrm{d}}{\mathrm{d}t}[f \cdot g] = f' \cdot g = f \cdot g'$

事实上，由式(13-10)可推导出如下结果：

$$\begin{aligned}\frac{\mathrm{d}}{\mathrm{d}t}[f \cdot g] &= \frac{\mathrm{d}}{\mathrm{d}t}\left[\int_{-\infty}^{\infty} f(\tau)g(t-\tau)\mathrm{d}\tau\right] = \int_{-\infty}^{\infty} f(\tau)\frac{\mathrm{d}}{\mathrm{d}t}[g(t-\tau)]\mathrm{d}\tau \\ &= \int_{-\infty}^{\infty} f(\tau)g'(t-\tau)\mathrm{d}\tau = f \cdot g'\end{aligned} \tag{13-11}$$

$$\begin{aligned}\frac{\mathrm{d}}{\mathrm{d}t}[f \cdot g] &= \frac{\mathrm{d}}{\mathrm{d}t}\left[\int_{-\infty}^{\infty} f(t-\tau)g(\tau)\mathrm{d}\tau\right] = \int_{-\infty}^{\infty} \frac{\mathrm{d}}{\mathrm{d}t}[f(t-\tau)]g(\tau)\mathrm{d}\tau \\ &= \int_{-\infty}^{\infty} f'(t-\tau)g(\tau)\mathrm{d}\tau = f'g\end{aligned} \tag{13-12}$$

(2) 离散卷积

对于离散序列，其卷积可用与连续函数相类似的方法求得，此时，自变量变为下标，而积分则由求和代替。离散卷积可以看作对序列 $f(i)$ 以 $h(i-j)$ 为权重的加权求和。因此，对于两个长度分别为 m 和 n 的序列 $f(i)$ 和 $h(i)$，与式(3-10)对应有：

$$g(i) = f(i) \cdot h(i) = \sum_j f(j)h(i-j) \tag{13-13}$$

(3)滤波

数学上的卷积运算在信号处理和图像处理中常被称为滤波。一个线性位移不变系统输入和输出之间的关系，除了可以用传递函数的办法表示外，还可以用卷积的办法来表示。即线性位移不变系统的输出可通过输入信号与一表征系统特性的函数 $h(t)$ 的卷积得到，参考图 13.1。

$$g(t) = \int_{-\infty}^{\infty} f(\tau)h(t-\tau)\mathrm{d}\tau = \int h(\tau)f(t-\tau)\mathrm{d}\tau = f(t) \cdot h(t) \tag{13-14}$$

式中：表征函数 $h(t)$ 叫作系统的冲激响应。取这一名称的原因是当系统输入为单位冲激函数 $\delta(\tau)$ 时，

$$g(t) = \int_{-\infty}^{\infty} \delta(\tau)h(t-\tau)d\tau = \delta(t) \cdot h(t) = h(t) \tag{13-15}$$

系统输出(对冲激函数的响应)就是表征函数本身。所以，表征函数又被称为冲激响应，它能够完全刻画系统。有理由推断，冲激响应与传递函数之间存在着某种必然的联系，关于这种

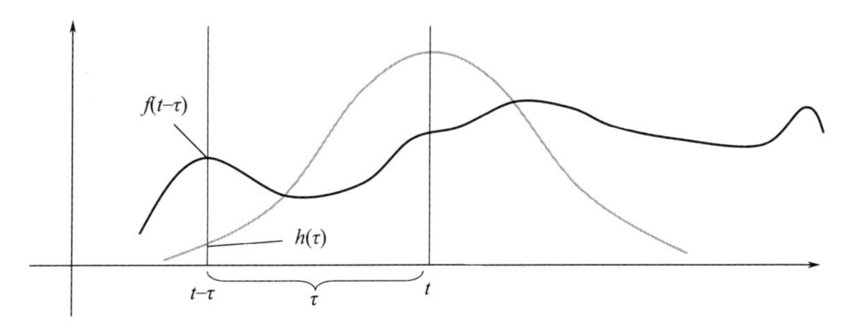

图 13.1　卷积计算示意图

联系将在傅里叶变换中讨论。

(4)一维卷积的图示计算过程

输出函数 $g(t)=f(t)\cdot h(t)$ 上的任意一点可按如下步骤得出(图 13.2):

① 将冲激响应 $h(t)$ 进行原点反折，并向右移动距离 t，得到 $h(t-\tau)$。

② 计算输入函数 $f(\tau)$ 和 $h(t-\tau)$ 在各点的积。

③ 将各点的积进行积分即可得到 $g(t)$ 在 t 处的值。

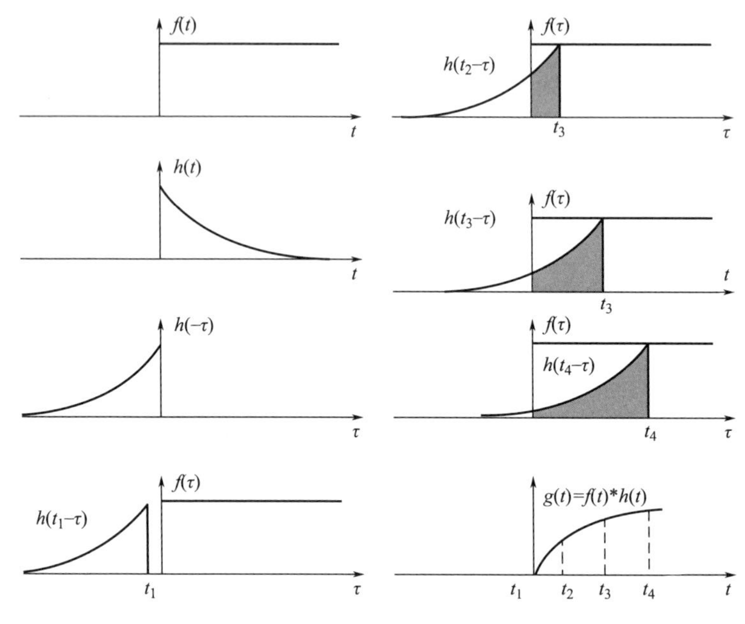

图 13.2　函数的卷积计算

在水文学中，地表水的汇流过程可以通过单位线方法来描述，而单位线方法本质上就是一种卷积计算。上面的 $f(t)$ 相当于降雨时间序列，它是一个输入量，而 $h(t)$ 则是单位时间单位雨量所产生的汇流曲线；由于每一时刻的汇流量都与之前所有时刻的降水量有关，但每个时刻的降水量对当前时刻产生的汇流量的贡献并不相同。因此，t 时刻的汇流量 $g(t)$ 是 t 时刻之前所有降雨量的加权和，而权重即为单位冲激响应 $h(t-\tau)$，其中 τ 为距离 t 时刻时差为 τ 的前一时刻。一般的情况下，冲激响应函数总是中间高、两头低，即 $\tau=0$ 附近时 $h(t-\tau)$ 值最大，往两边趋于减小。

为了更形象地说明卷积的概念，再举一例。俗话说，“一顿饭吃不成胖子”，如果一个人一顿饭吃得很多，则他吃下去的食物会在未来几小时内消化掉，再经若干小时由血液输送到人的皮肤上形成脂肪，这时人的体重是一个增加过程，但若干天之后不再饮食，这个体重就会慢慢下降。因吃下一顿饭导致的人的体重增加过程可以用 $h(t)$ 表示。

假定人在运动量和代谢消耗量持续不变的情况下，t 时刻的体重是与 t 时刻之前所有历史的饮食量有关，体重可以通过历史上所有饮食量 $f(t)$ 的加权和作为比重。历史饮食发生时间距离现在越远，则该饮食的发生对当前体重所起的作用就越小。也就是说，当前体重主要与距离当前不远的一段时间内的饮食状况有关，这个现象就是通过 $h(t)$ 函数来表示的。因此人的体重为：

$$g(t)=\sum f(\tau)\cdot h(t-\tau) \tag{13-16}$$

其中 τ 是指历史饮食发生时间与 t 时刻的时间差。

13.2　傅里叶变换

13.2.1　函数的一维傅里叶变换

函数 $f(t)$ 的一维傅里叶变换 $F(s)$ 由下式定义

$$F(s)=\int_{-\infty}^{\infty} f(t)e^{-j2\pi st}\,\mathrm{d}t \tag{13-17}$$

式中：$j^2=-1$。傅里叶变换是一个线性积分变换，将一个具有 n 个实变量的复函数变换为另一个具有 n 个实变量的复函数。$F(s)$ 的傅里叶反变换定义为：

$$f(t)=\int_{-\infty}^{\infty} F(s)e^{j2\pi st}\,\mathrm{d}s \tag{13-18}$$

注意，正反傅里叶变换的唯一区别是幂的符号。函数 $f(t)$ 和 $F(s)$ 被称作一个傅里叶变换对，对于任一函数 $f(t)$，其傅里叶变换 $F(s)$ 是唯一的，反之亦然。

13.2.2　高斯函数的傅里叶变换

下面来推导高斯函数的傅里叶变换。高斯函数为：

$$f(t)=e^{-\pi\cdot t^2} \tag{13-19}$$

代入定义式(13-17)得：

$$\begin{aligned}F(s)&=\int_{-\infty}^{\infty} e^{-\pi\cdot t^2}e^{-j2\pi\cdot st}\,\mathrm{d}t=\int_{-\infty}^{\infty} e^{-\pi(t^2+j2st)}\,\mathrm{d}t\\&=e^{-\pi\cdot s^2}\int_{-\infty}^{\infty} e^{-\pi(t+js)^2}\,\mathrm{d}t\end{aligned} \tag{13-20}$$

进行变量替换：

$$u=t+js,\mathrm{d}u=\mathrm{d}t$$

前式变为：

$$F(s)=e^{-\pi\cdot s^2}\int_{-\infty}^{\infty} e^{-\pi\cdot u^2}\,\mathrm{d}u \tag{13-21}$$

由于上式中的高斯积分为 1，故简化为：

$$F(s)=e^{-\pi\cdot s^2} \tag{13-22}$$

这样，式(13-19)和式(13-22)就构成一个傅里叶变换对，即高斯函数的傅里叶变换也是一个高斯函数，这个性质使高斯函数在以后的分析中非常有用。

既然傅里叶变换是一个积分变换，就必须讨论公式(13-17)和(13-18)中积分是否存在的问题。如果一个函数的绝对值的积分存在，即如果

$$\int_{-\infty}^{\infty} |f(t)|\,\mathrm{d}t<\infty \tag{13-23}$$

并且函数连续，或者是只有有限个不连续点，则对于 S 的任何值，函数的傅里叶变换都存在。一般称这些函数为瞬时函数，因为在 $|t|$ 很大时函数值已消失。实际上要处理的正是这些函数，任何数字化信号和图像肯定都被截为有限延续和有界的函数，这样，我们所用到的函数都存在傅里叶变换。

13.2.3 傅里叶变换的幅值与相角

即使 $f(t)$ 是一个实函数，其傅里叶变换通常也是空间频率 s 的复函数，并且可以表示为

$$F(s)=R(s)+jI(s) \tag{13-24}$$

式中：$R(s)$ 和 $I(s)$ 分别为 $F(s)$ 的实部和虚部。

实际应用中，有时用幅值和相角表示傅里叶变换，定义为

$$|F(s)|=\sqrt{R^2(s)+I^2(s)} \tag{13-25}$$

$$\theta(s)=\arctan\left[\frac{I(s)}{R(s)}\right] \tag{13-26}$$

$|F(s)|$ 称为 $f(t)$ 傅里叶变换的幅值或傅里叶谱，$\theta(s)$ 称为傅里叶变换的相角，一般在 $\pm\pi$ 之间。幅值的二次方称为 $f(t)$ 的能量谱(power spectrum)，即

$$E(s)=|F(s)|^2=R^2(s)+I^2(s) \tag{13-27}$$

傅里叶变换也可以表示为

$$F(s)=|F(s)|e^{j\theta(s)} \tag{13-28}$$

这是傅里叶变换的极坐标表示形式。

13.2.4 函数的二维傅里叶变换

一维函数的傅里叶变换可以很容易推广到二维函数。假设函数 $f(x,y)$ 连续可积，并且 $F(u,v)$ 可积，则二维函数 $f(x,y)$ 的正、反傅里叶变换分别定义为

$$F(u,v)=\int_{-\infty}^{\infty}\int_{-\infty}^{\infty}f(x,y)e^{-j2\pi(ux+vy)}\mathrm{d}x\,\mathrm{d}y \tag{13-29}$$

$$f(x,y)=\int_{-\infty}^{\infty}\int_{-\infty}^{\infty}F(u,v)e^{j2\pi(ux+vy)}\mathrm{d}u\,\mathrm{d}v \tag{13-30}$$

式中：$f(x,y)$ 是一幅图像，$F(u,v)$ 是它的频谱。通常 $f(x,y)$ 是两个实变量 u 和 v 的复值函数。变量 u 是对应于 x 轴的空间频率，变量 v 是对应于 y 轴的空间频率。

二维傅里叶变换也可以表示成幅值和相角的形式，幅值和相角的定义为

$$|F(u,v)|=\sqrt{R^2(u,v)+I^2(u,v)} \tag{13-31}$$

$$\theta(u,v)=\arctan\left[\frac{I(u,v)}{R(u,v)}\right] \tag{13-32}$$

能量谱定义为

$$E(u,v)=|F(u,v)|^2=R^2(u,v)+I^2(u,v) \tag{13-33}$$

二维傅里叶变换可以表示成

$$F(u,v)=|F(u,v)|e^{j\theta(u,v)} \tag{13-34}$$

13.2.5 离散傅里叶变换(DFT)

(1)定义

如果将时间和频率都离散化，则一维离散傅里叶变换对的定义为：

$$F(k)=\frac{1}{\sqrt{N}}\sum_{n=0}^{N-1}f(n)W_N^{nk} \tag{13-35}$$

$$f(n)=\frac{1}{\sqrt{N}}\sum_{n=0}^{N-1}F(k)W_N^{-nk} \tag{13-36}$$

式中：$W_N=\exp(-j2\pi/N)$，$0\leqslant k,n\leqslant N-1$。$f(n)$ 是对连续函数 $f(t)$ 等间隔采样得到的离散序列，长度为 N。

式(13-35)称为离散傅里叶变换(DFT)，式(13-36)称为离散傅里叶反变换(IDFT)，两者构成一个离散傅里叶变换对。

同样，对二维函数将空间离散化，则成为数字图像。将一维离散傅里叶变换推广可得到二维傅里叶变换，公式为：

$$F(k,l)=\frac{1}{N}\sum_{m=0}^{N-1}\sum_{n=0}^{N-1}f(m,n)\exp[-j2\pi(mk+nl)/N] \tag{13-37}$$

$$f(m,n)=\frac{1}{N}\sum_{k=0}^{N-1}\sum_{l=0}^{N-1}F(k,l)\exp[j2\pi(mk+nl)/N] \tag{13-38}$$

式中：$f(m,n)$ 是对连续函数 $f(x,y)$ 等间隔采样得到的离散序列，大小为 $N\cdot N$。

DFT 和连续傅里叶变换的相似，意味着 DFT 可能具有许多和积分变换相同的性质，事实上，只要遵守采样定理，就可以认为它们是完全等同的。这种灵活性在设计过程中提供了相当大的方便，例如对于一个图像处理问题，可以用连续的方法来描述它，然后用离散的方法来实现。数字图像的二维离散傅里叶变换所得结果的频率成分的分布示意图如图 13.3 所示。

即变换结果的左上、右上、左下、右下四个角的周围对应于低频成分。中央部位对应于高频成分。为使直流成分出现在变换结果数组的中央，可采用图示的换位方法。但应注意到，换位后的数组当再进行反变换时，得不到原图。也就是说，在进行反变换时，必须使用四角代表低频成分的变换结果，使画面中央对应高频部分。

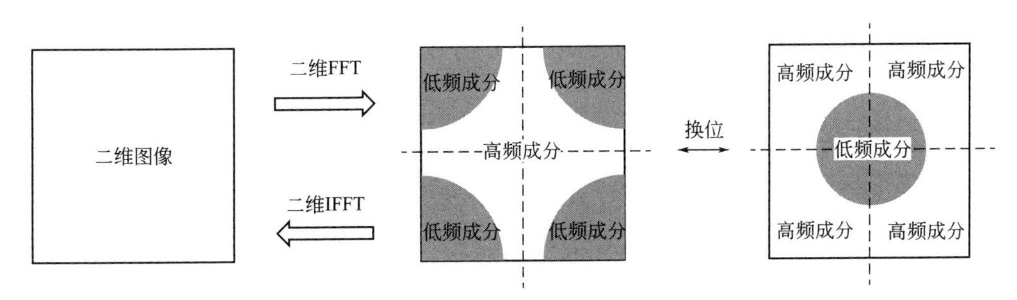

图 13.3　二维傅里叶变换的频率成分

根据位移定理有：

$$\Re\{(-1)^{m+n}f(m,n)\}=F\left(k-\frac{N}{2},l-\frac{N}{2}\right) \tag{13-39}$$

可以简单地用 $(-1)^{m+n}$ 乘以图像函数 $f(x,y)$，将 $f(x,y)$ 的傅里叶变换域的原点移到 $N\cdot N$ 频率方阵的中心。这说明，在进行二维离散傅里叶变换之前，将图像每隔一个像素使数据符号反向，就能够获得直流成分在二维数组中心的频谱。这个性质可以用于显示二维幅度谱和相位谱，也可以在利用了二维离散傅里叶变换的滤波器中使用。

(2)快速算法(FFT)

DFT 的表达式虽然简明，但真正要计算起来，并不是件容易的事情。实现式(13-35)或式(13-36)所需的乘法和加法操作次数显然是 N^2，即使把所有的复指数值都存进一张表中，计算量仍然实在太大。

幸运的是存在一类算法可以将操作降到 $N\log_2 N$ 的数量级，这就是所谓的快速傅里叶变换算法(FFT)。前提是 N 必须可以分解为一些较小整数的乘积，当 N 是 2 的幂次时，效率最高，实现起来也最简单。

目前，在 Matlab、Python 的科学计算软件包中都集成了 FFT 算法，C＃语言中的 FFT 算法也能从网上下载得到。

在 Python 平台下，只要安装了 numpy 包即可，其中 numpy.fft 即是有关 FFT 及其反变换的函数。其中的 fft 函数用于执行一维向量的快速傅里叶变换，而 ifft 是与它相对应的傅里叶反变换，fft2 函数是用于执行二维矩阵的快速傅里叶变换，ifft2 是与它相对应的傅里叶反变换。

```
>>> a = range(10)    #生成一维数列
>>> a
[0,1,2,3,4,5,6,7,8,9]
>>> afft = mfft.fft(a)    #执行一维 FFT
>>> afft
array([ 45. +0.00000000e+00j,  -5. +1.53884177e+01j,  -5. +6.88190960e+00j,
    -5. +3.63271264e+00j,  -5. +1.62459848e+00j,  -5. +4.44089210e-16j,
    -5. -1.62459848e+00j,  -5. -3.63271264e+00j,  -5. -6.88190960e+00j,
    -5. -1.53884177e+01j])
>>> mfft.ifft(afft)    #执行一维 FFT 反变换
array([  1.06581410e-15  +1.77635684e-16j,
    1.00000000e+00  -1.99840144e-15j,
    2.00000000e+00  +8.56279268e-16j,
    3.00000000e+00  +1.02556706e-15j,
    4.00000000e+00  +2.63975353e-15j,
    5.00000000e+00  -5.76252452e-17j,
    6.00000000e+00  -8.79775164e-16j,
    7.00000000e+00  +7.47200933e-16j,
    8.00000000e+00  -2.57184871e-15j,   9.00000000e+00  +6.12140953e-17j])
>>> matrix = [[1,2,3,4],[4,5,6,7],[1,7,8,9]]    #二维矩阵
>>> bfft = mfft.fft2(matrix)    #执行二维 FFT 变换
>>> bfft
array([[ 57.0+0.j       ,-11.0+6.j        ,-11.0+0.j        ,-11.0-6.j
   ],
    [-13.5+2.59807621j,   2.5-4.33012702j,   2.5-4.33012702j,
      2.5-4.33012702j],
    [-13.5-2.59807621j,   2.5+4.33012702j,   2.5+4.33012702j,
      2.5+4.33012702j]])
>>> mfft.ifft2(bfft)#执行二维 FFT 反变换
array([[ 1. +0.j,  2. +0.j,  3. +0.j,  4. +0.j],
```

[4. +0. j， 5. +0. j， 6. +0. j， 7. +0. j]，
[1. +0. j， 7. +0. j， 8. +0. j， 9. +0. j]])

使用 Matlab 可以实现类似的结果。

13.2.6 傅里叶变换的性质

(1)可分离性

一个二维傅里叶变换可由连续两次一维傅里叶变换来实现。前面所述的正、反傅里叶变换公式可以写为下面的两式：

$$\begin{aligned} F(k,l) &= \frac{1}{N}\sum_{n=0}^{N-1}\left[\sum f(m,n)e^{-j2\pi mk/N}\right]\cdot e^{-j2\pi nl/N} \\ &= \frac{1}{N}\sum_{n=0}^{N-1} f(k,n)e^{-j2\pi nl/N} \end{aligned} \tag{13-40}$$

$$\begin{aligned} f(m,n) &= \frac{1}{N}\sum_{n=0}^{N-1}\left[\sum_{k=0}^{N-1} F(k,l)e^{j2\pi mk/N}\right]\cdot e^{j2\pi nl/N} \\ &= \frac{1}{N}\sum_{n=0}^{N-1} F(m,l)\cdot e^{j2\pi nl/N} \end{aligned} \tag{13-41}$$

对每个 x，上面 $F(x,v)$式大括号中是一个一维傅里叶变换。所以 $F(x,v)$是由沿 $f(x,y)$的每一列变换再乘以 N 得到；在此基础上，再对 $F(x,v)$的每一行求傅里叶变换就可得到 $F(u,v)$。这个过程可用图 13.4 表示。

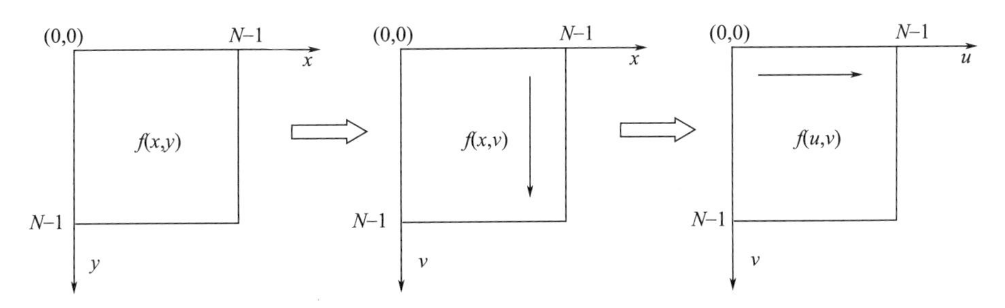

图 13.4 二维傅里叶变换可以分解为两个方向上的一维傅里叶变换

(2)周期性和共轭对称性

若离散傅里叶变换和它的反变换周期为 N，则有

$$F(u,v)=F(u+N,v)=F(u,v+N)=F(u+N,v+N)$$

这说明对 u 和 v 的无限数来讲，$F(u,v)$重复着其本身，但是为了由 $F(u,v)$得到 $f(x,y)$，只需利用任何一周期内各个变量的取值。换言之，为了在频域中完全地确定 $F(x,y)$，只需要变换一个周期。在空间域中对 $f(x,y)$也是类似的。

傅里叶变换存在共轭对称性。因为

$$F(u,v)=F\cdot(-u,-v) \tag{13-42}$$

或者

$$|F(u,v)|=|F(-u,-v)|$$

这种周期性和共轭对称性对图像的频谱分析和显示带来很大益处。

(3)平移性质

傅里叶变换对的平移性质可写成(以 ⇔ 健表示函数和其傅里叶变换的对应关系):

$$\begin{aligned} f(x,y)e^{j2\pi(u_0x+v_0y)/N} &\Leftrightarrow F(u-u_0,v-v_0) \\ f(x-x_0,y-y_0) &\Leftrightarrow F(u,v)e^{-j2\pi(ux_0+vy_0)/N} \end{aligned} \tag{13-43}$$

上面的第一个式子表明 $f(x,y)$ 与一个指数项相乘就相当于把其变换后的频域中心移动到新的位置 (u_0,v_0)。类似地,第二个式子表明将 $F(u,v)$ 与一个指数项相乘就相当于把其变换后的空域中心移动到新的位置 (x_0,y_0)。另外,从第二个式子可知,对 $f(x,y)$ 的平移不影响其傅里叶变换的幅值。

根据这个平移性质可以证明前面的式(13-39),

$$R\{f(x,y)e^{j2\pi\left[\frac{\frac{M}{2}x}{M}+\frac{\frac{N}{2}y}{N}\right]}\}=F\left(u-\frac{M}{2},v-\frac{N}{2}\right)$$

$$\Rightarrow R\{f(x,y)e^{i\pi(x+y)}\}=F\left(u-\frac{M}{2},v-\frac{N}{2}\right)$$

$$\Rightarrow R\{f(x,y)(-1)^{x+y}\}=F\left(u-\frac{M}{2},v-\frac{N}{2}\right)$$

这表明,$f(x,y)(-1)^{x+y}$ 的傅里叶变换的原点是在 $u=M/2$ 和 $v=N/2$ 处。考虑到 $f(x,y)$ 的傅里叶变换的原点在 $u=0$ 和 $v=0$ 处,要想使原点变换至 $u=M/2$ 和 $v=N/2$ 处,就只需要在原有函数乘以 $(-1)^{x+y}$ 后再做变换即可。

(4)旋转性质

首先借助极坐标变换 $x=r\cos\theta, y=r\sin\theta, u=w\cos\phi, v=w\sin\phi$ 将 $f(x,y)$ 和 $F(u,v)$ 转换为 $f(r,\theta)$ 和 $F(w,\phi)$。直接将它们代入傅里叶变换对得到:

$$f(r,\theta+\theta_0)\Leftrightarrow F(w,\varphi+\theta_0) \tag{13-44}$$

上式表明,对 $f(x,y)$ 旋转 θ_0 的傅里叶变换对应于将其傅里叶变换 $F(u,v)$ 也旋转 θ_0。类似地,对 $F(u,v)$ 旋转 θ_0 也对应于将其傅里叶反变换 $f(x,y)$ 旋转 θ_0。

(5)分配律(加法定理)

根据傅里叶变换对的定义可得到:

$$F\{f_1(x,y)+f_2(x,y)\}=F\{f_1(x,y)\}+F\{f_2(x,y)\} \tag{13-45}$$

上式表明傅里叶变换和反变换对加法满足分配律,但对乘法则不满足。

```
>>> import numpy.fft as mfft
>>> a = [0,1,5,10,5,1,0,0,0,0,0]
>>> b = [0.2,0.6,0.2,0,0,0,0,0,0,0,0]
>>> a = numpy.array(a)
>>> b = numpy.array(b)
>>> mfft.fft(a + b)
array([ 23.00000000 + 0.j          ,  -1.95078131 - 19.55380653j,
      -12.00586219 + 2.92176462j,   2.68848986 + 5.51866128j,
        2.44267114 - 1.96756678j,  -1.57451750 - 1.63859705j,
       -1.57451750 + 1.63859705j,   2.44267114 + 1.96756678j,
```

```
    2.68848986  - 5.51866128j, - 12.00586219  - 2.92176462j,
  - 1.95078131 + 19.55380653j])
>>> mfft.fft(a) + mfft.fft(b)
array([ 23.00000000  + 0.j            ,  - 1.95078131 - 19.55380653j,
  - 12.00586219  + 2.92176462j,   2.68848986  + 5.51866128j,
    2.44267114  - 1.96756678j,   - 1.57451750  - 1.63859705j,
  - 1.57451750  + 1.63859705j,    2.44267114  + 1.96756678j,
    2.68848986  - 5.51866128j, - 12.00586219  - 2.92176462j,
  - 1.95078131 + 19.55380653j])
```

(6)尺度变换(相似性定理)

给定两个标量 a 和 b 可证明傅里叶变换有以下两式成立:

$$af(x,y) \Leftrightarrow aF(u,v)$$

$$f(ax,by) \Leftrightarrow \frac{1}{|ab|}F\left(\frac{u}{a},\frac{v}{b}\right) \tag{13-46}$$

(7)平均值

对二维离散函数 $f(x,y)$,其平均值可用下式表示:

$$\overline{f}(x,y) = \frac{1}{N^2}\sum_{x=0}^{N-1}\sum_{y=0}^{N-1}f(x,y) \tag{13-47}$$

如将 $u=v=0$ 代入 $F(u,v)$的计算式得

$$F(0,0) = \frac{1}{N^2}\sum_{x=0}^{N-1}\sum_{y=0}^{N-1}f(x,y) = \overline{f}(x,y) \tag{13-48}$$

(8)离散卷积定理

设 $f(x,y)$、$g(x,y)$分别是 $A \times B$ 和 $C \times D$ 的两个离散函数,则它们的离散卷积定义为

$$f(x,y) \cdot g(x,y) = \sum_{m=0}^{M-1}\sum_{n=0}^{N-1}f(m,n)g(x-m,y-n) \quad \begin{array}{c} x=0,1,\cdots,M-1 \\ y=0,1,\cdots,N-1 \\ M=A+C-1 \\ N=B+D-1 \end{array} \tag{13-49}$$

对上式两边进行傅里叶变换,有

$$\begin{aligned} & F\{f(x,y) \cdot g(x,y)\} \\ & = \sum_{m=0}^{M-1}\sum_{n=0}^{N-1}f(m,n)e^{-j2\pi\left(\frac{um}{M}+\frac{vn}{N}\right)} \cdot \sum_{x=0}^{M-1}\sum_{y=0}^{N-1}g(x-m,y-n)e^{-j2\pi\left[\frac{u(x-m)}{M}+\frac{v(y-n)}{N}\right]} \\ & = F(u,v)G(u,v) \end{aligned} \tag{13-50}$$

这就是空间卷积定理,它表明时域中的卷积相当于在频率域中的乘积。它指出了傅里叶变换的一个优势:与其在时域中作不直观的卷积,不如在频率域中作乘法,可以达到相同的效果。借助 FFT 可以更快速地实现卷积运算。要计算两个函数的卷积,只需将这两个函数分别执行 FFT,将其结果逐元素对乘,再进行一次 FFT 变换,即得到卷积结果。

```
>>> a = [0,1,5,10,5,1,0,0,0,0,0]
>>> b = [0.2,0.6,0.2,0,0,0,0,0,0,0,0]
>>> v = mfft.ifft(mfft.fft(a) * mfft.fft(b))
```

```
>>> v
array([  0,  0.2,  1.6,   5.2,  8,  5.2,  1.6,  0.2,  0,0,  0])
```

13.3 信号分析技术的应用

13.3.1 空间域低通滤波法

空间滤波法是应用模板卷积方法对图像每一像素进行局部处理。模板(或掩模)就是一个滤波器,设它的响应为 $H(r,s)$,于是滤波输出的数字图像 $g(x,y)$ 可以用离散卷积表示

$$g(x,y)=\sum_{r=-k}^{k}\sum_{s=-l}^{l}f(x-r,y-s)H(r,s)$$
$$x,y=0,1,2,\cdots,N-1 \tag{13-51}$$

式中:k、l 为模板参数,根据所选邻域大小来决定。注意,这里的 r 的重复范围为$[-k,k]$,s 的重复范围为$[-l,l]$,可见模板的中心为 $H(0,0)$,模板中心应该与图像像元(x,y)匹配。

具体过程如下:

(1)将模板在图像中按从左到右,从上到下的顺序移动,将模板中心与每个像素依次重合(边缘像素除外)。

(2)将模板中的各个系数与其对应的像素一一相乘,并将所有结果相加(或进行其他四则运算)。

(3)将(2)中的结果赋给图像中相应模板中心位置的像素,如图 13.5 所示。

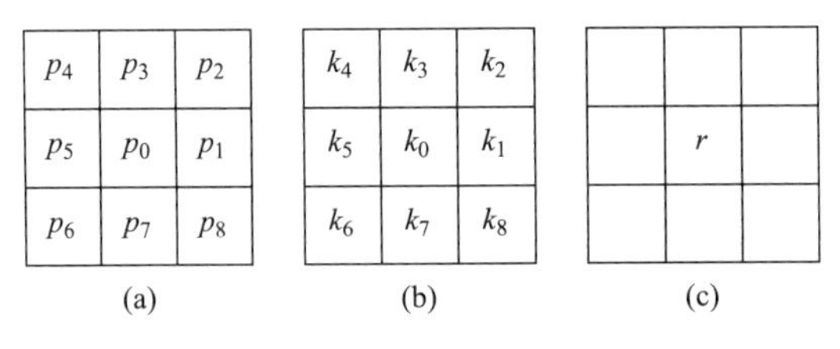

图 13.5 模板应用

图 13.5 给出了应用模板进行滤波的示意图。

图 13.5a 是一幅图像的一小部分,共 9 个像素,$p_i(i=0,1,\cdots,8)$ 表示像素的灰度值。图 13.5b 表示一个 3×3 的模板,$k_i(i=0,1,\cdots,8)$ 称为模板系数,模板的大小一般取奇数(3×3,5×5)。计算图中与 k_0 相对应的灰度值公式

$$r=\sum_{i=0}^{8}k_ip_i=k_0p_0+k_1p_1+\cdots+k_8p_8 \tag{13-52}$$

对每个像素按式(13-52)进行计算,即可得到增强图像中各像素的灰度值。

对于空间低通滤波而言。采用的是低通滤波器。由于模板尺寸小,因此具有计算量小、使用灵活、适于并行运算等优点。常用的 3×3 低通滤波器(模板)有:

$$\boldsymbol{H}_1=\frac{1}{9}\begin{bmatrix}1&1&1\\1&1&1\\1&1&1\end{bmatrix}\quad \boldsymbol{H}_2=\frac{1}{10}\begin{bmatrix}1&1&1\\1&2&1\\1&1&1\end{bmatrix}\quad \boldsymbol{H}_3=\frac{1}{16}\begin{bmatrix}1&2&1\\2&4&2\\1&2&1\end{bmatrix}$$

$$\boldsymbol{H}_4=\frac{1}{8}\begin{bmatrix}1&1&1\\1&0&1\\1&1&1\end{bmatrix}\quad \boldsymbol{H}_5=\frac{1}{2}\begin{bmatrix}0&\frac{1}{4}&0\\\frac{1}{4}&1&\frac{1}{4}\\0&\frac{1}{4}&0\end{bmatrix}$$

模板不同，邻域内各像素重要程度也就不相同。但不管什么样的掩模，必须保证全部权系数之和为 1，这样可保证输出图像灰度值在许可范围内，不会产生灰度“溢出”现象。

下面给出以模板 $\boldsymbol{H}_2$ 进行图像平滑的 C# 代码。

```
public double[,] Filter(double[,] Data)
{
    int n0 = Data.GetLength(0);
    int n1 = Data.GetLength(1);
    double[,] Result = new double[n0,n1];
    for (int i = 1; i < n0 - 1; i++)
    {
        for (int j = 1; j < n1 - 1; j++)
        {
            Result[i,j] = Data[i,j] * 2 + Data[i,j - 1] + Data[i,j + 1]
                + Data[i - 1,j] + Data[i - 1,j - 1] + Data[i - 1,j + 1]
              + Data[i + 1,j] + Data[i + 1,j - 1] + Data[i + 1,j + 1];
            Result[i,j]/ = 10.0;
        }
    }
    return Result;
}
```

13.3.2　空间域高通滤波法

滤波方法与上述低通滤波法相同，只是所采用的模板有所不同，即采用高通滤波算子。常用的算子有：

(1) Laplacian(拉普拉斯)算子

该算子是线性二阶微分算子。即

$$\nabla^2 f(x,y)=\frac{\partial^2 f(x,y)}{\partial x^2}+\frac{\partial^2 f(x,y)}{\partial y^2} \tag{13-53}$$

对离散的数字图像而言，二阶偏导数用二阶差分近似，由此可推导出 Laplacian 算子表达式：

$$\nabla^2 f(x,y)=f(x+1,y)+f(x-1,y)+f(x,y+1)+f(x,y-1)-4f(x,y) \tag{13-54}$$

Laplacian 增强算子为

$$g(x,y)=f(x,y)-\nabla^2 f(x,y)$$
$$=5f(x,y)-[f(x+1,y)+f(x-1,y)+f(x,y+1)+f(x,y-1)] \tag{13-55}$$

其特点有：

① 由于灰度均匀的区域或斜坡中间 $\nabla^2 f(x,y)$ 为 0，Laplacian 增强算子不起作用；

② 在斜坡底或低灰度侧形成“下冲”；而在斜坡顶或高灰度侧形成“上冲”，说明 Laplacian 增强算子具有突出边缘的特点，其对应的模板为

$$\boldsymbol{H}_L=\begin{bmatrix}0 & -1 & 0\\ -1 & 5 & -1\\ 0 & -1 & 0\end{bmatrix}$$

(2)其他滤波算子

$$\boldsymbol{H}_1=\begin{bmatrix}1 & -2 & 1\\ -2 & 5 & -2\\ 1 & -2 & 1\end{bmatrix} \quad \boldsymbol{H}_2=\begin{bmatrix}-1 & -1 & -1\\ -1 & 9 & -1\\ -1 & -1 & -1\end{bmatrix}$$

13.3.3 功率谱分析

很多时间序列地学信息，典型的比如气象上气温、气压、降水的变化，可以绘制傅里叶变换的功率谱，以分析这些现象的周期性特征。功率谱图的绘制是以频率作为横坐标，对应的能量谱作为纵坐标。为了方便分析，在实际应用中功率谱图一般是将频率及能量谱取对数变换后的结果来绘制。

图 13.6 是对某气象站点上多年逐分钟降水时间序列获得的一个双对数功率谱图。画图的流程为：

(1)收集该逐分钟时间序列资料，按时间顺序将所有 n 个数排成一个序列，每个数代表一分钟的观测资料。

(2)对该时间序列进行 FFT 变换，得到序列长度为 n 的变换序列。

(3)将第(2)步中得到的 FFT 变换序列求取其能量谱(也叫功率谱)。

(4)将数据序列的排序位次转化为频率值，方法是用排序位次 $1,2,\cdots,n$ 除以总数 n，因频率序列为 $1/n,2/n,\cdots,(n-1)/n,1$。该频率序列所对应的周期值即为 $n,n/2,\cdots,n/(n-1),1$，周期的单位为分钟。

(5)将第(4)步中的频率序列求对数变换。

(6)以第(5)得到的频率对数变换序列为横坐标，以对数化后的功率谱序列作为纵坐标绘图。

图 13.6 是长度为 1255860 的逐分钟降水序列的功率谱图。观看该图还需要弄清不同的时间尺度所对应的横坐标位置，比如一年所对应的对数化频率应为

lg[1.0/(365d * 24h/d * 60m/h)]=−5.7；

半年所对应的对数化频率为

lg[1.0/(182d * 24h/d * 60m/h)]=−5.4；

5 天所对应的对数化频率为−3.65，1 天所对应的对数化频率为−3.15。

由图 13.6 可知，在半年左右的尺度上有较大波动，这反映了一定的季节性周期特征。此

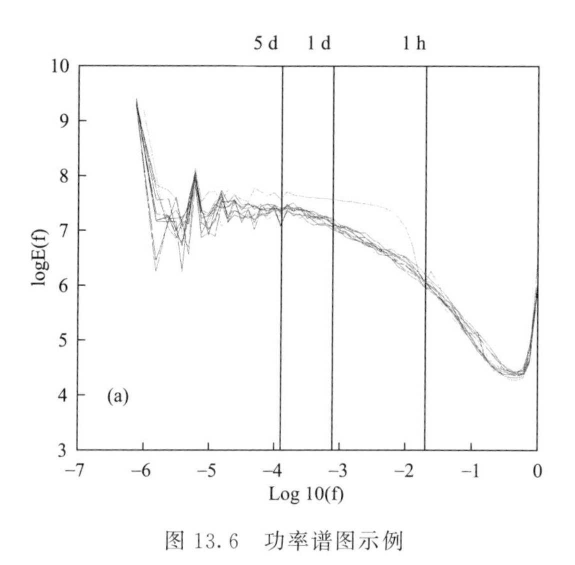

图 13.6　功率谱图示例

外在其他尺度上也存在着强度不同的周期性波动。

13.3.4　傅里叶变换滤波处理

使用 FFT 对数据序列完成的傅里叶变换结果与原数据序列长度相同，变换序列的两头处对应低频部分，中部对应高频部分。通过使用零来置换序列中不同位置上的数据，会造成对应位置尺度上的波动被滤去。

滤波处理的实质就是将响应函数 $h(t)$ 与函数 $f(t)$ 做卷积运算。卷积运算的常用方法是使用模板运算，但也可以通过使用傅里叶变换进行滤波处理，其原理就是卷积定理：将图像 $f(t)$ 的傅里叶变换序列与 $h(t)$ 的傅里叶变换对乘。但在普通的时间序列滤波中，一般不需要一个复杂的 $h(t)$ 函数，因而也不需要考虑它的傅里叶变换，只需直接将 $h(t)$ 的某段与零相乘即可。这里的零即相当于一个特殊 $h(t)$ 的傅里叶变换。

(1)低通滤波

低通滤波的作用是消除噪声，获取信号中频率较低的成分。低通滤波可以通过对 FFT 变换序列的两头处一定长度范围上的值进行零替换。

图 13.7 是将 2008 年某地区全年的气温数据进行低通滤波处理。

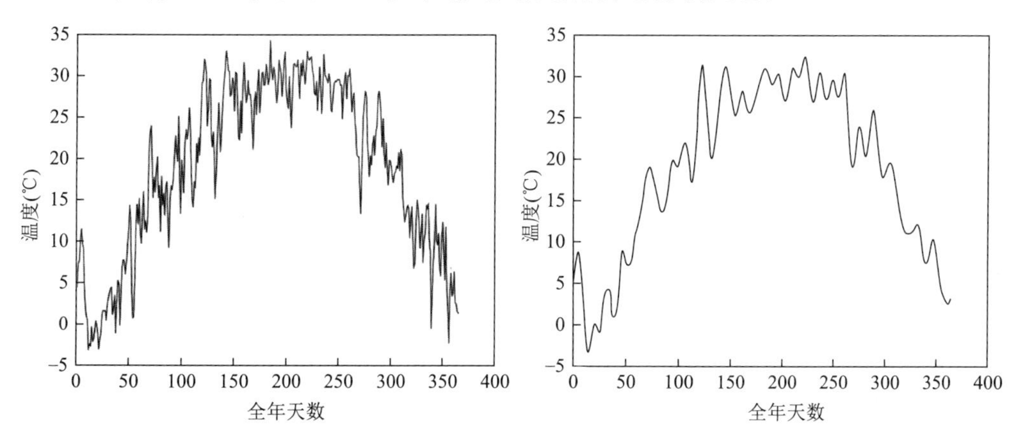

图 13.7　对气温数据的低通滤波(左：保留较多细节，右：保留较少细节)

```
>>> …# 读入 data,长度为 366 个
>>> fft_data = mfft.fft(data)
>>> for i in range(30,336):        # 中间大部分数据置零
...     fft_data[i] = 0
...
>>> data2 = mfft.ifft(fft_data)
>>> pylab.show()
>>> pylab.plot(data2)
>>> pylab.show()
```

(2)高通滤波

高通滤波的作用是消除低频成分,获取信号中频率较高的成分。对变换序列中间向两侧一定范围内的数据进行零替换,则可以去除低频部分数据。一个常见的高通滤波例子如图 13.8 所示。

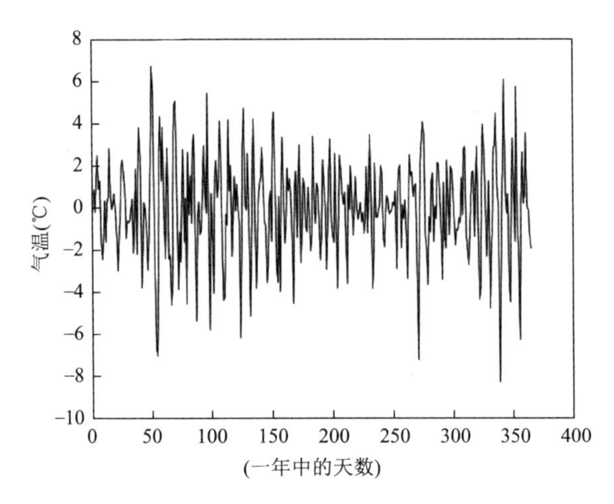

图 13.8　对气温数据的高通滤波

```
>>>fft_data = mfft.fft(data)
>>> for i in range(336,366):        # 两头各 30 个数被 0 替换
...     fft_data[i] = 0
>>> for i in range(0,30):
...     fft_data[i] = 0
>>> data2 = mfft.ifft(fft_data)
>>> pylab.show()
>>> pylab.plot(data2)
[<matplotlib.lines.Line2D object at 0x02B0D190>]
>>> pylab.show()
```

(3)带通滤波

是指只让某一尺度上的信号保留下来,其他尺度上的全部滤掉。使用 FFT 来执行,只需要将待滤掉的尺度上的 FFT 系数置零即可。

(4)二维数字图像滤波方法

数字图像一般指二维矩阵,使用傅里叶变换进行图像滤波的步骤为:

① 对原始图像 $f(x,y)$进行二维傅里叶变换得到 $F(u,v)$。

② 确定一个合适的传递函数 $H(u,v)$,要求 $H(u,v)$与 $f(x,y)$具有同等的长宽。

③ 将 $F(u,v)$与传递函数 $H(u,v)$进行乘法运算得到 $G(u,v)$。

④ 将 $G(u,v)$进行傅里叶反变换得到 $g(x,y)$,即为滤波后的结果。

13.3.5　频率域图像低通滤波器

由于噪声主要集中在高频部分,为去除噪声,改善图像质量,通常采用低通滤波器 $H(u,v)$来抑制高频部分,然后再进行傅里叶逆变换获得滤波图像,就可达到平滑图像的目的。常用的频率域低通滤波器 $H(u,v)$有以下四种。

(1)理想低通滤波器

设傅里叶平面上理想低通滤波器离开原点的截止频率为 D_0,则理想低通滤波器的传递函数为:

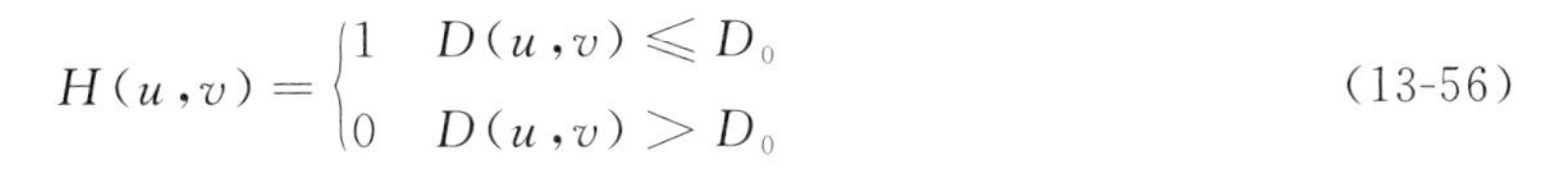

$$H(u,v)=\begin{cases}1 & D(u,v)\leqslant D_0\\0 & D(u,v)>D_0\end{cases}\tag{13-56}$$

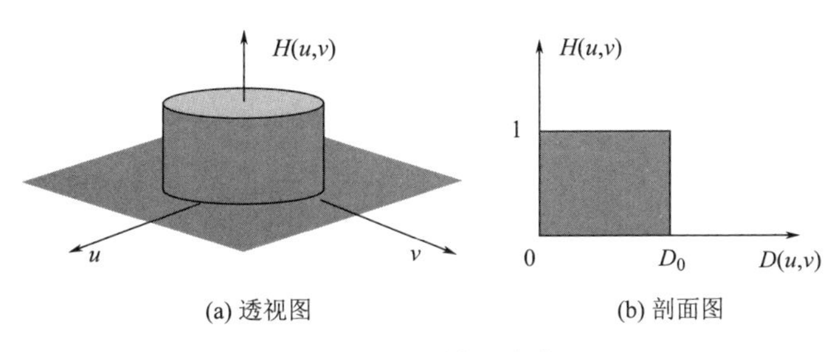

(a) 透视图　　(b) 剖面图

图 13.9　理想低通滤波器

其中 $D(u,v)=\sqrt{u^2+v^2}$。D_0 有两种定义:一种是取 $H(u,0)$ 降到 1/2 时对应的频率;另一种是取 $H(u,0)$ 降低到 $1/\sqrt{2}$。这里采用第一种。理想低通滤波器传递函数的透视图和剖面图如图 13.9a、13.9b 所示。在理论上,$F(u,v)$ 在 D_0 内的频率分量无损通过;而在 $D>D_0$ 的分量却被除掉。然后经傅里叶逆变换得到平滑图像。由于高频成分包含有大量的边缘信息,因此采用该滤波器在去噪声的同时将会导致边缘信息损失而使图像边缘模糊,并且会产生振铃效应。

(2)Butterworth 低通滤波器

n 阶 Butterworth 滤波器的传递函数为

$$H(u,v)=\frac{1}{1+\left[\dfrac{D(u,v)}{D_0}\right]^{2n}}\tag{13-57}$$

Butterworth 低通滤波器的特性是连续性衰减,而不像理想滤波器那样陡峭和不连续性。因此采用该滤波器滤波在抑制图像噪声的同时,图像边缘的模糊程度大大减小,没有振铃效应产生,但计算量大于理想低通滤波。

用 C# 语言程序来完成该滤波器的设计代码见下面。该代码返回的矩阵即为 Butterworth 滤波器，用它与待处理的图像傅里叶变换进行对乘后再做傅里叶反变换即可实现滤波。需要注意的是，滤波器的中心位置即为图像长 nu 和宽 nv 的一半处，而距离 D_0 及 $D(u,v)$ 的计算也是参考该中心来计算的。

```
public double[,] Butterworth(int nu,int nv,double D0,double n)
{
    double[,] H = new double[nu,nv];
    double u_center = nu/2.0;    //滤波器中心 u 坐标
    double v_center = nv/2.0;    //滤波器中心 v 坐标
    for (int u = 0; u < nu; u++)
    {
        for (int v = 0; v < nv; v++)
        {
            double du = u - u_center;
            double dv = v - v_center;
            double dist = Math.Sqrt(du * du + dv * dv); #计算 D(u,v)
            H[u,v] = 1.0 / (1.0 + Math.Pow(dist / D0,n));
        }
    }
    return H;
}
```

（3）指数低通滤波器

指数低通滤波器是图像处理中常用的另一种平滑滤波器。它的传递函数为：

$$H(u,v)=e^{-\left[\frac{D(u,v)}{D_0}\right]^n} \tag{13-58}$$

式中：n 决定指数的衰减率。采用该滤波器滤波在抑制噪声的同时，图像边缘的模糊程度较采用 Butterworth 滤波产生的大些，无明显的振铃效应。

（4）梯形低通滤波器

梯形低通滤波器是理想低通滤波器和完全平滑滤波器的折中。它的传递函数为

$$H(u,v)=\begin{cases}1 & D(u,v)<D_0\\ \dfrac{D(u,v)-D_1}{D_0-D_1} & D_0\leqslant D(u,v)\leqslant D_1\\ 0 & D(u,v)>D_1\end{cases} \tag{13-59}$$

式中：D_1 是大于 D_0 的任意正数。采用梯形滤波器滤波后的图像有一定的模糊和振铃效应。

13.3.6 频率域图像高通滤波器

图像的边缘、细节主要在高频部分得到反映，而图像的模糊是由于高频成分比较弱产生的。为了消除模糊，突出边缘，则采用高通滤波器让高频成分通过，使低频成分削弱，再经傅里叶逆变换得到边缘锐化的图像。常用的高通滤波器有。

(1)理想高通滤波器

二维理想高通滤波器的传递函数为：

$$H(u,v)=\begin{cases}0 & D(u,v)\leqslant D_0\\ 1 & D(u,v)>D_0\end{cases}\tag{13-60}$$

它与理想低通滤波器相反，它把半径为 D_0 圆内的所有频谱成分完全去掉，对圆外则无损地通过。

(2)巴特沃斯(Butterworth)高通滤波器

n 阶巴特沃斯高通滤波器的传递函数定义如

$$H(u,v)=1/[1+D_0/D(u,v)^{2n}]\tag{13-61}$$

(3)指数高通滤波器

指数高通滤波器的传递函数为

$$H(u,v)=e^{-\left[\frac{D_0}{D(u,v)}\right]^n}\tag{13-62}$$

式中：n 控制函数的增长率。

(4)梯形高通滤波器

梯形高通滤波器的定义为

$$H(u,v)=\begin{cases}0 & D(u,v)<D_1\\ \dfrac{D(u,v)-D1}{D0-D1} & D_1\leqslant D(u,v)\leqslant D_0\\ 1 & D(u,v)>D_0\end{cases}\tag{13-63}$$

四种高通滤波器的选用类似于低通滤波器。理想高通滤波器有明显振铃现象，即图像的边缘有抖动现象；Butterworth 高通滤波效果较好，但计算复杂，其优点是有少量低频通过，$H(u,v)$ 是渐变的，振铃现象不明显；指数高通滤波效果比 Butterworth 差些，振铃现象也不明显；梯形高通滤波会产生微振铃效果，但计算简单，故较常用。

一般来说，不管是在图像空间域还是在频率域，采用高通滤波法对图像滤波不但会使图像有用的信息增强，同时也使噪声增强。因此不能随意地使用。

第 14 章　小波变换技术及其应用

傅里叶变换的提出,使信号分析可以在时域和频域上分别进行。因为有时常常希望在分析信号时间特性的同时,分析信号的频率特性,这样,便引出了时频分析的概念。

传统的信号(图像也可以看作信号)分析是建立在傅里叶变换基础之上的,由于傅里叶分析使用的是一种全局的变换,要么完全在时域,要么完全在频域,因此无法同时表述信号在时频两个域的性质,而这种性质恰恰是非平稳信号(尤其是图像)最根本和最关键的性质。为了分析和处理非平稳信号,人们对傅里叶分析进行了扩展乃至根本性的革命,提出并发展了一系列新的信号分析理论:加窗傅里叶变换,Gabor 变换,小波变换和调幅-调频信号分析等。

加窗傅里叶变换是一种时频分析手段,在进行信号分析时,通过信号加窗的方法,得到窗内信号的频域特性。换句话说,对某个信号进行的加窗傅里叶变换分析,相当于用各个形状、大小和放大倍数不同的放大镜在时频面上移动去观察信号在某固定长度时间内的频率特性。由于不能在提高时域分辨率的同时使频域分辨率也同步提高,因此加窗傅里叶变换存在缺陷。

小波变换(wavelet transform)作为一种新的数学工具,它能够巧妙地解决加窗傅里叶变换对时频分析的不足。它在图像处理及模式识别等领域有着重要的应用,包括图像融合、增强、数据比缩、边缘检测、纹理分析等诸多方面。小波变换被认为是近年来在工具及方法上的重大突破:小波变换的核心是多分辨率分解,其理论体系源于 20 世纪 60 年代人类对视觉系统和心理学的研究,之后 Mallat 巧妙地将计算机视觉领域的尺度分析思想引入小波分析,研究了小波变换的离散化情况,并提出了相应算法。

14.1　小波变换的基本理论

14.1.1　连续小波的定义

设 $\Psi(x)$是一个实测且平方可积函数(即满足 $E=\int_{-\infty}^{\infty}|\psi(x)|^2\mathrm{d}x<+\infty$),若它的频谱 $\Psi(s)$满足条件:

$$C_\psi=\int_{-\infty}^{\infty}\frac{|\psi(s)|^2}{|s|}ds<+\infty \tag{14-1}$$

则称 $\Psi(x)$为一个基本小波或母小波。母小波 $\Psi(x)$通过伸缩和平移,可以生成一组小波基函数 $\psi_{a,b}(x)$,即

$$\psi_{a,b}(x)=\frac{1}{\sqrt{a}}\psi\left(\frac{x-b}{a}\right),\quad a,b\in R,a\neq 0 \tag{14-2}$$

式中：a 为伸缩因子，反映一个特定基函数的尺度（宽度），而 b 为平移因子，指明它沿 x 轴的平移位置。函数 $f(x)$ 以小波 $\psi(x)$ 为基的连续小波变换为

$$\begin{aligned} W_f(a,b) &= \langle f,\psi_{a,b}\rangle = \int_{-\infty}^{\infty} f(x)\psi_{a,b}(x)\mathrm{d}x \\ &= \frac{1}{\sqrt{a}}\int_{-\infty}^{\infty} f(x)\psi\left(\frac{x-b}{a}\right)\mathrm{d}x \end{aligned} \quad a,b\in R,\quad a\neq 0 \tag{14-3}$$

式中：符号〈.〉指内积。$\varphi(t)$ 函数的具体表现形式是可以由学者和用户来任意设计的，但一些学者已设计了不少成熟的小波函数。

可见，小波变换也是一种积分变换，是将一个时间函数变换到时间—尺度相平面上（即可以绘制在以时间为横轴、以尺度为纵轴的平面上），使得能够提取函数的某些特征。而 a，b 参数是连续变换的，所以将上述变换称为连续小波变换。

通过改变参数 a 的值，我们可以控制信号的窗口宽度（即尺度），换句话说，可以控制感兴趣信号区间的大小。而通过改变 b 的值来实现对感兴趣区间位置的设定。小波变换被称作"数字显微镜"，这是因为参数 a 的作用是用于调整缩放比例，而参数 b 的作用是通过平移来决定重点观测哪个位置。当然与真正的显微镜所不同的是，显微镜只有放大功能，而小波变换起的作用既包括放大，也包括缩小。

14.1.2　连续小波变换的含义

由式(14-3)可知，小波变换本质上是一种内积计算，即

$$W_f(a,b) = \langle f(x),\psi_{a,b}(x)\rangle$$

其中

$$\psi_{a,b}(x) = \frac{1}{\sqrt{a}}\psi\left(\frac{x-b}{a}\right)$$

连续小波变换的定义可以用内积表示：

$$W_f(a,b) = < f(t),\varphi_{a,b}(t) > \tag{14-4}$$

$$\varphi_{a,b}(t) = \frac{1}{\sqrt{a}}\varphi\left(\frac{t-b}{a}\right)$$

从连续小波变换的定义可以粗略看出小波变换的含义。由于数学上内积表示两个函数的"相似"程度（参考协方差的计算公式），所以，小波变换 $W_f(a,b)$ 表示 $f(t)$ 与 $\varphi_{a,b}(t)$ 的"相似"程度。

与傅里叶变换类似，实际上，小波变换也是将一个信号波分解成若干基波的线性组合，这些基波是不同时间发生的不同频率的小波，具体是靠平移和伸缩来实现的。平移确定某个频段出现的确切位置，伸缩得到从低到高不同频率的基波。傅里叶变换用到的基波函数是唯一确定的，即为正弦函数（图 14.1）。该正弦波是无限延伸的，任何位置上的波形是可以预测的。而小波基函数却可以是不规则的且非对称的，且向两侧的延伸是衰减的和有限的。小波基函数还是不唯一的，同一个工程问题用不同的小波函数进行分析时，有时结果相差很多，所以如何选样小波是实际应用中的一个问题。目前大多通过经验或是不断的实验来选择小波函数。当平移因子 b 改变时，表示观测信号 $f(t)$ 与 $\varphi_{a,b}(t)$ 相似性位置的变化。通过 b 的不断变化，实现对信号在整个时间段上频率特性的分析。

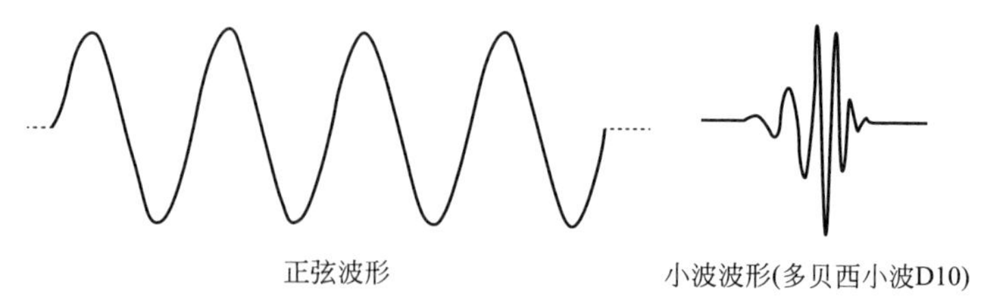

图 14.1　傅里叶变换的正弦波形以及小波的波形

当比例因子 a 增大时($a>1$),表示用伸展了的 $\varphi(t)$ 波形去观察整个 $f(t)$,换句话说,这是以低的时间分辨率和高的频率分辨率来观测信号的低频信息;反之,当 a 减小时($0<a<1$),则以压缩了的波形去衡量 $f(t)$ 的局部,即以高的时间分辨率和低的频率分辨率来观测信号的高频部分。随着尺度因子从大到小($0<a<\infty$),$f(t)$ 的小波变换可以反映从概貌到细节的全部信息(图 14.2)。从这个意义上来说,小波变换是一架"变焦镜头"。它既是"望远镜"又是"显微镜",而参数 a 就是它的"变焦旋钮"。

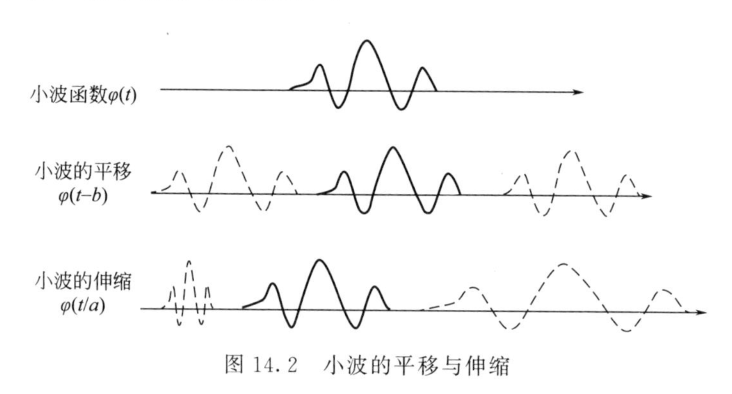

图 14.2　小波的平移与伸缩

14.1.3　连续小波变换的性质

(1)线性

小波变换是线性变换,它把一维信号分解成不同尺度的分量。设 $W_{f1}(a,b)$ 为 $f_1(t)$ 的小波变换,若

$$f(t)=\alpha f_1(t)+\beta f_2(t)$$

则有 $W_f(a,b)=\alpha W_{f1}(a,b)+\beta W_{f2}(a,b)$。

(2)平移和伸缩的共变性

连续小波变换在任何平移之下是共变的,若 $f(t)\longleftrightarrow W_f(a,b)$ 是一对小波变换关系,则 $f(t-b_0)\longleftrightarrow W_f(a,b-b_0)$ 也是小波变换对。

对于任何伸缩也是共变的,若 $f(t)\longleftrightarrow W_f(a,b)$,则

$$f(a_0 t)\Leftrightarrow \frac{1}{\sqrt{a_0}}W_f(a_0 a,a_0 b) \tag{14-5}$$

14.1.4　常见的小波母函数

前文已说过,小波母函数 $\psi(x)$ 不是指定为唯一的,而是可以用不同的形式,这使小波分析

具有很大的灵活性，从而使小波变换比傅里叶变换具有更广泛的适用性。迄今为止，学者们已经构造了很多种小波母函数。下面给出几个具有代表性的小波函数。

（1）Haar 小波（图 14.3）

$$h(t)=\begin{cases}1 & t\in[0,1/2]\\ -1 & t\in[1/2,1]\end{cases}$$

Haar 小波正交基为

$$h_{m,n}=2^{m/2}h(2^m t-n)\quad m,n\in N \tag{14-6}$$

这里 N 指自然数集合。

Haar 小波的优势是只使用加减法，不需要乘法，计算速度快，适合于数字图像处理中的图像信号压缩任务。由于 Haar 小波为非连续性小波，因而不适合进行信号分析，但它对突变转换位置的探测（相当于数字图像处理中的边缘检测）具有优势。

（2）Marr 小波（图 14.4）

高斯函数 $f(x)=\exp(-x^2/2)$的各阶导数为

$$\varphi_m(x)=(-1)^m\frac{d^m f(x)}{dx^m}$$

当 $m=2$ 时，

$$\varphi_2(x)=(1-x^2)\exp(-x^2/2) \tag{14-7}$$

称为马尔小波和墨西哥草帽小波。

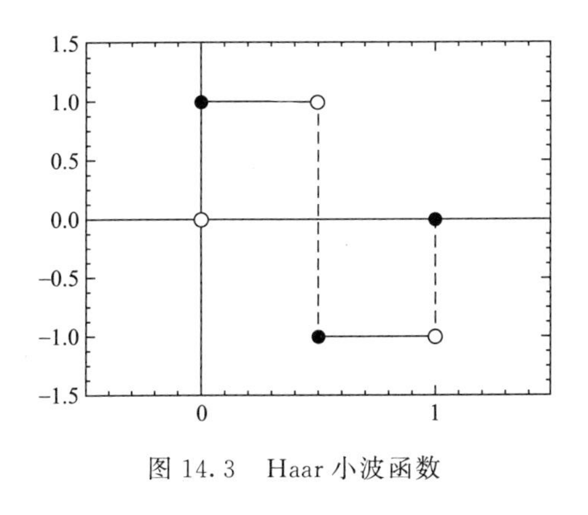

图 14.3 Haar 小波函数

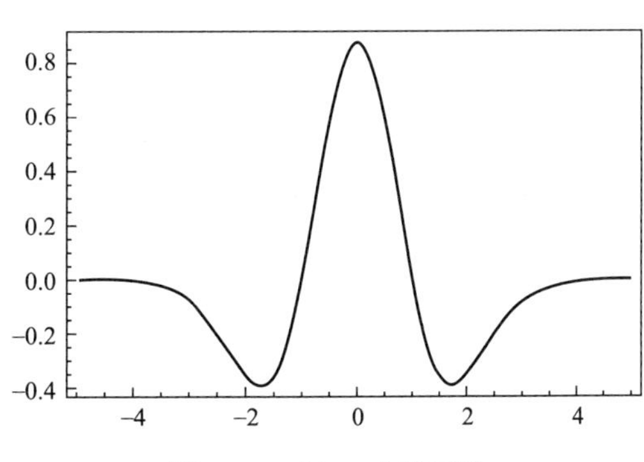

图 14.4 Marr 小波函数

（3）多贝西小波

多贝西（Daubechies）小波是以 Ingrid Daubechies 女士的名字命名的一种小波函数，因为她发现了一种具有层级性质的小波。主要应用于离散小波变换，是最常使用到的母小波。

一般而言离散小波转换通常是以正交小波为基底，而多贝西小波也是一种正交小波，它很容易经由快速小波转换（FWT）实现。

对于有限长度的小波，应用于快速小波转换（fast wavelet transform （FWT））时，会有两个实数组成的数列：一是作为高通滤波器的系数，称作小波滤波器（wavelet filter，也称为母小波）；二是低通滤波器的系数，称作尺度滤波器（scaling filter，也称为父小波）。我们则以滤波器的长度 N 来形容滤波器为 D_N，例如：$N=2$ 的多贝西小波写作 D_2、$N=4$ 的多贝西小波写作 D_4，以此类推（N 为偶数）。常用的多贝西小波为 D_2 到 D_{20}。

多贝西小波作为一个小波族，其分类是以消失动量的个数 A 为依据，尺度函数及小波函数(wavelet function)的平滑度皆会随着消失动量值 A 增加而增加。例如，当 $A=1$ 时，多贝西小波即是哈尔小波(Haar wavelet)，尺度函数及小波函数都是不连续的；当 $A=2$ 时，多贝西小波的尺度函数及小波函数为不能平滑微分的连续函数；当 $A=3$ 时，尺度函数及小波函数已经是连续可微的函数了。以此类推，当 A 愈大时，多贝西小波的两个函数平滑度会愈来愈高。以下为多贝西小波跟不同 A 的调整及小波函数，如图 14.5。

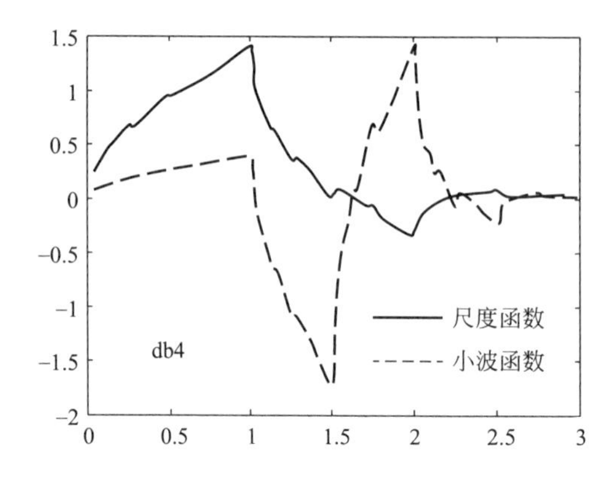

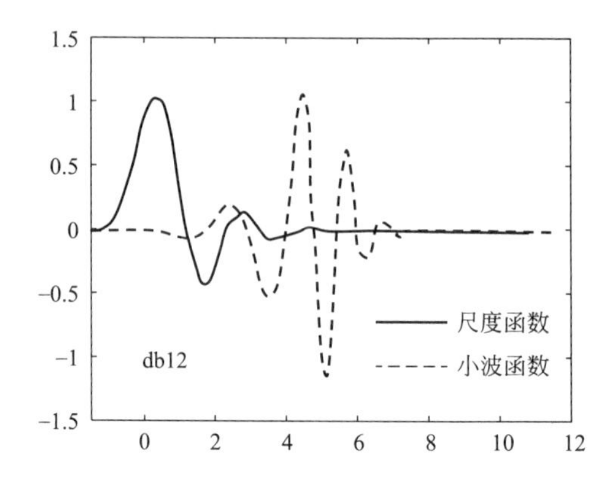

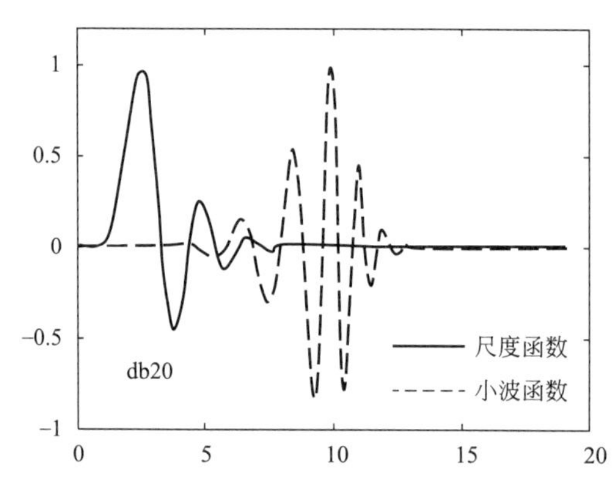

图 14.5　多贝西小波的尺度函数和小波函数

当消失动量为 A 时，多贝西小波的小波滤波器及尺度滤波器长度皆为 $2A(N=2A)$。一般而言，我们仍是以 N 来形容多贝西小波的长度：例如，当 $A=1$ 时，有一个消失动量，多贝西小波写成 D_2，长度为 2(也是 Haar 小波)；当 $A=2$ 时，有两个消失动量，多贝西小波写成 D_4，长度为 4。

多贝西小波具有尺度函数(低通滤波)及小波函数(高通滤波)。因此，我们需先建立尺度函数及小波函数的系数：

首先，尺度函数在多尺度分析(multi-resolution analysis)中的每一层皆可写为下列递归性的方程：

$$\phi(x)=\sum_{k=0}^{N-1}a_k\phi(2x-k) \tag{14-8}$$

式中：$(a_0,\cdots,a_{N-1})$ 为有限长度实数数列，称作尺度系数。同时，小波函数也可以尺度函数的线性组合表示：

$$\psi(x)=\sum_{k=0}^{M-1}b_k\phi(2x-k) \tag{14-9}$$

其中$(b_0,\cdots,b_{M-1})$亦为有限长度的实数数列，称作小波系数。多贝西小波随尺度系数和滤波器长度 N 变化的系数，如表 14.1。

表 14.1　多贝西小波系数表

尺度系数 a_k	Db1(Haar)	Db2	Db3	Db4	Db5	Db6
a_0	1	0.6830127	0.47046721	0.32580343	0.22641898	0.15774243
a_1	1	1.1830127	1.14111692	1.01094572	0.85394354	0.69950381
a_2		0.3169873	0.650365	0.8922014	1.02432694	1.06226376
a_3		−0.1830127	−0.19093442	−0.03957503	0.19576696	0.44583132
a_4			−0.12083221	−0.26450717	−0.34265671	−0.31998660
a_5			0.0498175	0.0436163	−0.04560113	−0.18351806
a_6				0.0465036	0.10970265	0.13788809
a_7				−0.01498699	−0.00882680	0.03892321
a_8					−0.01779187	−0.04466375
a_9					4.71742793e-3	7.83251152e-4
a_{10}						6.75606236e-3
a_{11}						−1.52353381e-3

(4)Morlet 小波

Morlet 小波的函数为

$$\psi(t)=e^{-\beta^2t^2/2}\cos\pi t \tag{14-10}$$

将母小波经过缩放与平移后得到的子小波为：

$$\psi_{a,b}(t)=\exp\left[-\frac{\beta^2(t-b)^2}{a^2}\right]\cos\left[\frac{\pi(t-b)}{a}\right] \tag{14-11}$$

如图 14.6，很明显，Morlet 小波是一个余弦随着时间衰减至 0 的函数，特别要注意的是小波函数里多了一个参数 β，此参数控制了小波的形状，同时也影响 Morlet 小波变换在时间轴与频率轴上的分辨率，当 β 为 0 时，Morlet 小波有最佳的频率分辨率，随着 β 值上升，频率的分辨率下降，时间轴的分辨率上升，到达无限大时，拥有最佳的时间分辨率。可利用 Morlet 小波与脉冲相似的特性，来分析脉冲所组成的信号。

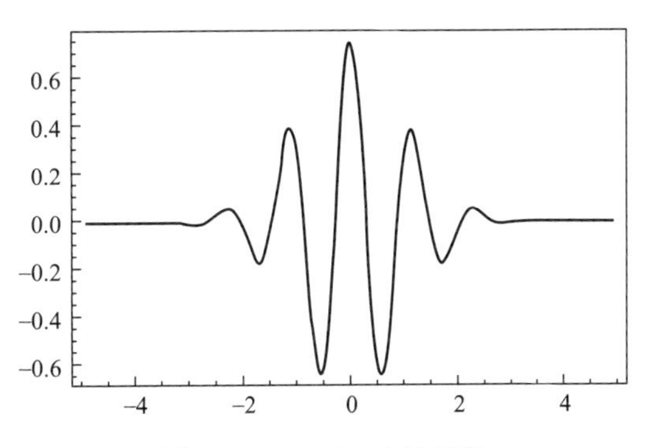

图 14.6　Morlet 小波函数

此外，小波基函数还有 Meyer 小波和 Shannon 小波等。

14.1.5　连续小波的实现过程

连续小波在气象、地球物理勘探等领域发挥着重要的信号分析作用。连续小波的计算流程为，首先选择一个小波基函数，固定一个尺度因子 a，将小波基函数与信号的初始段进行匹配；接着用 CWT 的计算公式(即内积)计算小波系数;然后修改平移因子 b,使小波沿时间轴位移,重复匹配并计算小波系数;继续增加尺度因子 a 的值,重复以上流程,直至计算结束,如图 14.7。

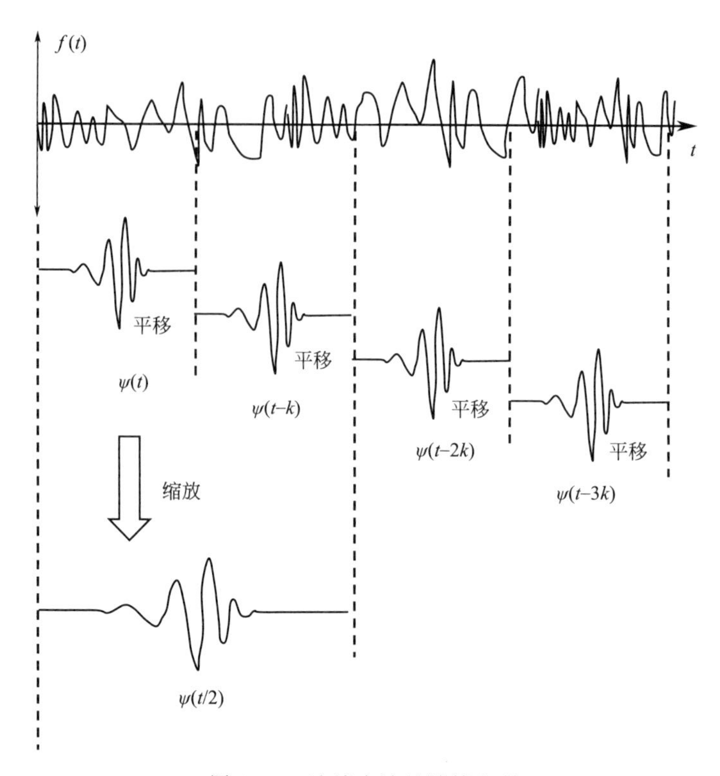

图 14.7　连续小波的计算流程

14.2　离散小波变换

14.2.1　离散小波与二进小波

为了适合计算机处理,连续小波变换必须离散化,即对连续小波函数中参数 a,b 离散化。但这种离散化仍然是对连续小波的离散化,仍属连续小波变换。连续小波变换可以参照公式(14-3)即内积来编程计算。但连续小波变换计算量极大,因此大多数情形下只适合于较小数据量的信号分析。

下面给出离散小波变换的公式。

为了使离散化后的函数族能覆盖整个 a,b 所表示的平面,取 $a_0>1$,$b_0>1$,使得

$$a=a_0^{-m},\quad b=nb_0a_0^{-m},\quad m,n\in Z$$

将连续方式下的 $\psi_{a,b}$ 改记为离散方式下的 $\psi_{m,n}$,即

$$\psi_{m,n}(x)=\frac{1}{\sqrt{a}}\psi\left(\frac{x-b}{a}\right)=a_0^{m/2}\psi\left(\frac{x-nb_0a_0^{-m}}{a_0^{-m}}\right)=a_0^{m/2}\psi(a_0^m x-nb_0)\tag{14-12}$$

相应的离散小波变换为

$$C_f(a,b)=\int_{-\infty}^{\infty}f(x)\overline{\psi_{m,n}(x)}\mathrm{d}x\tag{14-13}$$

特别地，取 $a_0=2, b_0=1$，则有

$$\psi_{m,n}(x)=2^{m/2}\psi(2^m x-n) \tag{14-14}$$

这时基本小波是二进伸缩（以 2 的因子伸缩）和二进平移（每次移动 $k/2^j$）的基函数，即为二进小波（也叫 Haar 小波，见图 14.8）。这是离散小波变换最常用的形式。

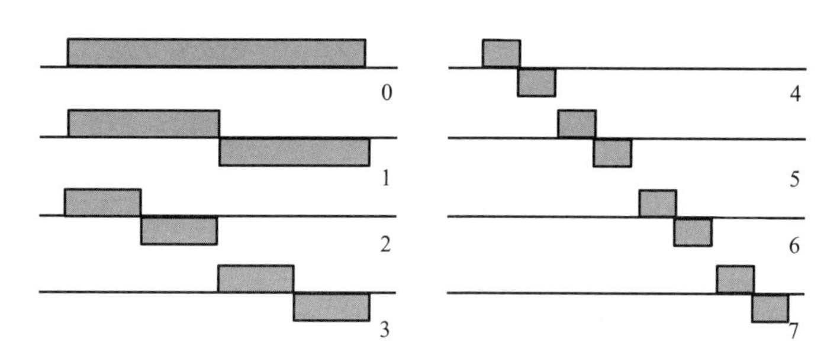

图 14.8　Haar 小波的缩放与平移

14.2.2　离散小波变换算法

小波变换技术在数字图像处理中发挥着非常重要的作用，比如数据融合、边缘检测、数据压缩和图像滤波。由于数字图像的数据量较大，因而一般使用离散小波变换。离散小波变换虽然是以连续小波变换为理论依据，但并不是简单的连续小波变换的离散版本，它具有许多新的特征。离散小波变换的发展主要与三个方面有关：(1)滤波器设计理论；(2)多分辨率分析，特别是用金字塔式表示（这一点与 DEM、三维可视化中的 LOD 技术很相像）；(3)子带编码。

离散小波变换的最终实现是通过与小波相应的高（低）通滤波器来完成的，对于图像来讲，通过对图像的高、低通滤波器将图像的高频部分（空间特征）和低频部分（光谱特征）进行分离，如图 14.9；而子带编码理论则不仅可将图像分解成窄带分量（带通滤波），更重要的是能够以一种无冗余、无重建误差的方式来表示它们。有关具体理论见其他相关书籍。

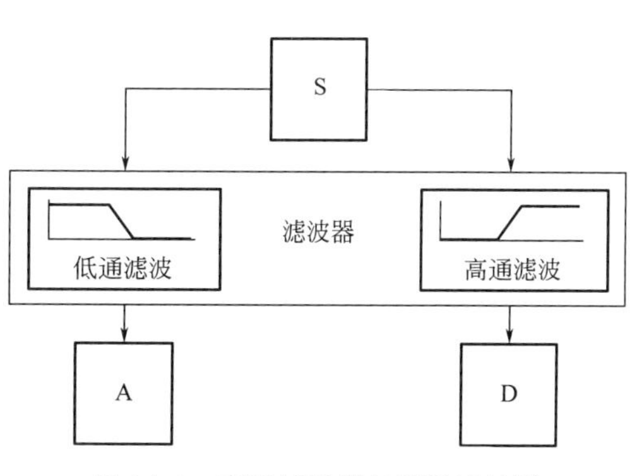

图 14.9　高通滤波器与低通滤波器

假如原信号中有 1000 个采样点，则分别经高通及低通滤波器可得到两个长度为 1000 的系数输出，见图 14.10。也就是说总输出变为 2000 个数。若进行下一层分解后会得到 4000 个数。显然如此多的数存在很大的数据冗余。我们期望用在数据量不增大的条件下，保留原有信号中的所有信息，实际上这是完全可行的。方法是滤波器输出中每隔两个像元保留一个值，这样的方法被称作为向下采样（downsampling）。这样一来，原有长度为 1000 的信号，其滤波输出则是两个长度为 500 的信号，如图 14.11。

离散小波变换的金字塔算法是以上技术发展的结晶。金字塔算法能够以简单而又高效的方式实现快速离散小波变换，分离高频信号和低频信号，生成不同尺度上的信号子带。此外，还可以用分解后的各级子带信号来重建变换前的信号。

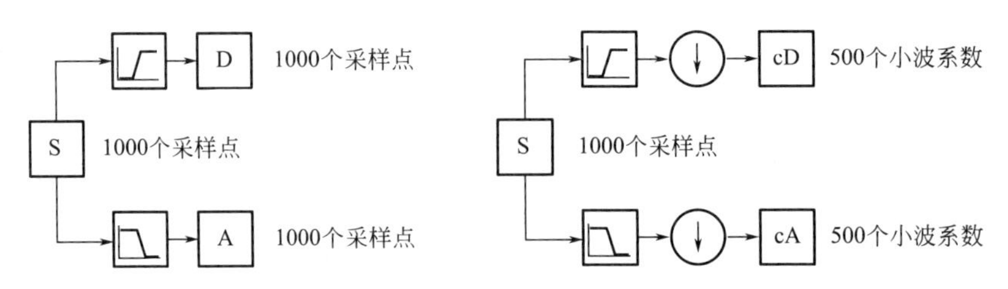

图 14.10 原始滤波输出与向下采样的输出

设想从一幅 1024×1024 的数字图像生成 10 幅尺度不同的附加图像。每一次通过连续平均 2×2 的像素块,并丢掉隔行隔列的像素,得到的将是 532×512,256×256……,直到 1×1 的图像。这个 4 像素平均的过程即为低通滤波。此外还需要一个与此低通滤波相对的高通滤波器,要求高通滤波器能与低通滤波器重建原来的图像,二者构成一对滤波器组。

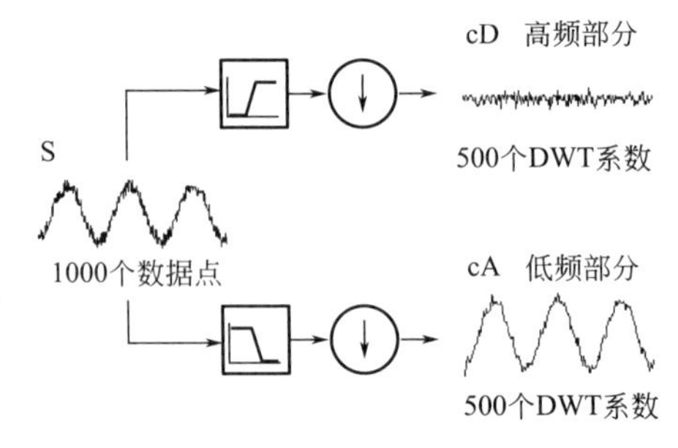

图 14.11 一维信号的小波变换

14.2.3 离散小波变换的设计

离散小波变换的设计过程如下:

(1)设计或寻找一个满足规定条件的序列 $h_0(k)$,$h_0(k)$称为低通滤波器或尺度向量。

(2)由尺度向量构造相应的尺度函数 $\varphi(t)$:

$$\varphi(t)=\sum_k h_0(k)\varphi(2t-k) \tag{14-15}$$

即尺度函数可以通过自身半尺度复制后的加权和加以构造,$h_0(k)$为权重。

(3)由 $h_0(k)$构造高通滤波器 $h_1(k)$:

$$h_1(N-1-k)=(-1)^k h_0(k) \tag{14-16}$$

式中:N 为滤波器的长度。

(4)由 $h_1(k)$和 $\varphi(t)$生成基本小波 $\psi(t)$:

$$\psi(t)=\sum_k h_1(k)\varphi(2t-k) \tag{14-17}$$

可见,离散小波变换设计中,首先是低通滤波器 $h_0(k)$的设计。下面给出 DB4 小波的生成结果,其中低通滤波器序列 $h_0(k)$的值(是从 DB4 连续小波函数中的采样)分别为:

$$h_0(0)=(1-\sqrt{3})/4\sqrt{2} \qquad h_0(1)=(3-\sqrt{3})/4\sqrt{2}$$

$$h_0(2)=(3+\sqrt{3})/4\sqrt{2} \qquad h_0(3)=(1+\sqrt{3})/4\sqrt{2}$$

14.2.4 离散小波变换的快速实现

(1)一维小波变换

离散小被变换的快速实现一般采用 Mallat 算法,其核心思想是多分辨率分析。Mallat 将小波变换与多分辨率分析有机结合起来,并定义了一种离散小波变换的算法,它比一般小波变换中采用的内积计算更为有效。Mallat 算法以迭代的方式使用双带子带编码并且自底向上地建立小波变换.也就是说,首先计算小尺度下的系数。下面以一维信号为例给出 Mallat 算法

的计算过程：

首先对离散采样信号 $f(k)$ 进行双带子带编码，即分别用低通滤波器 $h_0(k)$ 和高通滤波器 $h_1(k)$ 对 $f(k)$ 滤波，再间隔抽样每个输出，产生两个半长度的子带信号：

$$A^1_{(n)} = \sum_{k \in Z} h_0(k-2n)f(k)$$

$$W^1_{(n)} = \sum_{k \in Z} h_1(k-2n)f(k)$$

$A^1_{(n)}$ 和 $W^1_{(n)}$ 分别为图像的低半带和高半带信号，它们的长度为原有信号 $f(k)$ 长度的一半。接着再对 $A^1_{(n)}$ 实施双带子带编码，得到 1/4 长度的两个半子带。持续以上分离操作，直至得到长度为 1 的低半带信号为止。最后得到的小波变换系数就是这个低半带点与各级高半带信号。如图 14.12。

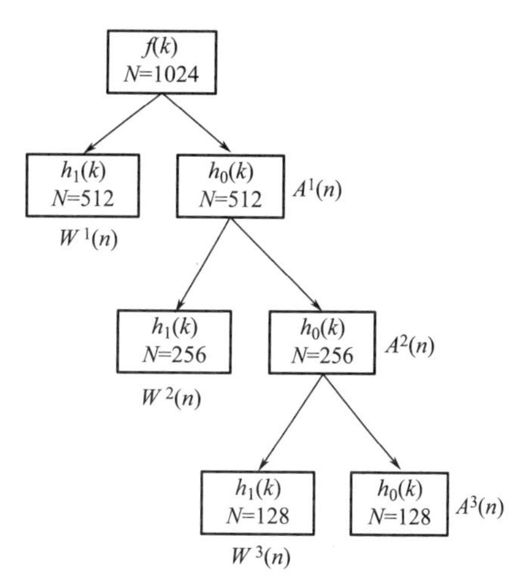

图 14.12　离散小波变换

（N 为原始采样点个数）

由此可以看出，每一组变换系数都是通过 $h_0(k)$ 和 $h_1(k)$ 进行重复的卷积得到的，因此，其基函数就是 $h_1(k)$，而其他函数则通过 $h_0(k)$ 和 $h_1(k)$ 重复进行卷积得到。

同理，还可以相反的方式，逐级重建原始信号。

(2)二维小波变换

一维信号的 Mallat 算法可以很容易地推广到二维图像的情况。假定二维尺度函数可分离，则 $\varphi(x,y)=\varphi(x)\varphi(y)$，其中 $\varphi(x)$、$\varphi(y)$ 是两个一维尺度函数。若 $\psi(x)$ 是相应的小波，那么下列三个二维基本小波：

$$\psi^1_{(x,y)} = \varphi(x)\psi(y)$$

$$\psi^2_{(x,y)} = \psi(x)\varphi(y)$$

$$\psi^3_{(x,y)} = \psi(x)\psi(y)$$

就与 $\varphi(x,y)$ 一起构成了二维小波变换的基础。

① 正变换

图像小波分解的正变换可以依据二维小波变换按如下方式扩展，在变换的每一层次，图像都被分解为 4 个四分之一大小的图像，如图 14.13 所示。

在每一层，四个图像中的每一个都是由原图像与一个小波基图像内积后再经过在 x 和 y 方向都进行二倍的间隔抽样而生成。

从实现的角度看，二维图像的小波变换是一个滤波和重采样的过程。先沿行方向分别作低通和高通滤波，将图像分解成概貌和细节两部分，并进行 2∶1 采样；然后对行运算结果再沿列方向用高通、低通滤波器进行运算和 2∶1 采样。这样得到的四路输出中，经小波基 $\varphi(x)\varphi(y)$ 处理得到的图像为原图像的概貌，经 $\psi^1_{(x,y)}=\varphi(x)\psi(y)$ 处得到的图像为垂直方向的细节成分，经 $\psi^2_{(x,y)}=\psi(x)\varphi(y)$ 处理后得到水平方向的细节成分，经 $\psi^3_{(x,y)}=\psi(x)\psi(y)$ 处理后得到的是对角线方向的细节成分。

② 逆变换

逆变换是通过与正变态类似的过程实现。下面用 h 和 g 代表重构低通滤波器和重构高通滤波器，用$\tilde{h}$和$\tilde{g}$代表分解低通滤波器和分解高通滤波器。在每一层都通过在每一列的左边插入一列零来增频采样前一层的4个幅分解图像，成为$\frac{N}{2}\times N$的图像；接着用重构低通滤波器h和重构高通滤波器g来与各行计算内积，并将列方向的左右两幅图像求和，生成两幅处理后的图像；这时对每行上面再插入一行零来将这两幅图像增频为$N\times N$，再用h和g与这两幅图像的每列进行卷积，最后将两幅图像求和，结果即为这一层次的重建图像。

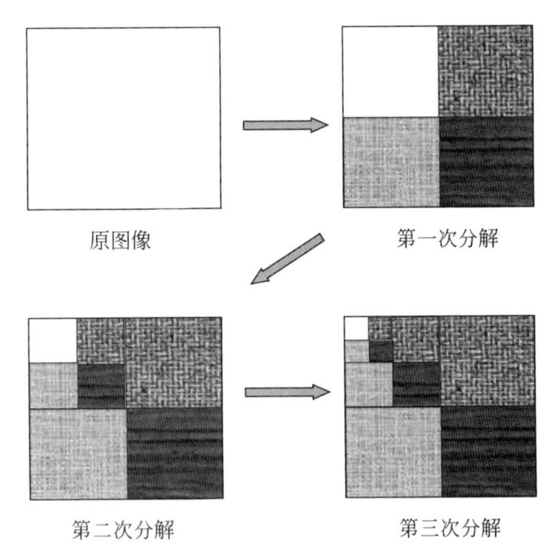

图14.13　图像离散小波变换的分解过程

两个分解低通滤波器之间的关系是：

$$\tilde{g}(N-1-k)=(-1)^k\tilde{h}(k) \quad (14\text{-}18)$$

$\tilde{g}$通常被称为$\tilde{h}$的镜像滤波器，h和g则分别为$\tilde{h}$和$\tilde{g}$的对偶算子，N为滤波器的长度。

需要说明的是，在实际应用中，无论是一维小波变换，还是二维小波变换，并不需要将塔式分解彻底分解至一个像元。具体应分解至哪一层次，主要取决于应用的需要。

图14.14给出对一幅图像进行塔式分解的效果。

原始图像

第一层分解后的图像

第二层分解后的图像

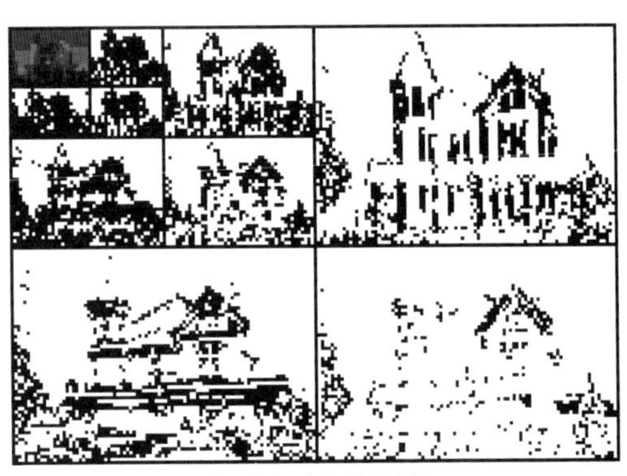

第三层分解后的图像

图14.14　二维图像的小波变换

14.3　小波变换的应用

14.3.1　离散小波变换的应用

离散小波变换的主要应用是数字图像处理，具有工程科学的特点。这里所述的数字图像处理不是特指图像，而是指任何二维和高维矩阵，因而其用途也是极其广泛的。在地学领域，其最大的用途是处理海量遥感数据。但离散小波变换也同样可以应用于信号分析，这是因为离散小波变换速度较连续小波变换快得多，因而适合于对大数据量的信号分析。它对信号分析缺点是，二进离散的方式不具有连续性，从而很难看清所分析信号的具体细节。

(1)遥感图像融合

小波变换可将图像分解为更低分辨率的近似低频影像和高频细节影像，换句话讲，小波变换可以将图像的空间特征(高频部分)和光谱特征(低频部分)进行分离，而且由于小波变换的多分辨率特性，不同尺度的空间特征也可以进行分离(即不同尺度的空间特征出现在不同分辨率的细节影像上)，因此小波变换可以用于不同传感器间多分辨率图像的融合。

以 TM 和 SPOT 图像为例，由于 SPOT 图像的空间分辨率较高，因此其空间纹理特征(高频)优于 TM 图像，而 TM 图像尽管分辨率较低，但却具有丰富的光谱信息，通过小波变换，可以将 TM 的光谱信息优势与 SPOT 的空间信息优势有机结合形成空间分辨率和光谱分辨率俱佳的融合图像。小波变换的融合过程分为以下几步(以 TM 和 SPOT 图像为例)，如图 14.15。

① 将低分辨率 TM 图像插值放大至 10 m 分辨率，并以 SPOT 为参考图像进行几何配准。

② 分别对 TM 和 SPOT 图像进行小波分解，获取各自的低频图像和细节纹理图像；注意这里的塔式分解需要进行至某一合适的层次结束，具体到哪一层次，是需要仔细分析的内容。

③ 用 TM 的低频图像替代 SPOT 的低频图像。

④ 对替换的 TM 低频图像和 STOT 细节图像进行小波重构，得到融合图像。

(2)图像数据压缩编码

小波变换用于图像压缩的基本思想是：把图像进行多分辨率分解，分解成不同空间、不同频率的子图像，然后再对子图像系数进行编码。系数编码是小波变换用于图像压缩的核心，压缩的实质是对系数的量化压缩。图像经过小波变换后生成的小波图像的数据总量与原图像的数据总量相等，即小波变换本身并不具有压缩功能。之所以将它用于图像压缩，是因为生成的小波图像具有与原图像不同的特性，表现在图像的能量主要集中在低频部分，而水平、垂直和对角线部分的能量则较少；水平、垂直和对角线部分表征了原图像在水平、垂直和对角线部分的边缘信息，具有明显的方向特性。低频部分可以称为亮度图像，水平、垂直和对角线部分可以称为细节图像。对所得的 4 个子图像，根据人类的视觉生理和心理特点分别作不同策略的量化和编码处理。人眼对亮度图像部分的信息特别敏感，对这一部分的压缩应尽可能减少失真或者无失真。

一个图像作小波分解后，可得到一系列不同分辨率的子图像，不同分辨率的子图像对应的

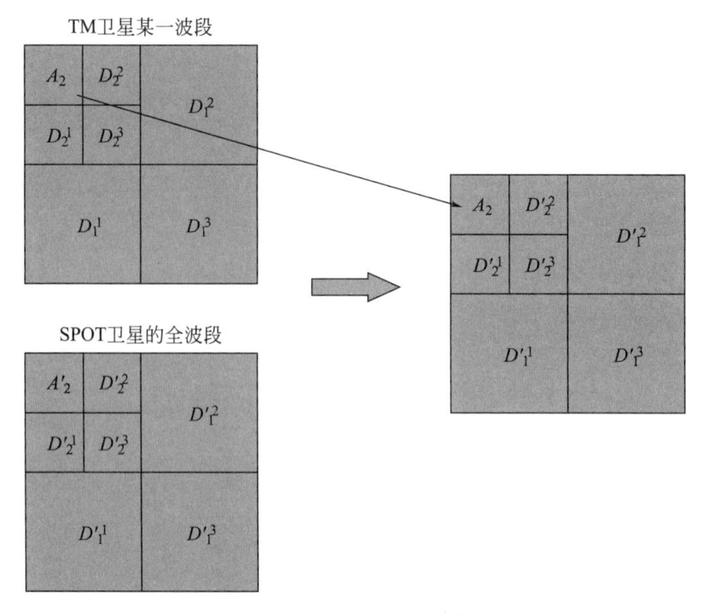

图 14.15　基于小波变换的图像融合

频率是不相同的。高分辨率(即高频)子图像上大部分点的数值都接近于 0,越是高频这种现象越明显。对一个图像来说,表现一个图像最主要的部分是低频部分,所以一个最简单的压缩方法是利用小波分解,去掉图像的高频部分而只保留低频部分。不过这种方法容易造成失真,因此图像的压缩还是尽可能对高频部分进行适当编码,而不是去掉。

下面的矩阵显示了图像压缩的一个例子。

原始图像:

$$
\boldsymbol{F}=\begin{bmatrix}
59 & 60 & 58 & 57 & 57 & 57 & 56 & 56\\
61 & 59 & 59 & 57 & 56 & 56 & 56 & 56\\
62 & 59 & 60 & 58 & 58 & 59 & 58 & 55\\
59 & 61 & 60 & 56 & 58 & 57 & 59 & 56\\
61 & 60 & 59 & 58 & 55 & 58 & 59 & 56\\
60 & 62 & 59 & 62 & 57 & 56 & 59 & 55\\
61 & 64 & 60 & 58 & 57 & 56 & 58 & 58\\
59 & 60 & 61 & 58 & 58 & 59 & 57 & 57
\end{bmatrix}
$$

经过小波分解后得到 4 幅图像:

$$
\boldsymbol{F}_W=\left[\begin{array}{cccc:cccc}
119.5 & 115.5 & 113 & 112 & -0.5 & -0.5 & 1 & 0\\
120.5 & 117 & 116 & 114 & 0.5 & 1 & 1 & -1\\
121.5 & 119 & 113 & 114.5 & -0.5 & -2 & 0 & 0.5\\
122 & 118.5 & 115 & 115 & 3 & -0.5 & -2 & 1\\
\hdashline
0.5 & 1.5 & 0 & 0 & -1.5 & -0.5 & 0 & 0\\
0.5 & 3 & 0 & 3 & 2.5 & -1 & -1 & 0\\
-0.5 & -1 & -1 & 3.5 & 1.5 & 2 & -2 & -5\\
-2 & 2 & 0 & 0 & -1 & -0.5 & 1 & 0
\end{array}\right]
$$

继续分解一层：

$$
F_W=\begin{bmatrix}
236.25 & 227.5 & -1.25 & 2.5 & -0.5 & -0.5 & 1 & 0\\
240.5 & 228.75 & 0 & -1.25 & 0.5 & 1 & 1 & -1\\
3.25 & 1.5 & 0.25 & -0.5 & -0.5 & -2 & 0 & 0.5\\
3 & -0.75 & -0.5 & -0.75 & 3 & -0.5 & -2 & 1\\
0.5 & 1.5 & 0 & 0 & -1.5 & -0.5 & 0 & 0\\
0.5 & 3 & 0 & 3 & 2.5 & -1 & -1 & 0\\
-0.5 & -1 & -1 & 3.5 & 1.5 & 2 & -2 & -5\\
-2 & 2 & 0 & 0 & -1 & -0.5 & 1 & 0
\end{bmatrix}
$$

量化编码：

$$
F_W=\begin{bmatrix}
236 & 228 & 0 & -2 & 0 & 0 & 0 & 0\\
240 & 228 & 0 & 0 & 0 & 0 & 0 & 0\\
2 & 2 & 0 & 0 & 0 & -2 & 0 & 0\\
4 & 0 & 0 & 0 & 4 & 0 & -2 & 0\\
0 & 2 & 0 & 0 & -2 & 0 & 0 & 0\\
0 & 4 & 0 & 4 & 2 & 0 & 0 & 0\\
0 & 0 & 0 & 4 & 2 & 2 & -2 & -4\\
-2 & 2 & 0 & 0 & 0 & 0 & 0 & 0
\end{bmatrix}
$$

由上面最后一个矩阵可见，经量化后矩阵中大部分信息为 0，且对高频部分的编码值都很小且都是 2 的倍数，再采用其他记录这种稀疏矩阵的方式保存，即实现了数据的压缩。

(3)图像去噪与边缘检测

图像去噪即去除高频信息。因噪声一般处于最高分辨率中，因而只需要对第一、二层次的小波分解的高频信息置换为 0 后再进行小波重构即可。而边缘检测也与此类似，只需要提取第一、二层次的小波分解高频信息。需要说明的是，因小波变换具有时频分析特点，不像傅里叶变换那样只能针对整幅图像进行滤波处理。小波变换可以在任意指定的图像位置上进行滤波处理，从而可以避免对整幅图像进行滤波的盲目处理。

(4)层次细节模型

在对复杂场景进行可视化和实时交互时，需要解决以下问题：①可视化往往针对海量数据，比如各种遥感资料及 DEM 资料，如何提高这些资料的漫游响应速度；②如何提高 3D 模型可视化的真实感和美感；当显示某一物体时，若分辨率偏低(分辨率的高低是相对于当前显示屏的分辨率的)，则会有模糊感；但若分辨率高于屏幕分辨率时，一方面数据的冗余浪费了计算设备的内存空间以及时间开销，另一方面还可能会出现显示失真问题。很多人认为“图像精度越高越好”，这种观点其实是片面的。因此，显示物体时，其分辨率应与屏幕分辨率相差不大。

层次细节模型(Level of Detail，LOD)是根据不同的可视化需求对同一个对象采用不同精度的集合描述。当在屏幕上以高精度方式显示一个地物对象的细节时，这时需要较高分辨率的数据(比如纹理)，但当屏幕上扩大正在显示的地物范围时，地物的比例尺缩小，这时需要较低分辨率就够了。LOD 模型实质上就是按照一定的算法对原始模型进行不同程度的简化，在显示物体时,选择最接近当前显示分辨率的数据。通常对栅格数据进行 LOD 显示的方法是使用四叉树技术。

小波变换是实现 LOD 数据预处理(指简化)的一种有效方法,并且可以与四叉树方法相结合。即采用四叉树的方式存储小波变换的各级低频成分和高频成分即可。甚至不需要存储低频成分,只需要用高频成分通过小波重构的方式来获取不同层次上的数据。

14.3.2 连续小波变换的应用

与离散小波不同,连续小波主要应用于信号的科学分析。因而在实际的地学基础研究中,如气候变化、地质变迁、地球物理信号等,连续小波的应用价值更广。当然,对于数据量较大的信号,连续小波变换时需要花费太多时间,也可以使用离散小波变换来代替。连续小波与离散小波的差异见图 14.16。

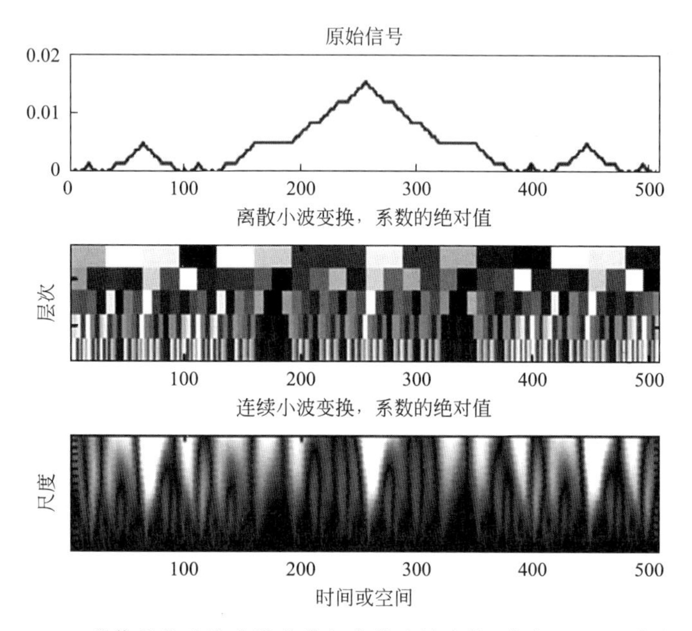

图 14.16 一维信号的连续小波变换与离散小波变换(来自 Matlab 官方网页)

(1)小波功率谱图

文献(De Jongh et al. ,2006)以时间为横轴、以频率或周期为纵轴绘制小波系数图谱,以便找出不同周期上信号的功率谱变化情况。其中功率谱是小波系数的取平方(这一点与傅里叶变换的平方类似)。由图 14.17 可见,图的上方对应高频(短周期)分量,下方对应低频(长周期)分量。图的下方边缘用交叉线绘制的部分系数是指在采用低频的小波基分析时,不足的数据样本由 0 来代替所造成的一定误差。越往两侧,误差越大。

借助该图谱,该文献作者认为,在 3 年和 7 年的周期上各存在一个大的波动(分别在上下两条浅色的水平线外),表明对该地区的降水而言,这是两个重要的周期。

(2)全局功率谱图

文献(De Jongh et al. ,2006)为了揭示不同周期(或频率)上整体的波动强度,还可以计算全局功率谱。全局功率谱的计算是将所有相同周期上的小波系数(或小波系数的平方,其中平方更为常用)计算平均值。对图 14.17 而言,其全局功率谱的计算就是将图 14.17 中每一行的

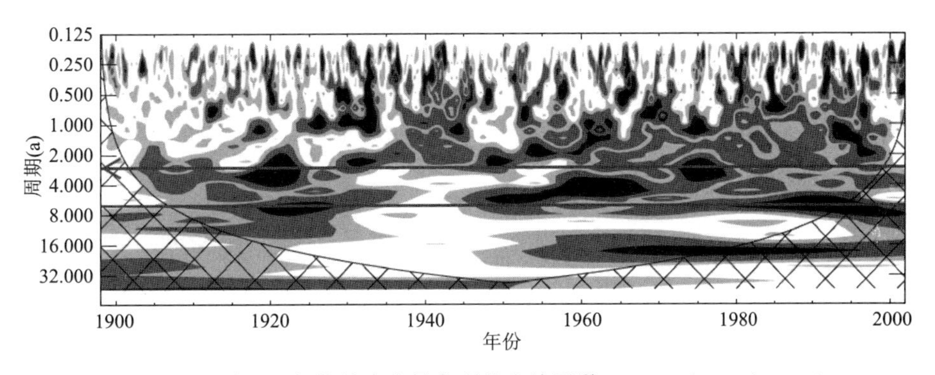

图 14.17　对 105 年的月降水量序列的小波图谱(De Jongh,et al,2006)

系数求平均值,将图 14.17 中的纵轴作为全局功率谱图的横轴,以对应周期上的系数平均值为纵轴绘制曲线。全局功率谱图与傅里叶功率谱虽然数值不相等,但能够反映相同的特征。图 14.18 就是用图 14.17 显示的小波功率谱计算的全局功率谱。因降水的单位为毫米(mm),因此功率谱的单位为平分毫米(mm^2)。由全局功率谱可知在半年、1 年和 7 年处均呈现为曲线峰值,表明这几个周期波动是较为明显的。

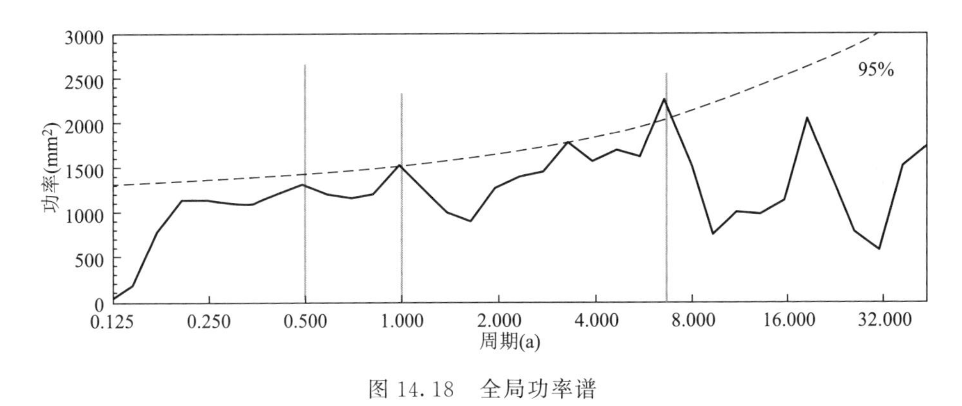

图 14.18　全局功率谱

14.3.3　Matlab 小波变换工具的使用

(1)连续小波变换

本例中,作者使用某地区 2008 年全年逐日气温作为待分析信号,对其进行连续小波变换。先将气温资料复制进变量 values 中。再进行下面的命令操作。

```
>> coef = cwt(values,1:360,'morl');
```

其中 cwt 是用于作连续小波变换的函数,values 即是待处理的信号变量,1:360 指周期范围为 1,2,… ,360。morl 指使用 morlet 小波基,其他小波基选项还有 haar,dbN,mexh 等很多。返回的结果 coef 是一个二维矩阵,该阵第一行代表频率为 1,第 360 行代表频率为 1/360。Coef 的列与原信号列是对应的。

```
>> contourf(coef)
```

经绘制图形,得到结果如图 14.19。

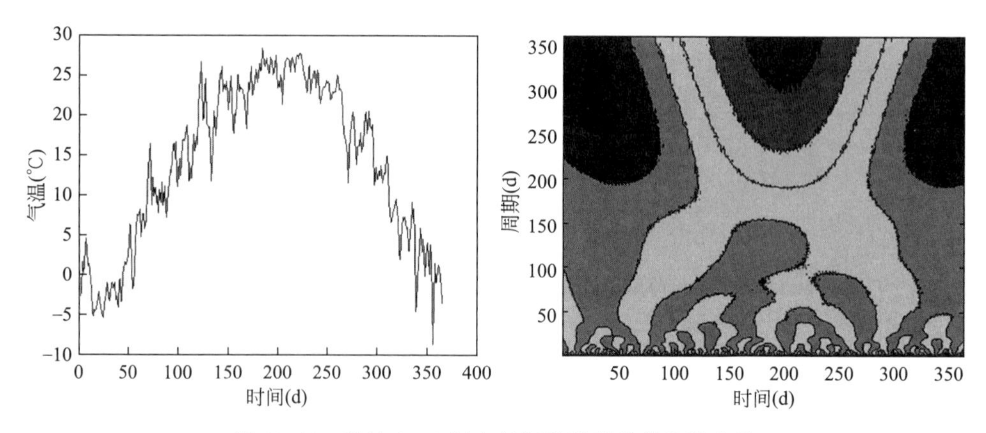

图 14.19　某地 2008 年全年气温序列及其连续小波

(2)离散小波的使用

离散小波变换使用函数 dwt,dwt 与 cwt 一次性计算完所有周期的系数不同,它运行一次只能解决一层,要继续往下分解,就需要对上一层分解得到的低频部分再进行下一层次的分解,如图 14.20。

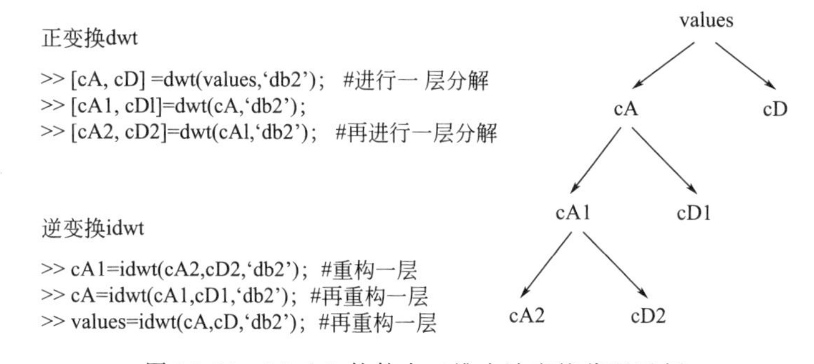

图 14.20　Matlab 软件中二维小波变换代码示例

类似的,matlab 中还提供了针对二维小波变换的 dwt2 和 idwt2 两个函数,可以用于数字图像处理,方法与以上两个函数非常相似。

下面我们用一个 DEM 高程图像(假定文件名为 DEM. asc)作为使用二维小波变换的例子,如图 14.21。

```
>> dem = load(‘DEM. asc’);
>> [a,h,v,d] = dwt2(dem,'db2');
>> [a1,h1,v1,d1] = dwt2(a,‘db2’);
>>[a2,h2,v2,d2] = dwt2(a1,’db2’);
>> [a3,h3,v3,d3] = dwt2(a2,‘db2’);
>> aa2 = idwt2( a3,h3,v3,d3,‘db2’);
```

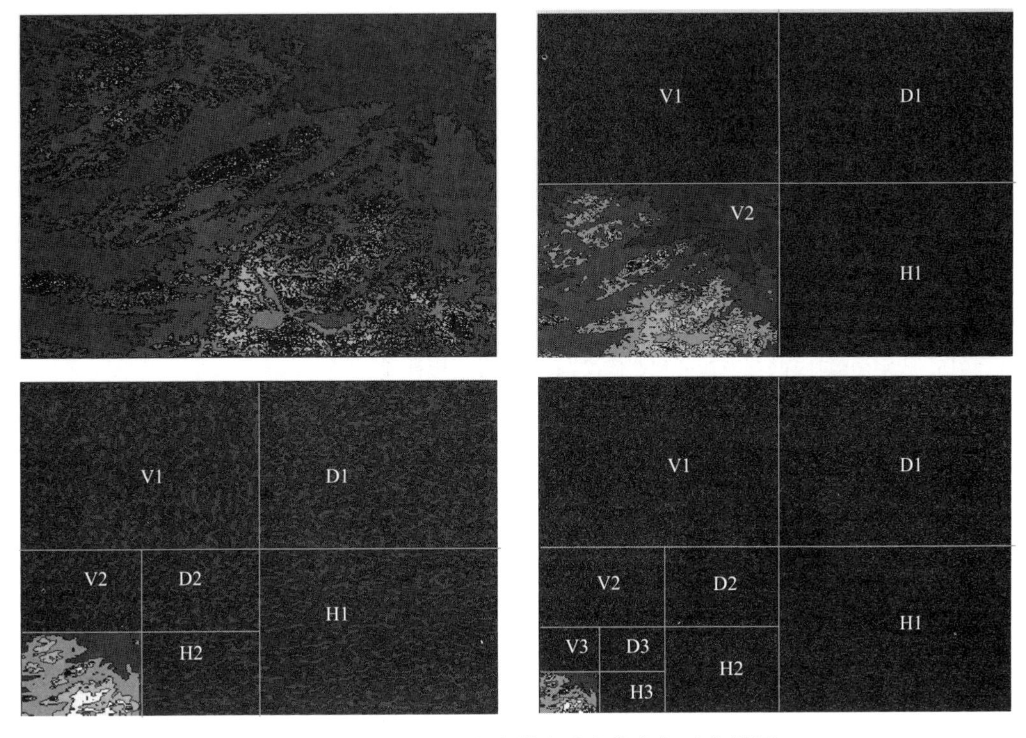

图 14.21　原图及多次离散小波变换分解后的拼图

参考文献

龚健雅,2001. 地理信息系统基础[M]. 北京:科学出版社 .

郭华东,2018. 地球大数据科学工程[J]. 中国科学院院刊,33(08): 818-824.

郭华东,王力哲,陈方,等,2014. 科学大数据与数字地球[J]. 科学通报,59(12): 1047-1054.

郭华东,梁栋,陈方,等,2021. 地球大数据促进联合国可持续发展目标实现[J]. 中国科学院院刊,36(8): 874-884.

霍宏涛,2003. 数字图像处理[M]. 北京:机械工业出版社 .

贾永红,2015. 数字图像原理(第三版)[M]. 武汉:武汉大学出版社 .

刘永和,谢洪波,袁策,2007. 一种基于三角网扩张法的 Delaunay 三角网逐块归并算法[J]. 测绘科学(3): 52-54,194.

刘永和,王燕平,齐永安,2008. 一种快速生成平面 Delaunay 三角网的横向扩张法[J]. 地球信息科学(1): 20-25.

刘永和,冯锦明,郭维栋,等,2012. Delaunay 三角网通用合并算子及分治算法的简化[J]. 中国图像图形学报,17(10): 1283-1291.

唐泽圣,周嘉玉,李新友,1995. 计算机图形学基础[M]. 北京:清华大学出版社 .

王福涛,于仁成,李景喜,等,2021. 地球大数据支撑海洋可持续发展[J]. 中国科学院院刊,36(8): 932-939.

邬伦,刘瑜,张晶,等,2005. 地理信息系统原理和方法[M]. 北京:科学出版社 .

徐建华,2002. 现代地理学中的数学方法[M]. 北京:高等教育出版社 .

张宏,温永宁,刘爱利,2006. 地理信息系统算法基础[M]. 北京:科学出版社 .

周朝宪,房志峰,于彩虹,等,2013. UTM 投影和 Gauss-Krüger 投影及其变换实现[J]. 地质与勘探,49(5): 882-889.

CORREA E S,2001. A genetic algorithm for the P-median problem[J]. GECCO'01:Proceedings of the 3rd Annual Conference on Genetic and Evolutionary Computation(1):1268-1275.

DE JONGH I L M,Verhoest N E C and De Troch F P,2006. Analysis of a 105-year time series of precipitation observed at Uccle,Belgium[J]. International Journal of Climatology,26(14): 2023-2039.

GUO H,2017. Big Earth data:A new frontier in Earth and information sciences[J]. Big Earth Data,1(1-2): 4-20.

HAMMAMI D,Lee T S,Ouarda T B M J,et al,2012. Predictor selection for downscaling GCM data with LASSO[J]. Journal of Geophysical Research-Atmospheres,117(D17116).

LAWSON C L,1977. Software for c1 surface interpolation. In:Rice,J. (ed.) Mathematical Software III[Z]. New York:Academic:161-194.

LIU Y,Feng J,Yang Z,et al,2019. Gridded statistical downscaling based on interpolation of parameters and predictor locations for summer daily precipitation in North China[J]. Journal of Applied Meteorology Andclimatology,58(10): 2295-2311.

MANFRED M F and Yee L,1998. A genetic-algorithms based evolutionary computational neural network for modelling spatial interaction data Neural network for modelling spatial interaction data[J]. The Annals of Regional Science,32(3):437-458.

NELDER J A,Wedderburn R,1972. Generalized Linear Models[J]. Journal of the Royal Statistical Society:Series A (General):135(3):370-384.

STEVEN V D,Dirk T and Mark D B,2002. Using genetic algorithms for solving hard problems in GIS[J].

Geoinformatica: An international journal of advances of computer science for geographic,6(4):381-413.

VIKTOR M B V C and Kenneth C ,2013. Big Data: a Revolution that will transform how we Live,work and think[M]. Boston:Harper Business.

ZALIK B,2005. An efficient sweep-line Delaunay triangulation algorithm[J]. Computer-aided Design,37(10): 1027-1038.